Couvertures supérieure et inférieure manquantes

GÉOGRAPHIE DE L'AIN

PREMIER VOLUME

extrait du Bulletin de la Soc. de géogr. de l'Ain, 1882-1885.

fascicules 1 à 3

SOCIÉTÉ DE GÉOGRAPHIE DE L'AIN

GÉOGRAPHIE DE L'AIN

PREMIER VOLUME

BOURG
IMPRIMERIE CENTRALE
1885

TABLE

AVANT-PROPOS

Le 21 avril 1881, MM. Brossard, archiviste du département ; — Chambaud (Eugène), du Conseil général ; — Convert (Jules), du Conseil général ; — Degrully, professeur d'agriculture ; — Fournier, conducteur des Ponts et Chaussées ; — Godiot ; — Jacquemin, professeur au Lycée ; — Jarrin, président de la Société d'Émulation ; — Jeanin, professeur au Lycée ; — Loiseau (Georges), avocat ; — Parant, conducteur des Ponts et Chaussées ; — Thermes, professeur au Lycée ; — Tiersot (Louis), receveur municipal ; — Triboulez, lieutenant au 23e de ligne ; — Verne (Frédéric), secrétaire de la Société d'Émulation, — réunis dans la salle que la Société d'Émulation leur ouvrait, arrêtaient les bases de la *Société départementale de Géographie de l'Ain*, ayant un double but : l'étude de la géographie en général, et celle du département en particulier.

Pour travailler au premier, elle a créé son Bulletin. Elle essaie là de répandre une science qui n'a pas été mise à son rang jusqu'ici, et qui ne tient pas encore dans l'enseignement la place qu'elle mérite. Sans la Géographie, il n'y a pas, cela a-t-il besoin d'être dit, de connaissance de l'univers et de connaissance de l'histoire. Sans elle encore, il n'y a pas de politique, pas de stratégie, pas de navigation, pas de commerce international intelligent possible.

Pour étudier et faire connaître le département de l'Ain en particulier, nous avons commencé ce livre ; il ne pouvait être fait qu'ici. Dans le meilleur ouvrage de géographie générale de ce temps et peut être de tous les temps, on a écrit que la Valbonne, la région la plus aride et la plus déserte de notre pays, est un paradis terrestre. L'auteur la voit de Paris.

Nous avons des manuels, dont l'un excellent Ils ont été et sont encore utiles dans nos écoles; ailleurs, insuffisants.

Sous le régime inauguré en 1870, plus que sous les précédents, nous sommes appelés tous à prendre une part active aux administrations départementales et municipales de notre pays. Nous le serons de plus en plus. Les attributions de ces administrations déjà étendues prendront plus d'extension. Ce serait faire injure à l'intelligence du lecteur que de lui expliquer ici longuement que c'est dès lors pour tous une nécessité, un devoir de connaître quelque chose du passé historique et administratif de notre province; de savoir tout de sa situation actuelle (à tous les points de vue), principalement les rapports des parties assez différentes qui la composent, leurs ressources en tout genre, leurs besoins d'aujourd'hui et de demain, etc.; etc. Ce sont ces renseignements indispensables désormais que nous tentons de réunir dans le livre dont nous publions aujourd'hui la première partie. Que nous soyons insuffisants à cette tâche assez lourde, nous le savons mieux que personne; mais nous aurons fait ce que nous avons pu, ce que nous devons.

Les deux dernières parties : — Géographie administrative et description des communes ; — Géographie économique, — suivront de près les premières ; nous l'espérons.

JARRIN.

GÉOGRAPHIE DE L'AIN

PRÉAMBULE

L'Ain aux époques pré-historiques.

Un travail sur la géographie de l'Ain doit commencer par un aperçu de l'époque pré-historique pour deux raisons.

L'une est de nécessité : certaines différences entre nos populations actuelles, celle de la plaine et celle de la montagne datent, ce semble, de cette époque et ne s'expliquent tout-à-fait que par sa connaissance.

L'autre est de convenance : des travaux notables, ayant cette connaissance pour but et pour résultat, connus du monde savant et estimés par lui de valeur, ne sauraient être ignorés chez nous.

Au premier abord, l'époque pré-historique semble hors de portée pour nous. Nous savons imparfaitement l'histoire proprement dite, comment pouvons-nous atteindre les temps qui la précèdent?

Cette objection si plausible tombe devant un fait. Nous avons sous les yeux, dans les mains, grâce à la science géologique et à l'histoire naturelle des fossiles, sur l'époque antérieure à l'histoire, des documents indestructibles et indiscutables. Peu d'histoires même récentes pourraient en dire autant.

L'époque appelée quaternaire par les géologues

précède immédiatement, chez nous, les temps historiques qui commencent à l'arrivée des Gaulois.

Elle n'a pas de chronologie possible jusqu'ici.

Nous savons d'elle trois choses.

Notre sol avait dès lors la constitution qu'il garde à quelques différences près.

Son climat, plus chaud antérieurement, s'était graduellement refroidi. Ses parties basses et bien exposées gardaient pourtant encore la température, la flore et la faune méridionales des âges antérieurs — témoin la forêt pliocène de Meximieux où M. de Saporta retrouve des bambous, des tulipiers, des magnolias, des lauriers-roses ayant laissé dans le tuf l'empreinte palpable et indélébile de leurs feuillages.

Mais l'invasion des glaciers descendant lentement des Hautes-Alpes avait recouvert nos montagnes et débordé sur nos plaines. Cette invasion reste à expliquer; elle est démontrée par des vestiges subsistants et reconnaissables. Indiquons les principaux.

Se comportant dès lors comme ils se comportent aujourd'hui sous nos yeux, les fleuves de glace ont charrié chez nous, sur leur dos mobile et solide à la fois, des roches que nulle puissance autre que la leur ne saurait faire mouvoir et transporter— dont à leur composition même on reconnaît, sans nulle hésitation, la lointaine origine. Ce sont les blocs erratiques semés sur tant de points de notre territoire. Le morceau de phyllade noire que le glacier du Rhône a amené à Virignin cube 370 mètres. La *pierre brune* de Rancé, en granit porphyroïde, charriée des Alpes de Savoie, a un volume de 100 mètres cubes.

Le passage des vagues de glace a rayé, strié, cannelé, poli, dans nos gorges, les rochers qui les gênaient pour descendre. Ces stries, ces rayures montrent le sens de leur progression.

Leurs moraines terminales enfin, visibles, s'étalent à côté de nous en éventail de Vienne, Lyon, Neuville-sur-Saône, à Trévoux, Châtillon et Seillon si près de Bourg... Les glaces sont donc venues jusque-là.

Les graviers qu'elles charriaient avec elles formèrent (au début des temps quaternaires) un barrage sur la Saône, et ce barrage changea, pendant un temps, la Bresse en un lac. Les eaux de cette nappe ont déposé le *limon jaune* (argileux mêlé de calcaire), appelé aussi *lehm*, dans lequel on retrouve les débris des grands pachydermes qui ont vécu sur les rives du *lac bressan: Elephas intermedius, Antiquus, Rhinoceros Jourdani*, etc.

Dans les terres, on retrouve les os d'un grand félin, tigre ou lion, de l'ours des cavernes plus grand que l'ours des Alpes, d'un bœuf de haute taille *(bos primigenius)*, etc., etc.

L'homme est venu d'Orient, suivant la route frayée par l'*Elephas antiquus* (Saporta).

Ses plus anciens vestiges chez nous apparaissent dans les cavernes du Bugey (Arcelin, *Note sur les antiquités de la vallée de la Saône*, 1867). Mais ces cavernes ont été explorées incomplètement. Des explorations faites ailleurs, poussées plus avant, nous renseignent ici. L'homme des cavernes avait la taille petite, la tête ronde, le crâne épais, l'arcade sourcilière forte, le visage en losange, la machoire proéminente. Il ressemblait plus à la race laponne qu'à la nôtre. (*Conférence sur l'archéol. préhist.*, par A. Arcelin, 1868.) Hier, M. de Saporta préférait le comparer aux indigènes d'Australie, ce qui n'est pas bien plus flatteur pour lui.

Connaissait-il le feu? Ce n'est pas certain. Il avait pour armes ces haches et couteaux en silex, taillés par percussion à grands éclats, qui abondent dans nos collections; pour vêtements la peau velue de l'*Ursus spelœus* auquel il disputait son gite. Il vivait de chair crue. Des ossements d'enfants portant des marques faites par des dents humaines, ont fait supposer que l'anthropophagie ne lui répugnait pas encore.

On a d'abord appelé cet homme du temps des glaciers *l'homme de l'Ours des cavernes*. On l'appelle aujourd'hui *l'homme de Saint-Acheul*, du nom du lieu où Boucher de Perthes découvrit, à 4 mètres sous le sol, en 1863, son premier débris indiscutable, avec des silex taillés et des dents de mammouth.

La cause de la retraite des glaciers ne nous est pas connue avec plus de certitude que la cause de leur invasion. Cette retraite amena un changement du climat qui devint plus sec.

Les vallées, le pays plat ne purent plus dès lors nourrir les grands pachydermes de l'âge antérieur. Ils s'en allèrent. Le renne, les équidés prirent leur place. Une autre famille humaine assez peu différente de la précédente physiquement, plus intelligente, et qu'on avait nommée d'abord *race du Renne* (depuis race *du Cro-Magnon)* apparut. Elle connaissait le feu. Elle avait passé de la vie de famille à la vie de tribu. Elle avait inventé une langue. Depuis qu'à côté de nous on a découvert une Pompéïa préhistorique (à Solutré), nous savons plus de cette race que de certaines tribus historiques ou même contemporaines. Elle était armée et outillée de silex toujours, mais taillés à petits coups, plus finement, d'os aiguisés en poinçons ou en aiguilles. Elle vivait sous des huttes de branchages, ovales ou rondes, avec un foyer de pierres plates au centre. Elle cuisait les aliments fournis par de grands troupeaux de rennes ou de chevaux, par de petits rongeurs aussi, et à défaut revenait parfois aux habitudes antérieures d'anthropophagie. Elle dessinait d'une pointe exacte sur la pierre ou sur l'os les animaux aujourd'hui disparus.

La plaque d'ivoire fossile de la Madeleine nous garde du mammouth *(Elephas primigenius)* un portrait reconnaissable à son front bombé, à ses petites oreilles, à ses longues défenses recourbées en-dessus, à sa crinière assez semblable à celle du bison, à la toison épaisse qui couvrait son corps. Ce portrait est la seconde preuve péremptoire de la contemporanéité de l'homme et de ces races disparues.

Les artistes primitifs qui s'essayaient à ce curieux portrait; à celui si hardi et si heureux du renne pâturant de Thaingen, esquissé sur un os;

à celui si exact de l'*Ursus spelæus* de Massat, gravé sur un galet, ont tenté aussi de reproduire la forme humaine.

C'est à la Madeleine qu'elle apparait pour la première fois. Elle est nue, quelque peu grêle et ventrue, de trop petite proportion pour nous instruire beaucoup. Il n'en est pas de même du chasseur d'aurochs de Laugerie : il est nu aussi, « brachycéphale, ses cheveux sont droits, en touffes au sommet de la tête, il a une barbiche au menton, le cou long, l'humerus court, la poitrine très bombée, la colonne vertébrale arquée (comme celle du singe marchant debout), les parties sexuelles volumineuses, le fémur très court, les pieds bien faits » (Massénat).

Je ne tronquerai pas cette citation. Mais je fais toutes réserves sur la ligne entre parenthèses. Je penche plus vers Littré et Robin que vers Darwin, et croirai le Blanc sorti du Noir et le Noir du Gorille quand les Yoloffs parleront français et quand les Gorilles parleront pahouin.

La même grotte du Périgord nous conserve la première image, peu attrayante, d'Eve, dans un état de grossesse très avancé, sans nul vêtement qu'un collier de grosses perles et des bracelets couvrant les avant-bras (Abbé Landesque).

Laugerie enfin a produit les deux premières statues, l'une informe, représentant un homme accroupi, l'autre meilleure représentant « une Vénus impudique », maigre, et d'une vérité obscène (De Vibraye).

Le premier végétal dessiné est un sapin gravé

sur un os de renne. Le fait doublement curieux montre le renne établi sous des sapins vers les confins de la Provence, à la Salpétrière (Gard), presque aux bords de la Méditerranée.

L'homme *du Renne*, à Solutré, enterre ses morts, dans sa cabane, sous son foyer. On n'a pas trouvé jusqu'ici d'idole ou fétiche quelconque parmi les vestiges qu'il a laissés.

Je ne connais ici de restes de cette date que les quelques silex taillés à petits coups (pointes de flèches?) appartenant à la Société d'Emulation et provenant du Département.

La seconde période quaternaire semble avoir fini, comme la première, par une évolution climatologique. Le renne dut émigrer vers le Nord, comme avait fait avant lui le mammouth. Les hommes de Solutré qui avaient vécu avec lui, virent-ils, au moment où cette ressource leur manquait, arriver du Nord-Est une autre famille humaine, plus grande, plus forte qu'eux et munie d'un armement supérieur au leur?

On a admis le fait d'abord généralement (A. Bertrand, Faidherbe, Quatrefages, Desor, Bonstetten, Worsaë, etc.). Les grandes migrations aryennes auraient eu là un précédent. L'unité de la race nouvelle venue, dite de *la Pierre polie,* semblait conster de la ressemblance des monuments semés par elle d'un bout du vieux continent à l'autre. De même que des monnaies grecques semées de la Bactriane à notre Provence, on a le droit de conclure à l'existence de l'Hellade; des palafittes, des dolmens, des instruments en serpentine ou en jade polis, on concluait à l'existence du peuple à Dolmens.

On conteste aujourd'hui cette existence : elle n'est qu'une hypothèse, dit-on (de Mortillet). Les dolmens sont une simple imitation des cavernes, à laquelle l'insuffisance de ces retraites conduisit l'homme des cavernes.

Mais ni les palafittes de Paladru en Dauphiné, à côté de nous, ni les stations aquatiques de nos rives de la Saône ne sont des imitations des cavernes. Mais rien chez l'homme *du Renne* à Solutré, chez l'homme *de l'Ours* à Verchiseuil ne peut faire prévoir le menhir de Simandre ou la pierre à écuelles d'Arbignieu. Mais entre les hommes *de l'Ours* si pareils aux naturels de l'Australie qui mangent leurs parents morts, et les constructeurs de Carnac ou de Robenhausen qui croyaient à une seconde existence des défunts, le lien de continuité n'est pas très visible. Je croirai à cette continuité quand je verrai l'Australien devenir laboureur et inventer des dogmes, non avant.

L'hypothèse d'une migration venant du Nord-Est, plus civilisée, reste vraisemblable. On a d'abord cru que ces survenants (dits hommes de *la Pierre polie,* peuple à Dolmens, Proto-Celtes, race de Robenhausen, il n'importe pas), avaient détruit leurs devanciers. On estime aujourd'hui qu'en certains lieux ils se sont mêlés à eux, qu'ailleurs ils les ont refoulés dans les centres montagneux.

Le peuple à Dolmens s'établit de préférence dans les plaines, les vallées, au bord des lacs et au bord des fleuves. C'est qu'il était laboureur, tisserand, potier, pêcheur et amenait avec lui le bœuf, le mouton, le porc domestiqués. (L'âne, le chat, la poule lui manquent.) Ses vestiges chez nous sont bien plus visibles et bien plus nombreux que ceux de ses devanciers.

On a retrouvé (MM. Arcelin et Ferry), ses stations estivales sur les bords de la Saône, à trois mètres environ sous le sol actuel. Si les dépôts du fleuve qui ont formé ce sol y ont mis la même lenteur de tout temps, on peut estimer (en prenant pour point de comparaison la couche déposée depuis l'époque romaine) que ces 8 ou 9 stations des hommes de *la Pierre polie* remontent à 67 siècles. Ils quittaient ces stations à l'époque des hautes eaux pour hyverner dans les terres à côté de leurs étranges monuments. Ce sont des blocs de pierre brute, mis debout (les menhirs); ou formant des sortes de tables de trois morceaux, deux droits, un horizontal superposé (les dolmens); ou disposés en cercles (cromlechs); ou plantés en quinconces irréguliers (alignements). Un de ces alignements mystérieux, composé de 3 à 400 blocs, existait probablement à Bourg. Simandre a gardé longtemps deux monstrueux menhirs (un subsiste). Ars en avait un. Arbignieu avait sa pierre à écuelles. On enterrait les morts à côté des dolmens, avec leurs haches en jade ou en serpentine polies sur le grès, leurs poignards en silex, leurs colliers en terre cuite.

Il n'est guère de maison en Bresse où on n'ait enseveli dans les fondations un *carré,* c'est-à-dire une de ces haches que le paysan croit semées sur notre sol par le tonnerre et qui préservent, à ce qu'il imagine, cette maison du feu du ciel. La Société d'Emulation en possède une, assez ébréchée. J'en ai vu sortir une superbe et intacte d'un jardin à côté de Brou.

Bien supérieurs à leurs ainés en civilisation, les *Proto-Celtes* étaient guerriers en Belgique où ils ont laissé des camps retranchés, pècheurs en Suisse où ils ont construit les cités lacustres rendues à la lumière par la sécheresse de 1850 et toutes semblables aux villages aquatiques des Papous. On a vainement cherché, dans les innombrables objets provenant de leur industrie des fétiches ou idoles quelconques. Il est à craindre, s'ils avaient une superstition, que ce ne fut la plus naturaliste de tous, celle qui n'est plus guère avouée que dans l'Inde où son Dieu s'appelle le Lingam. Le culte obscène rendu hier encore au menhir d'Ars, à la pierre à écuelles d'Arbignieu remonte vraisemblablement à ceux qui ont planté le menhir et taillé en creux cette pierre (aujourd'hui à l'Académie des Inscriptions).

On a constaté l'usage du trépan chez les peuples *a Dolmens*. L'opération avait pour but de délivrer de leurs souffrances les fous, les épileptiques, les hallucinés. La rondelle enlevée à leur crâne, percée et pendue au cou préservait les vivants de ces tristes infirmités; ensevelie avec les morts, elle rendait le même service à ceux-ci conservant sous le dolmen ou au pied du menhir une sorte de vie et la faculté de souffrir. Les peuples de *la Pierre polie* avaient donc (selon M. Broca), sur cette existence posthume ou plutôt souterraine la même notion que les Egyptiens d'alors déjà civilisés. Il y a là une autre preuve qu'ils n'étaient pas de la même race que leurs aînés aussi peu aptes à arriver d'eux-mêmes à cette notion que les Esquimaux ou les Australiens.

On a dit plus haut que certaines différences entre les populations de notre pays s'expliquent par cette étude. Il y a lieu, en effet, d'en conclure que la race Bressane à la tête ovale, au teint blanc, blonde en majorité est aryenne; que la race Bugiste à la tête ronde ou carrée, au teint coloré, aux cheveux bruns garde davantage du sang des premiers occupants du sol.

Vingt siècles environ avant notre ère, l'art de fondre les métaux fut apporté dans l'Occident du continent, pacifiquement, par des hommes venant de l'Imaüs ou du Caucase. Et *l'Age de bronze* commença. Si l'agriculture date de l'Age de *la Pierre polie*, l'industrie date de *l'Age de bronze*. Les fondeurs de ce temps appliquent leur beau métal à tous les usages, armes, ustensiles de ménage, outils agricoles, objets de parure, etc. Leur progrès dans l'élevage des animaux est marqué. Les espèces domestiques suffisent à l'alimentation de la tribu. Un nouveau mode de sépulture est propagé. Les tumulus que nous nommons des *poypes*, si nombreux chez nous, sont propres à l'*Age de bronze*, comme les Dolmens à l'Age *de la pierre polie*. Un chant conservé des Aryas du haut Indus décrit et explique ce que c'est qu'un tumulus. Ce chant consacré à un Dieu des morts plein d'un épicuréisme indulgent, sera peut-être un renseignement, le seul que nous ayons sur les idées et les mœurs des hommes de ce temps.

Les tombelles de Saint-Bernard près de Trévoux montrent qu'entre les deux dernières époques préhistoriques il y a eu une période de transition. Les armes de pierre et les armes de bronze s'y rencontrent en effet pêle-mêle.

Dix à douze gisements riches en reliques de l'*Age de bronze* ont été reconnus sur notre rive de la Saône. Un autre, sur les bords de l'Ain, à Corveissiat, de la fin de cette époque a été fouillé par M. Chantre. L'explorateur y a constaté un fait grandement curieux. Un vingtième des crânes enfouis là a été comprimé et déprimé intentionnellement. Or, en des fouilles faites depuis par le même savant, au versant sud du Caucase, il a retrouvé le même usage dans la même proportion. Et cet usage, en Géorgie, n'est pas entièrement aboli. Jamais l'origine orientale de nos populations n'a été établie plus catégoriquement.

Je vois ici, — en fait de legs de l'Age du bronze — une superbe hache (à la Société d'Emulation), un très beau poignard (à M. Bazin), un collier et un bracelet d'un goût charmant en sa simplicité (à M. Ch. Guillon). Ce collier et ce bracelet viennent du tumulus de Corveissiat.

L'Age du bronze finit, à ce qu'on croit, environ mille ans avant notre ère, et avec les Celtes armés de fer qui arrivent, l'histoire commence.

Entre les temps dont la mémoire humaine a,

dit-on, oublié les souvenirs et les époques réputées historiques et connues plus ou moins par la tradition écrite, y a-t-il donc un lien visible dans les mythologies qui ne seraient plus des rêves purement? La Faune monstrueuse des Mythes est-ce simplement la Faune quaternaire? L'Hydre de Lerne (et notre Vouivre) sont-elles des copies avec retouches de ces grands sauriens dont le Revermont a envoyé au Musée de Bourg un si formidable échantillon? Le lion de Nemée est-il le Machœrodon aux canines pareilles à des lames de poignard? Les satyres des forêts d'Arcadie (et nos faunes de la *Sylva Rimite* en Dombes) sont-ils des Dryopithèques? Les centaures de Thessalie (le cheval à tête humaine des monnaies celtiques) sont-ce les hommes *du Cro-magnon* qui ont dompté le cheval? L'Hercule grec (et l'Ogh gaulois), est-ce l'homme *des Cavernes,* en sortant pour combattre les monstres qui lui disputaient sa vie? Cette vue a été proposée par un des nôtres dans un superbe livre intitulé *l'Esprit nouveau* (en 1874). Quinet en la produisant songe à la Mythologie grecque. Je l'étends ici à la Mythologie celtique — et me demande en finissant si *la pierre qui vire* de Jasseron et de Bibracte n'est pas le bloc de serpentine verte ou de phyllade noire que l'homme quaternaire a vu avec stupeur remuer et marcher sur le dos du glacier du Rhône?

Je m'arrête sur cette conjecture qui n'est pas indifférente, car elle resserre et relie plus étroitement les deux moitiés de l'histoire.

CHAPITRE PREMIER

ASPECT PHYSIQUE DU DÉPARTEMENT

Le département de l'Ain tire son nom de la belle rivière qui le traverse du Nord au Sud, pour aller se jeter dans le Rhône, après avoir partagé le territoire en deux parties à peu près d'égale étendue.

Il est situé entre les 45° 35' et 46° 34' de latitude nord et entre les 2° 22' et 3° 51 de longitude à l'est du méridien de Paris. Le 3° passe à très peu près par Ceyzériat, Pont-d'Ain et Lagnieu; le 46° par Hotonnes, Montgriffon, Ambronay, Chalamont et Villars.

C'est un département frontière. Il est limité à l'Est par les cantons de Vaud et de Genève (Suisse), et par les départements de la Haute-Savoie et de la Savoie; au Sud, par le Rhône qui le sépare du département de l'Isère; à l'Ouest, par la Saône qui le sépare des départements du Rhône et de Saône-et-Loire; et au Nord, par les départements de Saône-et-Loire et du Jura. Sa plus grande largeur de l'Est à l'Ouest, sur une ligne passant par Ferney et Pont-de-Veyle, est d'environ 100 kilomètres; sa plus grande longueur du Sud-Ouest au Nord-Est, sur la ligne passant par Trévoux et Gex, est de 120 kilomètres, enfin, il a un pourtour d'environ 420 kilomètres et une superficie de 580,660 hectares.

Il se divise en deux parties aussi différentes par la configuration que par la nature du sol et le caractère des habitants : l'une, à l'Ouest est formée de vastes plaines; l'autre, à l'Est, est formée de montagnes et de plateaux.

I. — La Plaine.

Entre la chaîne du Jura, à l'Est; la Côte-d'Or et les montagnes du Charollais et du Beaujolais au Nord et à l'Ouest se trouve une grande plaine, qui s'étend vers le Sud jusqu'aux terrains qui encaissent l'Isère à la hauteur de Saint-Vallier. Cette plaine porte le nom de *Bresse.* La longueur est de plus de 200 kilomètres et sa largeur moyenne de 50 kilomètres. Elle était autrefois occupée par un (grand) lac, *le lac de la Bresse,* que des dépôts arénacés ont comblé, à la fin de la période tertiaire et au commencement de la période quaternaire. Aussi le sol est-il formé à peu près exclusivement d'argile, de sable et de cailloux roulés. Il a été modelé par des courants superficiels et plus ou moins ravinés, mais conserve toutefois le caractère des pays de plaines.

Nous n'avons à nous occuper, ici, que de la partie de la Bresse comprise dans le département de l'Ain et que nous nommerons la *Plaine Bressane* ou le *Plateau Bressan.*

Ce plateau a la forme d'un quadrilatère irrégulier, dont un des côtés, le côté occidental, le plus grand — sa longueur est de 90 kilomètres — s'appuie à la Saône; le côté Nord est formé par la limite artificielle qui sépare le département de l'Ain de ceux du Jura et de Saône-et-Loire, sa longueur est d'environ 40 kilomètres ; le côté oriental longe la montagne jusqu'à Druillat et s'appuie ensuite à l'Ain; sa longueur est de 55 kilomètres; enfin, le côté méridional, le plus court (30 kilomètres), s'appuie au Rhône.

L'altitude moyenne du bord méridional et du bord oriental est d'environ 300 mètres; celle du bord occidental d'environ 250 mètres; et celle de la limite septentrionale d'environ 220 mètres. A l'intérieur, les altitudes des différents points variant à peu près uniformément entre deux bords opposés, on voit que dans son ensemble, le plateau a une double inclinaison vers le Nord et vers l'Ouest. On voit de plus que le bord méridional et le bord oriental sont fortement relevés. C'est cette double inclinaison qui fait que les cours d'eau qui le sillonnent se dirigent d'abord du Sud au Nord et inclinent ensuite à l'Ouest vers la vallée de la Saône. Pour nous faire une idée plus exacte de sa configuration, nous en examinerons plusieurs coupes.

La première passe à peu près par Chalamont, Villars, Villeneuve et Fareins. Elle montre que de Chalamont à la grange des Teppes, soit sur une étendue de 25 kilomètres, la pente est très faible, en moyenne 1/2 à 3/4 de millimètres par mètre; mais, que de la grange des Teppes aux hauteurs qui couronnent la vallée de la Saône, c'est-à-dire sur un parcours de 8 kilomètres, la variation d'altitude est de plus de 55 mètres : ce qui donne une pente d'au moins 6 millimètres par mètre en moyenne.

La deuxième, dirigée comme la précédente, de l'Est à l'Ouest, passe par Cuisiat, Bény, Malafretaz et Feillens. Elle indique que du moulin Penon, au-dessous de Cuisiat, pour arriver à Feillens, l'altitude a diminué d'une manière à peu près uniforme de 240 à 208; la distance entre ces deux points étant d'environ 32 kilomètres, il en résulte une pente moyenne d'environ 1 millimètre par mètre.

Sur la troisième coupe dirigée du Sud au Nord et passant par Beynost, le château de Glareins Chanoz-Châtenay, Saint-Trivier-de-Courtes on voit que de Neyrieu, au-dessous de Tramoyes, à Chanoz, la différence de niveau est à peu près de 40 mètres pour un parcours de 36 kilomètres, soit une pente d'un peu plus de 1 millimètre par mètre. C'est à peu près la même pente que du château de Brosse (4 kilomètres au nord de Chanoz) à la vallée de la Seille; mais de Chanoz au château de Brosse, la pente augmente de beaucoup, puisque pour un parcours de 3 kilomètres environ, la différence d'altitude est de plus de 30 mètres.

On peut remarquer de plus que les lignes bien imparfaites, qui dessinent, sur ces coupes les mouvements du sol, sont moins ondulées pour la région Sud du plateau que pour la région Nord, et encore faut-il ajouter que la coupe nº 3 passe par la partie la plus accidentée de la région Sud.

Si l'on recherche enfin les points à partir desquels l'altitude décroit d'une manière sensible —

comme de Chanoz au château de Brosse, et ce sont les points à partir desquels le Renom, l'Irance, le Vieux-Jonc, la Veyle coulent dans les vallées plus larges et plus profondes — on verra qu'ils se trouvent à peu près sur la ligne qui partirait de Saint-Didier-sur-Chalaronne, séparerait les petits affluents de la Veyle de ceux de la Chalaronne, passerait par Neuville-sur-Renom; Chanoz-Châtenay (267 m.), Chaveyriat, en suivant les hauteurs qui bordent l'Irance et la rejettent à droite, continuerait par Montracol (250), Péronnas et la Tranclière (270) et s'arrêterait au mont Margueron (377) au-dessus de Druillat.

Cette ligne diviserait donc le plateau bressan en deux parties bien distinctes : l'une élevée avec des ondulations légères; l'autre plus basse et plus ravinée. La première est la Dombes; la seconde, la Bresse proprement dite.

La Dombes. — La partie Sud du plateau Bressan est limitée à l'ouest par la Saône, au Sud par le Rhône, à l'Est par l'Ain et au Nord par la ligne brisée allant de Saint-Didier-sur-Chalaronne à Druillat par Neuville et Montracol. La distance de Druillat à Saint-Didier est d'environ 40 kilomètres, celle de Montluel au château de Brosse 42 kilomètres.

Le bord occidental, 50 kilomètres, de la Croix-Rousse à Saint-Didier, présente des pentes raides généralement, quelquefois des berges escarpées. A l'altitude de 250 à la Croix-Rousse, il se relève rapidement, atteint 270 à l'ouest de Rillieu, 311 au château de Neuville-l'Archevêque, descend à 281 à Trévoux, s'abaisse encore et arrive à 235 au-dessus de Saint-Didier à Champanelle. Sa hauteur moyenne au-dessus de la Saône est d'environ 80 mètres.

Le rebord méridional est formé par un talus élevé se dressant en face du Rhône, de la Croix-Rousse à Miribel et dominant ensuite la plaine stérile de la Valbonne. Sa hauteur est de 284 en face de la Pape, 34 mètres de plus qu'à la Croix-Rousse; 325 au-dessus de Beynost : c'est son point le plus élevé; elle diminue ensuite, tombe à 290 à Montluel, 269 à Bressolles, et se relève à 293 un peu au-dessus de Meximieux. Sa longueur est de 30 kilomètres jusqu'à Meximieux, et son élévation au-dessus du Rhône de 100 mètres en moyenne.

Le talus oriental, de Meximieux à Druillat, présente une longueur de 20 kilomètres. On l'appelle la Cotière. Il est formé par une ligne de hauteurs étendant vers l'Ain leurs pentes escarpées. L'altitude, 293, à Meximieux, augmente rapidement; elle est de 305, 2 kilomètres plus loin, près de Villieux; 320 au-dessus de Gévrieux; elle diminue ensuite d'une dizaine de mètres, descend à 311, près de Villette; mais elle se relève bientôt, atteint 337 au-dessus de Priay; 342 au domaine Proux, près Varambon, et 377 au mont Margueron, au-dessus de Druillat, à l'extrémité du rebord oriental, qui domine ainsi l'Ain d'une centaine de mètres.

Ainsi, les points les plus élevés sont sur le bord oriental et sur le bord méridional. Une ligne qui, partant du mont Margueron (377), passerait par

Crans (325), Faramans (290), Cordieux (293), Vancia (320), déterminerait l'arête culminante du plateau; elle serait donc très rapprochée des bords, 2 à 3 kilomètres environ. Il en résulte que les cours d'eau qui vont se déverser dans l'Ain ou dans le Rhône ont une allure rapide, mais un faible parcours; ils coulent à travers des ravines larges et profondes, semées des matériaux enlevés aux terrains qu'ils ont traversés. Tels sont le Gardon (2 kilomètres) qui se jette dans l'Ain, près de Mollon; le Cotey (12 kilométres), la Sereine (12 kilomètres) qui passe à Montluel, tous deux affluents du Rhône. Au contraire les cours d'eau qui naissent au nord de cette ligne de faite et qui suivent la direction Sud-Nord parce que c'est dans ce sens que la pente est la plus grande, ont un parcours plus considérable, mais une allure moins rapide. Tels sont le Renom, la Veyle.

D'un autre côté, en nous reportant à la première coupe qui nous indique, en moyenne, l'inclinaison dans la direction Est-Ouest, nous voyons qu'à partir de la ligne de faite indiquée plus haut, le plateau a, sur une assez grande étendue, une pente très faible; mais qu'ensuite il s'abaisse sensiblement pour finir par des pentes beaucoup plus fortes. La ligne qui passe par Montanay (294), Villeneuve (280), Cesseins (270), Champanelle (235), Saint-Didier-sur-Chalaronne, indique assez fidèlement les points où se fait ce changement de pente et de niveau, elle suit le bord occidental à 7 ou 8 kilomètres, au plus, de distance. Il en résulte encore que les petits affluents de la Saône, de la Croix-

Rousse à Thoissey, sont rapides et fortement encaissés.

Ce qui précède indique suffisamment la configuration de la Dombes. C'est un plateau assez élevé au-dessus des vallées de l'Ain, du Rhône et de la Saône qui l'entourent. Son altitude moyenne est 280 m. La partie qui s'étend entre le bord oriental, le bord méridional et la ligne de faite indiquée plus haut présente des pentes sensibles, des ondulations nombreuses, des ravines profondes ; il en est de même de la partie comprise entre le bord occidental et la ligne passant par Montanay, Cesseins et Saint-Didier-sur-Chalaronne. Le reste du plateau offre une surface sinon horizontale, du moins faiblement inclinée vers l'Ouest, un peu plus vers le Nord. Les ondulations y sont assez nombreuses, mais peu vigoureusement dessinées ; elles forment des buttes de quelques mètres d'élévation, se croisant dans tous les sens, et laissant entre elles des dépressions plus ou moins étendues. De distance en distance, on trouve, surtout vers le Sud, des mamelons boisés, peu élevés, amas de cailloux et de sables charriés par les glaciers.

Une dépression importante se montre au centre de la Dombes, vers Villars. Elle est limitée, au Sud, par une ligne passant par Monthieu, Saint-Marcel, le Montellier et Bochard, un de ses hameaux ; à l'Est, par une ligne allant de Bochard et Versailleux au Plantay ; au Nord, par une ligne partant du Plantay et passant par Bouligneux et Malivert, et à l'Ouest, par une ligne passant par Monthieu, Saint-

Olive et allant rejoindre la précédente à Bouligneux. Le centre de cette cuvette pliocène peu profonde est à la cote de 279 mètres; l'altitude des bords extérieurs est de 295 mètres en moyenne.

Les cours d'eau qui sillonnent cette partie du plateau sont la Veyle, la Chalaronne et leurs tributaires. La Veyle et ses affluents, le Renom et le Vieux-Jonc qui grossit l'Irance, coulent dans la direction Sud-Nord, leurs vallées sont étroites; ce n'est que vers la limite septentrionale du plateau qu'elles s'élargissent et deviennent plus profondes.

Une seule vallée est à remarquer : c'est celle de la Chalaronne, l'unique cours d'eau de quelque importance qui appartienne en entier à la Dombes. Cette vallée, d'abord dirigée du Sud au Nord est très resserrée jusqu'à la Chapelle-du-Châtelard (251); elle se creuse ensuite et s'élargit en inclinant à l'Ouest; sa largeur qui est de quelques centaines de mètres à Châtillon à la cote de 221, atteint près de 2 kilomètres à 205, à Saint-Etienne.

La Veyle et ses affluents n'arrosent guère que le Nord de la partie du plateau dont nous parlons.

Une ligne passant par Sandrans, Montagnieux, Ambérieux, Civrieux, Saint-Eloi, Chalamont, Saint-Nizier-le-Désert et Marlieux déterminerait un polygone d'une superficie égale au moins au tiers de celle de la Dombes et qui serait absolument sans vallées, car on ne peut donner ce nom aux dépressions étroites à travers lesquelles coulent le Renom et la Chalaronne, dans la partie supérieure de leurs cours.

Composition du sol. — La constitution géologique de la Dombes, dans ses traits principaux, est la suivante :

A la partie supérieure, un limon brunâtre, jaunâtre ou blanchâtre, d'épaisseur variable.

Au-dessous une couche de 9 à 10 mètres d'épaisseur, composée de sables rouges et de cailloux roulés, de toutes les dimensions, depuis la grosseur d'un pois, jusqu'à celle de trois ou quatre fois la tête d'un homme. Les cailloux sont presque exclusivement des quartzites, très peu sont calcaires.

Elle est superposée à une couche argileuse, noirâtre, de quelques mètres d'épaisseur, qui repose sur une masse puissante et perméable de graviers et de sables; ces sables sont micacés et calcaires, blancs ou jaunâtres et non rougeâtres, comme ceux de la couche à quartzites.

En quelques endroits, les couches ont été plus ou moins mélangées par les courants diluviens; quelquefois, les deux premières ont disparu; mais c'est presque partout le limon jaune qu'on trouve à la partie supérieure du sol. Ce limon est composé de trois éléments principaux : silice, argile et peroxyde de fer, et ces substances ont une ténuité si grande, qu'au lavage mécanique la proportion de matière ténue, que l'eau peut entraîner, s'élève jusqu'à 90 0/0. Il contient plus de 80 0/0 de silice; 7 à 8 0/0 d'alumine, autant de fer; quant au calcaire, il n'en renferme souvent que 1/2 pour cent.

Le sous-sol est jaunâtre; sa masse est marbrée de veines jaunes de peroxyde de fer hydraté; il est très imperméable. « Cette imperméabilité est « due au tassement des couches inférieures sous « le poids des couches supérieures; à l'entraine- « ment dans ces couches sous-jacentes, par suite « des pluies, d'une partie du fer et du calcaire de « la couche arable, et enfin à l'agglutination des « éléments du sous-sol sous l'influence d'un tra- « vail moléculaire interne. (Pouriau.) »

Quelquefois le sous-sol est formé par la couche à quartzites, mais les causes précédentes l'ont rendu imperméable en en faisant une sorte de béton très dur.

La couche à diluvium ténu recouvre la plus grande partie de la Dombes. On conçoit qu'avec un sol aussi imperméable, aussi pauvre en calcaire, cette région se trouve dans des conditions peu favorables à l'agriculture.

Les revers du plateau font exception. On y trouve des terres excellentes : Ambérieux, Ars, Miribel, Montluel, etc.

C'est à une couche épaisse de *lehm* ou au mélange du limon jaune avec la couche à gravier perméable et calcaire qu'elles doivent leur fertilité.

L'imperméabilité du sol et la faiblesse générale des pentes expliquent l'existence des nombreux étangs, que l'on trouve dans le plateau des Dombes, surtout à sa partie supérieure.

Ces étangs sont parfois isolés, le plus souvent ils communiquent entre eux par séries; ils s'écoulent les uns dans les autres et finalement dans les affluents de la Saône, du Rhône ou de l'Ain. Quelquefois les étangs d'une même série ne sont séparés que par une étroite chaussée, d'autres fois la distance de l'un à l'autre est plus grande. Ainsi, entre Chalamont et Châtillon-la-Palud, *l'étang de l'Epine* est relié à *l'étang Malapalus* par un canal de 600 mètres et celui-ci, qui s'écoule dans *l'étang de Chassagne*, en est distant de plus de 200 mètres. Aux environs de Villars, au contraire, où le relief du sol est moindre, un fossé de quelques mètres de longueur les relie les uns aux autres.

Les étangs qui appartiennent à des bassins différents ne sont pas toujours séparés par des collines ou des buttes élevées.

Près de Villars, entre *l'étang Ronjon* et *l'étang Roland*, qui s'écoulent, l'un dans le Renom et l'autre dans la Chalaronne, il n'y a qu'une chaussée de moins de deux mètres de hauteur.

La forme des étangs est souvent celle d'un rectangle. Ils semblent s'épancher un peu dans toutes les directions. Pourtant la plupart présentent une certaine orientation, et l'on pourrait les diviser en trois catégories. Pour les uns, et c'est le plus grand nombre, les grands axes prolongés convergent vers Pérouges. C'est dans ce sens que sont orientés, d'une manière visible, les étangs qui se trouvent dans la région de Villars, Versailleux, etc. Pour les autres, les axes sont dirigés perpendiculairement à la Saône; ces étangs se trouvent vers la partie du plateau où les pentes vers l'ouest deviennent plus sensibles. Les autres, enfin, convergent vers le marais des Echets. C'est dans ces directions différentes que sont alignées les buttes qui les entourent, et ces directions sont évidemment celles des courants torrentiels des dernières manifestations glaciaires.

Si quelques-uns sont naturels, la plupart ont été créés de main d'homme, à l'imitation des premiers, et il faut dire que la disposition du sol s'y prêtait admirablement.

« Ils ont été établis, disent MM. Perroud et « Fontaine, dans leur excellente petite *Géographie « du département de l'Ain*, à la suite d'une grande « diminution dans la population, causée par les « guerres du Moyen-Age qui avaient ravagé le pays. « Les bras manquaient pour cultiver toutes les « terres, alors on imagina de les couvrir d'eau « pendant un certain temps, pour y élever du « poisson, de les dessécher ensuite, afin de leur « faire produire des céréales (le limon servant « d'engrais), puis de les inonder de nouveau après « plusieurs années de culture, ainsi de suite.

« Maintenant encore beaucoup de terres sont « ainsi cultivées, deux années en eau, deux années « à sec.

« Ce système a ses avantages dans un pays dé- « peuplé, mais il entraîne aussi de graves incon- « vénients. Bien des maladies, surtout la fièvre, « étaient produites par ces eaux stagnantes et la « mortalité était considérable. Les Dombes étaient « autrefois une des contrées les plus insalubres « que l'on pût voir. Actuellement, malgré tous les « travaux accomplis, la population de certaines « parties des Dombes n'est que de 24 habitants par

« kilomètre carré, tandis que la moyenne en « France est de 67. Cependant on a déjà fait de « grands progrès. Il y avait autrefois 2,000 étangs « d'une superficie totale de 20,000 hectares; ce « nombre est maintenant fort réduit, et chaque « année 600 hectares nouveaux sont desséchés « par les soins de l'Administration des Ponts et « Chaussées.

« La surface moyenne des étangs qui existent « encore est de 10 hectares, mais quelques-uns « sont beaucoup plus considérables; celui du « Grand-Birieux, dans la commune de ce nom, a « 185 hectares de superficie. »

En terminant ces quelques lignes sur la Dombes, nous signalerons la grande dépression du marais des Echets qui a plus de 1,000 hectares de superficie. Elle est limitée au Nord par les hauteurs qui avoisinent Mionnay; à l'Est par celles qui se trouvent entre Tramoyes et la Saulsaie; au Sud par le rebord du plateau, et à l'Ouest par les buttes qui s'étendent du bois Rozet à Vancia. Son altitude est 269, soit en moyenne 30 mètres de moins que celle des hauteurs qui l'entourent. Ce marais se déverse dans la Saône, à Rochetaillée, au-dessous de Neuville-l'Archevêque, par une tranchée, qui, commencée en 1481 par Philippe de Savoie, n'a été terminée qu'au commencement de ce siècle.

Nous rattacherons à la Dombes la région comprise entre le Rhône, l'Ain et les hauteurs qui s'étendent de Jujurieux et d'Ambérieu à Lagnieu.

Cette plaine, qui s'abaisse vers le Rhône ne présente que quelques collines sans importance. Les principales sont celles de Leyment 283 mètres, du bois de Bollerin, près Lagnieu, 320 mètres. L'altitude qui est de 240 mètres vers Varambon, 231 mètres à Saint-Maurice-de-Rémens, 219 mètres près de Sainte-Julie, n'est plus que de 184 mètres au confluent de l'Ain et du Rhône.

Cette région, que l'on comprend ordinairement dans le Bugey, se rattache intimement par sa constitution géologique à la Valbonne, plaine stérile, à l'extrémité méridionale de la Dombes, qui n'a que 190 mètres environ d'altitude moyenne et dont les collines les plus élevées sont celles de Saint-Maurice-de-Gourdans, 240 mètres, et de Saint-Jean-de-Niost, 242 mètres.

La Bresse. — La Bresse a pour limites : au Nord, les départements de Saône-et-Loire et du Jura ; à l'Ouest, la Saône ; au Sud, les Dombes, et à l'Est, le Mont-Jura.

La distance du château de Brosse à Saint-Trivier-de-Courtes, 5 kilomètres au-dessous de la limite Nord, est de 30 kilomètres ; celle de Villemotier à la Saône, en passant par Montrevel et Feillens, est de 36 kilomètres.

La limite septentrionale est tout artificielle ; elle passe par Coligny, Cormoz, Vernoux et Sermoyer, pour aboutir au confluent de la Saône et de la Seille : elle s'étend sur une longueur d'environ 40 kilomètres. Son altitude moyenne est de 212 mètres.

La limite orientale passe par Coligny, Villemotier, Treffort, Ceyzériat et se termine à Druillat ; sa longueur est de 35 kilomètres environ et son altitude moyenne est 270 mètres.

La limite méridionale a été indiquée précédemment. Le contour occidental est formé par une ligne de hauteurs s'étendant vers la Saône par des pentes en général très douces. De la cote de 235, un peu à l'Est de Saint-Didier, cette ligne tombe rapidement à 215 vers Garnerans ; elle conserve cette altitude jusqu'à Cormoranche ; s'abaisse ensuite, et finit après une série d'ondulations très faibles, à 197 vers Sermoyer. Entre ces hauteurs et la Saône, s'étend une vallée fertile, couverte de prairies. Large de 3 kilomètres 1/2 en face de Sermoyer, elle se resserre graduellement jusqu'au Verney, entre Reyssouze et Boz, où elle ne présente plus que 800 mètres. Elle s'élargit ensuite, atteint 2 kilomètres 1/2 vis-à-vis de Manziat, mais se rétrécit, vers l'embouchure de la Loëze, en face de Feillens. Elle s'élargit de nouveau, en face de Pont-de-Veyle, atteint là plus de 2 kilomètres et se réduit à moins de 500 mètres, un peu plus bas, à Grièges. A partir de là, sa largeur augmente jusqu'à l'extrémité du contour occidental et mesure près de 3 kilomètres vers Saint-Didier et Thoissey en face de la vallée de la Chalaronne.

Les coupes, dont on a parlé plus haut, qui expriment en moyenne l'inclinaison et le relief de la plaine bressane, montrent que la Bresse a, comme la Dombes, une double inclinaison vers le Nord et vers l'Ouest ; mais au lieu d'être faiblement accidentée, elle présente des vallées bien ouvertes, des collines ondulées, des mamelons arrondis et boisés, élevés d'une vingtaine ou d'une trentaine de mètres au-dessus du niveau moyen des cours d'eau. Son altitude est d'environ 220 mètres, soit à peu près 60 mètres de moins que celle de la Dombes.

Elle est sillonnée par plusieurs petites rivières dont les principales sont la Veyle et la Reyssouze. La Veyle (68 kilomètres de longueur), se dirige du Sud au Nord jusqu'à Polliat; à partir de là, elle incline vers la Saône. Sa vallée, étroite et peu profonde d'abord, se creuse et s'élargit vers la limite Nord de la Dombes. Large de 1 kilomètre environ, entre Saint-Denis et Corgenon, à la cote 220, elle a plus de 1 kilomètre 1/2 au-dessous de Polliat, à la cote de 205; elle atteint 2 kilomètres à l'Est de Vonnas, après avoir reçu le Renom, se rétrécit vers Pont-de-Veyle, à la cote de 178, n'a plus que quelques centaines de mètres, puis s'élargit à plus de 1,500 mètres à Gion, en débouchant dans la vallée de la Saône.

Elle reçoit sur sa gauche et sur sa droite un certain nombre de petits cours d'eau, ceux de gauche courant dans la direction Sud-Nord, ce sont les plus importants; ceux de droite dans la direction Est-Ouest, à peu près parallèlement entre eux.

La Reyssouze, 60 kilomètres, naît au pied du Revermont. Elle se dirige du Sud au Nord jusqu'à Mantenay, où elle incline à l'Ouest. Sa vallée étroite (2 ou 300 mètres) jusqu'à Saint-Just, atteint près de là 1,500 mètres, vers le moulin de Curtafray, à la cote de 230; elle a 1,200 mètres à Attignat, à la cote de 207 ; autant à Jayat, à la cote de 190; entre Saint-Julien et Mantenay, elle n'a plus que 6 à 700 mètres ; à partir de ce dernier point elle s'élargit, mesure 1 kilomètre à Servignat, à la cote de 183; 1 kilomètre 1/2 à Saint-Etienne-sur-Reyssouze, à la cote de 180 et se termine vers Pont-de-Vaux, à la vallée de la Saône.

La distance entre la Veyle et la Reyssouze, de Polliat à Servignat est de 20 kilomètres. L'espace compris entre ces deux cours d'eau est sillonné par un assez grand nombre de ruisseaux ou biefs dont les uns, comme la Loëze, se rendent directement à la Saône, et dont les autres, dirigés du Sud au Nord, forment les affluents de gauche de la Reyssouze. Les affluents de droite sont peu importants.

Vers l'Est, au-dessus de Meillonnas, deux vallées sont à noter : celle du Sevron et celle du Solnan, qui atteignent en certains points une largeur de près d'un kilomètre.

Toutes ces vallées sont couvertes, dans leurs parties basses, de prairies humides, quelquefois marécageuses. Elles sont fort rapprochées et séparées les unes des autres par des collines ondulées, d'une faible élévation et dont les pentes sont très douces. Le sol de la Bresse est donc plus raviné, mieux découpé que celui de la Dombes, et les eaux superficielles ont un écoulement plus complet. Cela tient à son niveau moins élevé. Pendant les périodes glaciaire et post-glaciaire, les eaux venues du Sud, ou celles s'échappant par le versant occidental du Jura se portèrent naturellement vers les parties les plus basses du plateau bressan, dont le centre est à peu près le bassin de la Seille. Il en résulta des courants violents et nombreux qui ravinèrent le sol, en remanièrent les éléments et formèrent ces vallées larges, profondes, recouvertes d'alluvions jusqu'à leur partie supérieure, et qui attestent la puissance des cours d'eau qui les ont creusées. On comprend alors qu'avec une surface aussi modelée, la Bresse ait moins d'étangs que la Dombes, le sol eût-il la même imperméabilité. Mais sous ce dernier rapport, les deux régions quoique ayant la même constitution géologique, présentent de notables différences. Les cours d'eau quaternaires, en remaniant le sol de la Bresse, ont mis à jour, ici, les marnes et les sables pliocènes; là, la couche à quartzites; ailleurs, le limon jaune a été mélangé en proportions diverses avec l'une ou l'autre de ces deux couches. D'un autre côté, la Saône et les autres rivières, alors que leur débit était plus considérable qu'aujourd'hui et leur niveau plus élevé, ont dû l'envahir bien souvent, y laissant leurs alluvions quand elles se retiraient. En même temps, les cours d'eau venus du Jura y apportaient un élément précieux, le calcaire. Ainsi s'explique la formation de cette épaisse couche de terre végétale, sablonneuse ou marne sableuse, que l'on retrouve presque partout, et qui neutralise l'effet du sous-sol, formé cependant, comme en Dombes, par l'alluvion glaciaire. Cette perméabilité et la présence du calcaire donnent à la Bresse une incontestable supériorité. Certaines parties, les flancs des vallées surtout, grâce aux alluvions qui y ont été déposées sont d'une fertilité relative; mais nulle part le sol ne se peut comparer à celui de la plaine de la Saône qui est d'une remarquable fécondité.

En résumé, la Bresse est une plaine bien découpée, riche, fertile et bien cultivée; la Dombes moins favorisée, est un pays peu accidenté, peu productif et malsain, à cause de ses nombreux étangs; et ce contraste entre ces deux régions voisines, qui ne sont séparées par aucune limite naturelle, est dû à cette seule cause: une différence d'altitude.

II. — La Montagne.

Le massif montagneux du département de l'Ain appartient au Jura méridional. C'est une espèce de promontoire contourné par le Rhône, de Challex à Lagnieu; sa pointe sud est vers Cordon, au point où le Guiers se jette dans le Rhône. L'un des côtés s'étend, vers l'ouest, de Cordon à Coligny, sur une longueur de 90 kilomètres ; un autre, à l'est, de Cordon à Vesenex, sur une longueur de 100 kilomètres. La distance de Coligny à Vesenex est de 60 kilomètres. De l'embouchure du Guiers à l'embouchure de la Bienne, dans la direction sud-nord, il y a 80 kilomètres.

Le contour occidental est formé par une falaise de 600 m. d'élévation moyenne, étalant vers la Bresse ou le Rhône ses pentes raides et boisées, ses hautes roches dénudées et dessinant sur le ciel une ligne ondulée dont les renflements sont peu accentués et les inflexions peu profondes.

De Cordon à Culoz, le contour oriental est formé par une ligne de hauteurs dont l'altitude moyenne atteint à peine 400 m., mais à Culoz il se relève brusquement de près de 1,000 m. ; c'est alors une haute muraille rocheuse aux pentes raides ou s'abaissant en terrasses successives, et dont le faite apparait à l'observateur comme une ligne légèrement sinueuse et dont les dentelures sont si peu prononcées qu'à distance on les distingue à peine. Des déchirures plus ou moins profondes ont entrouvert les flancs du massif ; mais elles n'altèrent point la continuité du talus, puisque nulle part elles ne forment une large vallée, et qu'une distance de 2 ou 3 kilomètres empêche de les apercevoir.

Le Jura de l'Ain, comme tout le Jura du reste, se présente donc, soit du côté français, soit du côté suisse, avec un certain caractère d'uniformité et pour ainsi dire de placidité qui contraste avec les formes tourmentées des Alpes.

Le Jura n'est point, à proprement parler, une chaine de montagnes ; c'est un ensemble de chaines ou de chainons à peu près parallèles dessinant non une ligne droite, mais une ligne brisée, une espèce de ligne courbe, dont la convexité est tournée vers la France. Au lieu de s'étendre sans interruption, ces chaines présentent des solutions de continuité nombreuses, mais ordinairement sans grande importance, et leurs tronçons, placés bout à bout, s'alignent à la suite les uns des autres, en se déviant et en se bifurquant quelquefois.

Les chainons, plus ou moins larges au sommet,

presque jamais terminés en arète, sont formés par les assises soulevées des calcaires jurassiques. Rarement les strates sont horizontales, le plus souvent, elles sont inclinées dans le sens de la longueur des chaines sur l'un des versants, et coupées à pic sur l'autre. D'autrefois, elles sont, des deux côtés, inclinées en sens contraire, comme les tuiles d'un toit, de manière à figurer une sorte de voûte calcaire, et elles passent d'un chainon au chainon voisin, en s'infléchissant, parfois sans se rompre, pour former une combe, une vallée, plus ou moins étendue, mais généralement peu profonde.

L'altitude des chainons ou des dépressions qu'ils laissent entre eux est d'autant plus grande qu'on se rapproche d'avantage de la limite orientale. On peut donc comparer le Jura à un plan incliné vers l'ouest et on jugera facilement de son inclinaison puisque l'altitude du bord occidental étant de 500 m. à 600 m. environ, celle du bord oriental est en moyenne de près de 1,600 m. A un point de vue plus général et plus exact, on peut dire que le Jura affecte la forme d'une surface conique gauche ; mais les génératrices au lieu d'être des lignes droites, seraient des lignes brisées, dont les éléments feraient avec l'horizon des angles différents, les plus grands correspondant aux régions plus orientales, les plus faibles aux régions plus occidentales.

La distance à franchir perpendiculairement aux chaines pour trouver une différence d'altitude sensible, 100 ou 200 m., est quelquefois de plusieurs kilomètres. Ainsi, quand on a escaladé la berge extérieure, on se trouve sur une plaine ondulée, où les accidents sont nombreux et importants; mais il faut arriver à quelque grande cassure, sillonnée par une rivière intérieure pour se rappeler que l'on est sur une montagne.

C'est ce qui ressortira peut-être mieux de la coupe suivante :

Cette coupe, dirigée de l'ouest à l'est, passe par Treconnas, Ramasse, Grand-Corent, Mornay, Geovreissiat, Charix, Champfromier et Peron.

Elle montre que les deux chaînes du Revermont, cette région comprise entre la Bresse et l'Ain, ont une altitude de 500 m. environ, vers Ramasse et Grand-Corent. La cote de la dépression de Ramasse est 332 et celle de la vallée du Suran, vers Villereversure, 300. Le Revermont a donc, sur une longueur de 11 kilom. une altitude moyenne de 420 m.

Des hauteurs qui dominent la rivière d'Ain aux premières pentes de la forêt de Montréal, c'est-à-dire sur une longueur de 9 kilom., l'altitude est de 650 m. environ. La vallée de l'Oignin, au pied de Mornay est à la cote de 472 m., c'est à peu près celle de la vallée de l'Ange au pied de la forêt de Montréal.

De là jusqu'à la Semine, soit sur une longueur de 10 kilom., l'altitude moyenne est de 900 m. Les dépressions sont peu importantes. Celle de Charix a encore une altitude de 760 m., et c'est une des plus profondes.

Un peu plus haut que Saint-Germain-de-Joux,

la Semine est à la cote de 500 m. ; jusqu'à la Valserine, sur une longueur de 6 kilom., l'altitude moyenne n'est pas moindre de 1,050 m. ; les dépressions atteignent, vers Champfromier, 830 et 880, 100 m. de plus qu'à Charix.

A partir des premières rampes qui dominent la Valserine, on atteint les cotes de 1150-1200-1300 et à la crête du mont Jura 1460. — 2 kilom. plus loin, sur le versant oriental, à l'est de Peron, on est encore à 900 m. ; l'altitude moyenne n'est donc guère moindre de 1,300 m., sur 4 kilom. de longueur.

Ainsi, on a pour le Revermont, les monts Berthiand, près de Mornay, les monts d'Apremont et de Charix, les monts de Champfromier et les monts Jura, les altitudes croissantes :

420—650—900—1050 et 1300.

Les vallées du Suran, de l'Oignin et de l'Ange ont les altitudes de 300, 472 et 480.

Les vallées de l'Ain, de la Semine et de la Valserine, qui sont des vallées de fracture, ont les altitudes de 280, 500 et 481.

Pour la Valserine, nous remarquerons que le point 481 est pris vers la partie inférieure de son cours et que plus haut, les cotes sont 900 vers Lélex, 1,000 vers Mijoux, etc. ; et que d'ailleurs, au dessus de Chézery, l'altitude est 630, soit 80 ou 100 m. de plus que celle de la Semine, à la même latitude.

On voit donc, ainsi que nous l'avons dit plus haut, que les altitudes de chaînons et de vallées vont en croissant, de l'ouest à l'est. D'autres coupes, faites parallèlement à celle-ci, pourraient amener quelques légères modifications dans les nombres que nous venons de donner pour l'altitude moyenne des chaînes ; mais la conclusion resterait la même absolument. Une coupe perpendiculaire à la précédente, montrerait que le massif s'incline vers le sud.

Ainsi le Jura, au lieu de se terminer en arête s'élargit au sommet ; c'est un plateau penché à l'ouest et au sud, ou plus exactement, une série de plateaux disposés comme des gradins, les uns à la suite des autres. Il se distingue donc nettement de la plupart des massifs montagneux, les Alpes, les Pyrénées, par exemple. Si on examine, en effet, sur une carte, la chaîne des Pyrénées, on reconnaîtra qu'elle est formée par un axe principal dirigé dans la direction sud-est-nord-ouest, et par des axes secondaires dirigés perpendiculairement aux premiers et dessinant les vallées de la Garonne, du Gers, etc. Dans le Plateau central, la disposition est différente. Les chaînes rayonnent dans toutes les directions, autour d'un centre commun, et leurs branches se bifurquent et se divisent pour former de nombreux chaînons, limites d'autant de bassins hydrographiques. Ici, rien de semblable. Tous les chaînons sont parallèles ; et il en est de même des vallées orographiques ; il en résulte que les cours d'eau, le Suran, l'Ain, l'Oignin, etc., suivent des directions parallèles, et ces directions, sauf pour l'Oignin, sont du nord au sud.

Avant d'aller plus loin, nous indiquerons rapidement la géologie du Jura. La plus ancienne formation qu'on y rencontre, et sur quelques points seulement, est le trias. Il se compose de marnes bleues, vertes, rouges, violettes, etc., intercalées de bancs de gypse. Au-dessus, des bancs calcaires bleuâtres et une épaisse assise marneuse forment l'étage liasique. Viennent ensuite les puissantes roches calcaires, avec rognons siliceux dans quelques bancs, de l'étage oolithique inférieur ou du jurassique inférieur. Elles sont surmontées par une masse considérable de marnes et de calcaires marneux de plus de cent mètres d'épaisseur et formant ce qu'on appelle l'étage oxfordien ou jurassique moyen. Au-dessus, est le jurassique supérieur, dont la base est le corallien, et qui est composé de roches calcaires blanchâtres, rosâtres ou bleuâtres. Plus haut enfin sont les calcaires néocomiens, recouverts, dans le département, en deux endroits seulement, à Leyssard, et près du lac Génin, au-dessus de Charix, par les assises de la craie blanche. Vers l'est apparaissent des lambeaux du terrain tertiaire.

La configuration du Jura tient à la manière dont il a été soulevé. La force soulevante, au lieu d'agir préférablement suivant une ligne droite ou courbe, a agi sur toute l'étendue du Jura et à peu près avec la même intensité, de sorte que les strates ont gardé dans une certaine mesure leur horizontalité primitive ou au moins se sont légèrement inclinées. De là cette forme de plateau abaissé à l'ouest dont nous venons de parler; et cette allure régulière n'a pas été détruite par les soulèvements postérieurs qui ont ondulé le plateau. On dirait qu'il a été soumis à l'action d'une pression latérale immense, ou qu'il a éprouvé les effets d'une onde gigantesque partie des Alpes et dont l'intensité aurait été en diminuant, de l'est à l'ouest. Alors ont surgi ces hautes chaines de l'est dont l'altitude dépasse trois fois celle des chaines occidentales; alors se sont formés ces plissements répétés, ces courbes, ces vals bien ouverts et plus ou moins étendus, ces chainons parallèles, voûtes grandioses, dont les coupures transversales permettent d'étudier l'architecture. Ce sont ces alternances de courbes et de chaines paralléles qui ont donné au Jura son orographie actuelle et qui lui ont imprimé un cachet particulier. Mais en s'édifiant, ces voûtes ont donné lieu à des accidents topographiques divers. A mesure qu'elles montaient, leur courbure devenait plus grande, la limite d'élasticité des strates fut bientôt atteinte et dépassée, les plus élevées se rompirent, leurs extrémités se séparèrent de plus en plus, donnant naissance, ici, à une voûte corallienne ; là, à une combe oxfordienne; ailleurs, à une voûte oolithique ou à une combe liasique, suivant que le soulèvement prenait de plus grandes porportions. Ces déchirures, plus ou moins étendues, ont créé des paysages charmants.

C'est sur les strates en retrait des calcaires stériles du corallien que sont assis le château de Jasseron et la chapelle des Conches ; au-dessous s'étend une combe oxfordienne dont les pentes sont couvertes de prés et de vignes ; au centre, sur les arceaux rougeâtres et boisés d'une voûte oolithique s'étage le hameau des Combes. Un des plus frais vallons qu'on rencontre près du village de Bolozon est formé par une combe liasique ; d'un côté, au-dessus du talus marneux, s'étendent des roches escarpées à peine couvertes de broussailles ; de l'autre, un petit bois couronnant un fragment de voûte ; en face, les gorges qui descendent de Solomiat.

Ces déchirures n'ont affecté que partiellement les strates. D'autres, plus profondes, se sont produites, soit dans le sens de la longueur des voûtes, soit dans le sens de leur largeur. Ces voûtes ont ainsi été divisées en éléments prismatiques qui ont été portés à des hauteurs différentes. En même temps, s'est effectué le dénivellement des failles qui sillonnaient déjà le Jura et en faisaient une espèce de mosaïque ; et les strates, jusqu'alors peu inclinées, ont perdu, en se rompant, leur horizontalité primitive, Il en est résulté que les terrains les plus différents ont été mis en contact ; de là, la diversité des paysages ; des prés verts au milieu des bois ; des champs fertiles au milieu de roches dénudées.

En glissant les unes contre les autres, les pièces de la mosaïque ont été tournées dans toutes les directions, broyées, coutournées, repliées sur elles-mêmes. Les strates ont quelquefois pris des formes mollement ondulées qui étonnent, mais qui attestent la lenteur des actions capables de produire cette flexion des roches calcaires.

A Solomiat, près de Leyssard, les assises de la

craie blanche se montrent au pied d'une falaise élevée, au niveau des calcaires lithographiques du corallien. Au-dessus de Mornay, les marnes bleuâtres de l'oxfordien, recouvertes de prairies, appuient leurs assises verticales contre les roches rougeâtres et dénudées de l'oolithe inférieure, qui plongent à l'est. A Fay, près de Lagnieu, les couches de l'oxfordien moyen sont en contact avec les marnes gypseuses du trias : les roches oxfordiennes se sont ainsi affaissées de 400 m. Au crêt de Chalam, le lias a été porté à 1,500 m. d'altitude. Comme il se trouve souvent dans le fond des vallées — à Bolozon, par exemple, à la cote de 320 environ ; à Lagnieu, un peu au-dessus du niveau du Rhône, 220, il en résulte une dénivellation de 1,200 m. On peut ainsi apprécier l'intensité de la force soulevante, qu'elle se soit manifestée avec violence, ou que, agissant pendant un temps dont il est impossible d'évaluer la grandeur, elle ait procédé lentement, comme aujourd'hui encore dans le nord de l'Europe, où la partie méridionale de la Suède s'abaisse lentement, tandis que plus haut, sur les bords du golfe de Bothnie, le sol s'élève, à raison de 4 pieds par siècle.

Les ruptures transversales correspondent aux inflexions des chaînes. Ce sont les cols qui permettent le passage d'une chaîne à l'autre. Agrandies par les agents d'érosion, elles sont devenues ces belles gorges dont les pentes boisées ou couvertes de verdure contrastent d'une manière si frappante avec les roches nues qui les surplombent. Sous l'action des mêmes agents, les ruptures longitudinales sont devenues, les unes, des combes fertiles, s'allongeant en sillons étroits au sommet des plateaux ; les autres, les vallées pittoresques de l'Ain, de la Semine et de la Valserine.

Toutes ces fractures sont inégalement réparties sur la surface du massif montagneux qui nous occupe. La région comprise entre la Bresse et l'Ain est la moins tourmentée. C'est celle où les chaines s'étalent le plus nettement et avec le parallélisme le plus évident. Deux chaînes la limitent. La chaîne occidentale, abaissée vers Pont-d'Ain, à l'altitude de 290, se relève un peu plus haut à 300, à Saint-Martin-du-Mont. Un peu infléchie vers Ceyzériat, elle se relève au Mont-July et se continue, dans la direction S.S.-O.-N.N.-E., à peu près avec la même altitude, longeant la Bresse, qu'elle domine de deux à trois cents mètres. Ses points principaux sont le signal de Cuiron 594, au-dessus de Ceyzériat, le Rocher 531, entre Montmerle et Treffort. Le point le plus élevé est le signal de Nivigne 771, à l'est de Treffort. Un peu plus bas, à l'est de Rosy, on trouve la cote de 684, et plus au nord, dans le Bois de Vé celle de 634. Le sommet est un plateau peu large, accidenté, présentant, çà et là, de petites vallées longitudinales, dont l'une des plus importantes est la dépression étroite et profonde, dominée par le Mont-Nivigne, où se cache le hameau de Rosy. L'altitude moyenne de cette chaine est de 600 m.

Les strates coralliennes, inclinées ou le plus souvent coupées presque verticalement vers la Bresse, plongent à l'Est, formant les pentes boisées de la forêt de Rignat, de celle de Bohas et celles du mont Nivigne. Aprés s'être infléchies au-delà de Ceyzériat et avoir formé la combe de Ramasse et de Drom, elles se redressent pour se recourber encore et donner ainsi naissance à la voûte calcaire qui est le Montiou, plus haut le mont Grenier. Cette voûte, peu élevée — son altitude moyenne est 420 mètres — se termine à pic vers Dhuy, au-dessous de Chavannes, et ses pentes forment, à l'est, les coteaux couverts de vignes de Rochefort et de Valuisant et le bois de la Rousse, à l'ouest de Simandre.

Les dernières pentes du Montiou rejoignent au sud celles du Mont-July ; au nord, celles du bois de la Rousse, rejoignent celles du Mont-Fayole, près de France ; il en est résulté le bassin fermé de Drom, dont le point le plus bas est à la cote de 288, tandis que les bords sont à 356, au-dessous de Ramasse, et à un peu plus de 300, au-dessous de Montmerle.

L'autre chaîne part de Neuville-sur-Ain ; ses pentes nues, presque à pic sur la rivière d'Ain, s'adoucissent à l'ouest, où elles forment des mamelons boisés ou couverts de cultures. Elle se brise entre Hautecour et Bohas, se continue par Grand-Corent et Racouse, 512, et se termine dans le département du Jura. Sa partie supérieure est un plateau ondulé, surtout à partir de la cassure d'Hautecour; et elle présente une combe assez pittoresque, tapissée de verdure ou couverte de vignes, qui s'allonge depuis Grand-Corent jusque au-dessous d'Arnans. Vers l'est, les assises fortement inclinées des calcaires du jurassique supérieur se recourbent pour dessiner la combe de Romanèche, plus au nord, celle de Corveissiat, et finir verticalement sur la rivière d'Ain, après s'être relevées et formé les hauteurs qui dominent à l'est Corveissiat, Cize, Romanèche et Hautecour, et dont les sommets présentent les cotes de 543 près de Villette, 490 près de Cize, 500 vers Corveissiat. Vers Cize, les strates kimméridiennes se relèvent à la cote de 330 ; la combe de Romanèche est ainsi un bassin fermé, dont le centre est vers Perroy, à moins de 290 d'altitude et dont le bord sud s'appuie aux flancs du Signal d'Hautecour.

Les deux chaines ont subi, l'une vers Ceyzériat, l'autre vers Hautecour, des ruptures peu importantes. Une déchirure plus profonde a disloqué la première vers Meillonnas et formé les gorges de France, qui se prolongent au sud jusqu'à Jasseron, au nord jusqu'à Treffort, à l'ouest jusqu'au Suran. La deuxième a été brisée en partie, au-dessus de Simandre ; la cassure, perpendiculaire à la direction S. S.-O. — N. N.-E. de la chaine s'étend jusqu'à Arnans. C'est la gorge de Sélignat, un ravin charmant qui n'a pas plus d'un kilomètre et demi de longueur, mais qui étale, dans cet espace restreint, des roches broyées et tordues, des pentes boisées, des coteaux couverts de vignes, des mamelons verdoyants, et sur ses flancs, sa paisible Chartreuse, avec ses beaux jardins étagés et ses fraiches cascatelles.

Entre les deux chaines s'étend la vallée du Suran. Etroite dans le département du Jura, où elle commence, elle a un kilomètre de largeur au-dessous de Germagnat, à son entrée dans celui de l'Ain. Rétrécie de Chavuissiat à Thiole, au-dessus de Simandre, elle s'élargit, atteint 1 kilomètre 1/2 à 2 kilomètres, et se continue à peu près avec cette largeur, à travers les calcaires néocomiens de Simandre, de Villereversure et de Bohas, jusqu'à Fromente. Les collines de Neuville la ferment au sud et la rejettent à l'ouest, où elle ne forme plus qu'un étroit passage, ouvert, par le Suran, entre les hauteurs de Pampier et de Turgon. Son altitude est 300 en moyenne.

La vallée de l'Ain longe à l'ouest la deuxième chaine. C'est une fracture étroite, profonde et sinueuse, commençant dans le département vers Thoirette; elle est dominée, d'un côté, par les roches abruptes de Corveissiat, Cize, Hautecour et de la montagne de Charinaz, et de l'autre, par les premières rampes des monts Berthiand, fortement bouleversées, et dont les découpures sont les ravins de la Cueille, de Serrières, de Bolozon, de Granges et de Bombois.

Cette première partie du département, que l'on appelle le Revermont, présente à peu près la forme d'un triangle, dont l'un des côtés longe la Bresse, le second la rivière d'Ain et dont le troisième, plus sinueux, suit le département du Jura. La longueur du premier côté, de Pont-d'Ain à Coligny, est d'environ 37 kilomètres; celle du deuxième, de Pont-d'Ain à Thoirette, est de 26 kilomètres; et enfin celle du troisième est d'un peu plus de 25 kilomètres.

Le reste du massif — le Bugey — a été disloqué par deux grandes fractures transversales : celle de Nantua et celle d'Ambérieu.

La première est une déchirure profonde, coupant sous un angle presque droit les chaînons qu'elle rencontre et qui le dominent de 3 à 400 mètres. A partir de La Cluse, à l'ouest, où elle commence, c'est un étroit défilé, au fond duquel, sur une longueur de 3 kilomètres, s'allonge le lac de Nantua (478), entre les roches escarpées du Mont et celles du plateau de Chamoise. Au-delà de Nantua jusqu'aux Neyrolles, la gorge s'élargit un peu ; ses flancs étagés se couvrent de noirs sapins et, plus bas, de vertes prairies. A 3 kilomètres des Neyrolles est le lac de Sylans (595), étroitement resserré entre les rochers du plateau de Charix et les pentes boisées des hauteurs de Replat. Plus loin, les rampes s'adoucissent ; les flancs se déchirent en étroits ravins, et sur les gradins taillés dans les parois de la gorge s'étagent de nombreuses granges, et du côté nord, les villages de Saint-Germain-de-Joux, de Montanges et de Confort.

La deuxième cassure se dirige de l'ouest à l'est, d'Ambérieu à Tenay. De Tenay à Cheignieu-La-Balme, à l'est de Rossillon, elle se dirige parallèlement aux chaînes dans lesquelles elle est creusée. Elle forme une vallée tortueuse et profonde de 4 à 500 mètres. D'épaisses masses rocheuses, aux parois verticales, aux teintes grises ou noirâtres l'enserrent sur toute sa longueur. Leurs sommets, élargis en plateaux, sont couverts de broussailles. De distance en distance apparaissent, avec leurs vignes ou leurs prés, les marnes liasiques, aux formes mamelonnées ; au fond, entre Tenay et Rossillon, s'étalent les lacs des Hôpitaux, alimentés en partie par les eaux qui descendent de rocher en rocher des hauteurs d'Armix et de Prémillieu et d'où sort le Furans, qui se déverse dans le Rhône.

Plus à l'ouest, dans une gorge superbe, serpente de Tenay à Ambérieu l'Albarine dont les eaux s'échappent, de cascade en cascade, des gorges sauvages d'Hauteville.

De Cheignieu-Labalme à Culoz la cassure est transversale, comme d'Ambérieu à Tenay ; elle s'élargit et son bord méridional passe de l'altitude de 800 à celle de moins de 400.

Ces deux grandes cassures, qui sont comme des routes naturelles reliant le flanc occidental du Jura au flanc oriental, ont découpé le Bugey en trois tronçons.

PREMIER TRONÇON

Le premier tronçon a la forme d'un hexagone irrégulier avec deux angles rentrants, l'un près du Crêt-aux-Merles, au-dessous de Lélex ; l'autre, à l'est d'Oyonnax, près du lac Viry. Il s'étend entre l'Ange et la cassure de Dortan, à l'ouest, et la frontière suisse, à l'est, sur une longueur de près de 30 kilom. C'est une région complètement boisée, où se trouvent les belles forêts de sapins d'Échallon, d'Oyonnax, etc.

Les chainons très-fracturés, le plus souvent élargis au sommet, sont alignés dans la direction sud-nord, quelquefois sud-ouest-nord-est, et peu élevés au-dessus des dépressions qu'ils laissent entre eux. Des talus escarpés de la forêt de Niermes et de celle de Montréal qui dominent l'Ange, jusqu'à la Semine, l'altitude moyenne est de 900 mètres; les points principaux sont la Grange-Tempête 912, à l'est d'Oyonnax ; Ablatrix 892, près d'Apremont; la Grange Vieux-Cernet 966, près de Belleydoux; puis le signal de Biolay 928 et celui de Millières 983, près de Charix. Le lac Genin au-dessus de Charix, est à 831 mètres. Il repose sur les assises de la craie blanche à la partie supérieure d'une combe néocomienne, inclinée au sud, où elle se termine à pic, sur le lac de Sylan.

Entre Saint-Germain-de-Joux et Champfromier, les chainons, un peu abaissés au sud, se relèvent au nord, se rejoignent et se soudent pour former un plateau élevé, d'altitude moyenne 1150, parsemé de monticules coniques, dont les principaux sont le Crêt-sur-l'Auger 1262, le Crêt-du-Mont 1380, dans la belle forêt de Champfromier; et, plus au nord, vers la frontière du département du Jura, le Crêt-aux-Merles 1450 et le Crêt-de-Chalam 1548.

La chaine la plus orientale et la plus importante est celle du mont Jura dans la direction sud-ouest, nord-est. Ses pentes, très-raides à l'ouest, s'adoucissent à l'est en terrasses successives couvertes de belles forêts. A sa partie supérieure elle forme une ligne dentelée dont les saillies, presque d'égale hauteur, sont le Colomby de Gex 1691, le Crêt-de-la-Neige

1723, le Reculet 1720; et dont les inflexions ont formé le col de la Faucille 1323, à l'ouest de Gex, et le col de Croset. Vers le sud, elle s'élargit au sommet et ses points principaux sont le Grand-Crédo 1608, le Crêt-de-la-Goutte 1624.

Ce premier tronçon est sillonné par plusieurs cassures importantes. La plus considérable est celle où coule la Valserine. C'est une gorge profonde, resserrée entre les flancs du mont Jura et les pentes presque verticales des forêts de Bellecombe et de Champfromier. Au-dessous de Lélex elle est très-étroite; c'est une espèce de fissure où coule la Valserine; mais l'élévation des berges diminue à partir de Grand-Essert, au-dessous de Forens.

Son altitude qui est de 1300 mètres au point où elle commence, sur la limite du département du Jura, est encore 980 au fond de la combe de Mijoux, elle est de 862 à Lélex, mais elle est moindre de 500 vers Montanges, où elle débouche en face de Châtillon-de-Michaille.

Vient ensuite la cassure d'Echallon, au fond de laquelle serpente la Semine et qui s'ouvre, à Saint-Germain-de-Joux, sur la fracture de Nantua. C'est une faille tortueuse, dominée de plus de 300 mètres par les hauteurs voisines, déchirée sur la paroi occidentale en ravins peu étendus, et qui s'étend à l'est jusqu'à la combe d'Evoaz, à 3 kilom. du Crêt-de-Chalam, au pied duquel arrive une des ramifications de la faille de la Valserine.

Citons enfin, près d'Oyonnax, la gorge de Geilles, bordée de chaque côté de belles forêts de sapins et qui se prolonge, au-dessous des escarpements d'Ablatrix et de la forêt d'Oyonnax, jusqu'au plateau néocomien d'Apremont.

DEUXIÈME TRONÇON

Le deuxième tronçon s'étend de l'Ain et de la plaine d'Ambérieu au Rhône, sur une longueur de 32 kilom. De la faille d'Ambérieu à celle de Nantua, sur la ligne qui passerait par Prémillieu, Hauteville, Corcelles, Chevillard et Port, il y a 35 kilomètres.

La chaine qui le limite à l'ouest, a une direction parallèle à celle des chaines du Revermont, depuis la cassure de Cerdon jusqu'à son extrémité septentrionale; mais au-dessous de cette cassure, les chainons ont la direction nord-sud avec une légère inclinaison au sud-est; de sorte qu'ils forment une sorte d'arc de cercle ou plutôt de ligne brisée dont les deux éléments rectilignes se joignent vers la cassure de Cerdon. Cette cassure a déchiré en deux parties la chaine qui nous occupe. La partie méridionale, très-fracturée, est formée par une ligne de hauteurs, se soudant à l'est aux plateaux de Corlier et de Montgriffon et se terminant vers la Dombes par le talus escarpé du signal de Chenavel et plus bas par les mamelons dont les pentes descendent jusqu'aux villages d'Ambronay et de Jujurieux. Son altitude moyenne est de 650; ses sommets principaux sont le mont Luisandre 809 et le mont Charvet 754.

La partie nord de la chaine, abaissée vers l'Ain

de Dortan à Thoirette, l'est un peu moins vers la cassure de Cerdon. Ses chainons alternent avec des combes étroites et peu profondes. Les strates, d'ordinaire coupées verticalement à l'ouest, s'inclinent vers l'est sous des angles variables, mais généralement très-prononcés. Découpée par des failles dans toute son étendue, elle présente de nombreuses dislocations surtout entre Mornay et Poncin. C'est un choc sans fin de chainons rompus, de plateaux élevés, de mamelons abaissés, de gorges s'entrecroisant dans tous les sens, où le vert des prairies ne remplace que de loin en loin les teintes sombres des bois ou le gris des rochers.

Le chainon le plus oriental se brise en s'abaissant vers Brion, à la cote de 479 pour livrer passage à l'Oignin; mais il se relève à Geovressiat à la cote de 700, pour se continuer par Samognat et par Veyziat, avec une altitude moyenne de 650^{m}. Cette section est très-boisée. Une profonde déchirure longitudinale a brisé la partie nord de la chaine et formé la vallée de l'Oignin, dont la largeur est en moyenne de 1 kilom. 1/2 à 2 kilom. (4 kilom. au-dessous d'Izernore), mais qui devient très étroite à partir de Samognat jusqu'à la rivière d'Ain. Les sommets principaux sont le signal de Volognat 800^{m}, les hauteurs de Geovresset 731^{m}, et à l'est de Cerdon, les hauteurs d'Oisselaz 700 et le signal de l'Avocat 1015. La fracture transversale la plus importante est celle de Cerdon. Elle forme de Neuville à Poncin un étroit défilé ouvert par l'Ain, entre le signal de Chenavel et les hauteurs de Fromente; un peu plus large vers Poncin, où ses pentes descendent doucement vers les prairies arrosées par le Veyron, elle se resserre sur près de 2 kilom. vis-à-vis de Boche et de Mérignat; puis elle s'évase en une espèce d'entonnoir au fond duquel est blotti Cerdon. Une de ses ramifications va au nord jusqu'à Ceignes; une deuxième, à l'est, découpée dans des rochers sauvages, s'étend jusqu'au pied du signal de l'Avocat et par derrière la Créta. Une autre, au sud, partie de Préau, s'infléchit à l'ouest pour rejoindre le ravin du Riez débouchant à Jujurieux, en face de Pont-d'Ain. Une autre enfin, partie également de Préau, se dirige vers le sud-est et forme une gorge charmante, étroitement resserrée entre les flancs déchirés des hauteurs de Châtillon et des dernières pentes du signal de l'Avocat; et dont le fond, tapissé de verdure, est sillonné par la Fouge, une nappe d'eau tombée, en se brisant, du plateau de Corlier.

Plus haut est la cassure de Serrières-sur-Ain, qui s'étend d'un côté jusqu'au-delà d'Ecuvillon, et de l'autre, par Leyssard, presque jusqu'au pied du signal de Volognat.

Enfin, plus au nord, est la fraiche gorge de Bolozon, arrosée par le ruisseau qui tombe en cascades des hauteurs de Vers et à l'entrée de laquelle se dressent les roches contournées de Balvay.

A l'est, jusqu'au Séran, est le plateau de Brénod, dont l'altitude n'est pas moindre de 850m, soit 50m de plus que le signal de Volognat, l'un des points les plus élevés de la chaine précédente. Frangé au nord sur la cassure de Nantua, il est découpé en étroits festons, d'Oncieu, au-dessous d'Aranc, à

Hauteville, par les ramifications de la faille d'Ambérieu. A partir d'Hauteville, il s'allonge en pointe vers le sud et se termine par les hauteurs de Ravière et d'Armix.

Sur ce plateau s'élèvent deux chaînes d'inégale hauteur et d'inégale importance. La première, partant de Lacoux dans la direction nord-nord-est, est une succession de chaînons étroits dont l'altitude moyenne est de 1000^{m}. Vers le sud, elle rencontre les derniers chaînons de la montagne de l'Avocat et se continue dans la direction sud-est, au-delà de la gorge d'Hauteville, par les montagnes de Jailloux et de Ravière; vers le nord, elle s'abaisse un peu et se déchire formant deux plateaux qu'on dirait découpés à l'emporte-pièce : l'un, le plateau de Chevillard, séparé par le ruisseau du Valey de la belle forêt de Meyria; l'autre, le plateau de Chamoise, séparé du précédent par le bief du Vaud.

La deuxième, à l'est d'Hauteville, est cette belle chaîne, nord-sud, dont les pentes couvertes de sapins forment au sud la forêt de Genevray, plus haut celle de Cormaranche, plus au nord celle des Moussières; et dont le faîte, terminé en arête ou élargi en plateau, présente des inflexions qui sont le col de la Rochette 1119^{m}, le col de Parvis 940, le col des Sernolosses 1100; et des éminences qui sont le signal de Cormoranche 1237 et le Crêt d'Orcet 1107.

Entre les pentes adoucies de la première chaîne et les pentes plus raides de la montagne de l'Avocat, est la vallée du Borrey, appelée la *Combe du Val*. Fermée au sud et au sud-ouest par les plateaux d'Aranc et de Corlier, elle s'incline fortement vers le nord où elle s'ouvre en face de Chamoise. Elle est sillonnée par plusieurs petits cours d'eau qui serpentent à travers les mamelons d'Izenave, de Lantenay et de Condamine et qui en se réunissant au Borrey forment l'Oignin, au sortir de Maillat. Son altitude qui est de 700m près d'Aranc, n'est plus que 508, au moulin de Maillat, 13 kilom. plus loin. Au-delà de Maillat, la vallée s'élargit, son altitude est 480m près de Brion, où l'Oignin tourne à l'ouest, pour rejoindre la dépression qui s'étend au pied des monts Berthiand, au-dessous de Mornay.

A l'ouest de la deuxième chaine s'allonge la vallée de l'Albarine, parsemée de prairies qui s'étendent de Brénod à Champdor, entre des hauteurs boisées, ordinairement dénudées à la base. Cette vallée est adossée, au nord, au plateau qui domine les Neyrolles, et elle s'ouvre, à l'ouest, à Nantuy. Au-dessous d'Hauteville, elle se creuse fortement, formant une espèce de cuvette dont les bords au sud-ouest et au sud, sont les bois de Dergit et de Rougé. Son altitude 940 au-dessus de Brénod est: 831 à Brénod; 828 au moulin de Champdor, et 740 à Nantuy, à l'entrée d'une gorge sauvage où se précipite l'Albarine, pour arriver de cascade en cascade, après une chute de 400m, à Tenay, au fond de la faille d'Ambérieu.

Le deuxième tronçon se termine par une chaine dirigée sud-nord et s'infléchissant à l'est en s'abaissant sur la cassure de Nantua. C'est l'épaisse barrière du Grand-Colombier avec ses nombreux gradins descendant vers le Rhône, son faite presque horizontal, formant au nord un plateau boisé, de plusieurs kilomètres de largeur, tranché perpendiculairement au-dessus du Poizat et de Lalleyriat; et au sud, un plateau plus étroit, plus accidenté et dont les gibbosités sont le Grand-Colombier 1534, le Crêt-du-Nu 1555 et le signal de Cuerne 1446, dont les pans brisés se dressent en face de la plaine de Culoz et des marais de Lavours. Entre cette chaine et celle d'Hauteville, est creusée la belle vallée du Séran, un affluent du Rhône. Son altitude 1000^{m} vers la source du Séran, n'est plus que 820, au-dessous des plans d'Hotonnes, vers le Grand Abbergement, où la vallée prend plusieurs kilomètres de largeur et se couvre de mamelons cultivés, de vertes prairies qu'arrosent de nombreux petits ruisseaux; elle est de 620 à Ruffieu, 500 à Champagne et seulement 270 près de Yon Artemare, où les hauteurs du bois de Gramond la rejettent à l'est, vers les marais de Lavours, vaste dépression formée en grande partie par le Séran, et qui est comprise entre la base du Grand-Colombier, le Rhône et les collines qui s'étendent de Cressin à Saint-Martin-de-Bavel.

Ces chaines ne sont pas séparées complètement les unes des autres. Ainsi la chaine du Grand-Colombier rejoint au nord la forêt des Moussières extrémité septentrionale de la chaine d'Hauteville; de même, le plateau de Brénod se soude vers le sud, par les plateaux de Corlier et de Montgriffon, aux chainons du mont Luisandre et du mont Charvet, ce qui accuse une fois de plus ce caractère du plateau que nous avons déjà reconnu au Jura.

TROISIÈME TRONÇON

La région qui s'étend en forme d'éperon, au-dessous de la faille d'Ambérieu et au pied de la chaine du Grand-Colombier, est le Bas-Bugey. De l'embouchure du Guiers, à la cassure d'Ambérieu, par Izieu, Saint-Germain-les-Paroisses et Contrevoz, il y a 23 kilom.; de Serrières-de-Briord à Lavours, dans la direction ouest-est, il y a 29 kilom. De Cordon à Ambérieu, dans la direction sud-est-nord-ouest, il y a 43 kilom.

La partie occidentale du Bas-Bugey est un plateau terminé au sud, par la montagne d'Izieu; à à l'ouest, par les hauteurs qui dominent la plaine d'Ambérieu; au sud-ouest, par les belles roches de Bramafan et de Serrières-de-Briord, par la montagne de Saint-Benoit et par celle de Tantaine, dont les pentes boisées descendent en mamelons jusqu'à Lhuis et Groslée et dont le sommet principal est le signal de Tantaine 1020; elle est limitée à l'est par les hauteurs d'Ordonnaz et par les flancs étagés du Molard Dedon, une montagne conique qu'on dirait posée sur la plaine rocheuse d'Innimond et dont le point culminant, le signal du Molard Dedon, n'a pas moins de 1,219^{m} d'altitude.

Cette région présente un aspect différent de celui des régions précédentes, parce que les formations géologiques y sont généralement plus anciennes au moins dans sa partie occidentale; parce que les soulèvements en voûte y sont fort rares, les alternances de combes et de crêtes, moins nettes, et les assises des chainons, horizontales ou légèrement inclinées. D'un autre côté, les chaines, au lieu d'être dirigées sud-nord avec une faible inclinaison à l'est, sont dirigées sud-est-nord-ouest; elles rencontrent donc sous un angle prononcé, celles des plateaux de Brénod ou d'Aranc; et c'est aux points de jonction qu'est la cassure transversale d'Ambérieu, comme si la rupture venait de ce qu'elles n'ont pu se plier à la nouvelle direction qui leur était imprimée. Cette remarque s'applique également à la cassure de Nantua et à celle de Cerdon; les chaines y sont brisées aux points où elles changeaient de direction.

De nombreuses failles ont découpé ce plateau sur toute son étendue; aussi n'est-il qu'une succession de chainons brisés, de mamelons arrondis s'enchevêtrant dans tous les sens et laissant entre eux des dépressions profondes qui sont, les unes des gorges superbes, les autres, des défilés sauvages ouverts entre des roches escarpées.

C'est, au nord, près de Saint-Rambert, la cassure de Serrières, gorge profonde aux parois déchiquetées, au fond de laquelle est Conand et dont les déchirures s'étendent, d'un côté, vers Arandaz et Charvieux, de l'autre, jusqu'à la base du Crêt-de-Pont 1050, et au pied des mamelons boisés entre lesquels est cachée la Chartreuse de Portes (961).

Au sud, est la cassure de Bénonces, qui s'ouvre près de Serrières-de-Briord, entre les flancs déchirés des montagnes de Cuny et de la Raffe. Elle s'étend vers l'est près d'Ordonnaz, à deux kilomètres de la faille d'Ambérieu, formant une gorge sinueuse, sombre et étroite au fond de laquelle la

Gotarelle roule ses eaux limpides qui se réunissent, au-dessous d'Onglas, au Treffond, descendu de cascade en cascade de la Combe-aux-Archers, à travers les mamelons couverts de vignes et de prés sur lesquels s'étage le village de Bénonces.

Citons encore la cassure de Montagnieu-Crept, sillonnée par la Brivaz qui naît au pied du plateau d'Innimond et qui est extrêmement resserrée entre les pentes verticales des bois de Luide et de la Mareraie.

Et enfin la cassure de Vaux-Fevroux, avec ses noyers, ses riches côteaux qui s'étendent au-dessous des escarpements du Gier et de la Battière de Grener, et qui est arrosée par le Buizin, un torrent tombé en plusieurs bonds des belles gorges de Fay.

A l'est du Molard Dedon est une profonde dépression dont le centre en forme de fer à cheval est le cirque de Belley. Elle s'ouvre au sud entre la montagne d'Izieu et la montagne savoisienne de Glaize, un des contreforts du Mont-du-Chat. A l'est, elle est terminée par la montagne de Parves, dont la direction est sud-nord et qui a été détachée de la chaine savoyarde par la fissure où coule le Rhône, de Yenne à Pierre-Châtel. Elle est fermée, au nord et au nord-est, par une rangée de hauteurs, de 350 à 380^{m} d'altitude, s'alignant dans la direction sud-est-nord-ouest et allant rejoindre à Virieu-le-Grand les pentes du plateau de Ravière. Sa surface est rayée d'un grand nombre d'ondulations, formant des mamelons ou des chainons de 300^{m} d'élévation moyenne, les uns dirigés parallèlement à la chaine du Molard Dedon, les autres, parallèlement à la montagne de Parves. De nombreux blocs, venus des Alpes et dispersés dans toutes les directions, attestent le passage des glaciers qui l'ont ravinée et y ont déposé cette boue argileuse cause des marais et des étangs dont elle est parsemée.

La configuration du Jura, telle que nous venons de l'esquisser imparfaitement, est surtout l'œuvre des forces intérieures ; elle dépend aussi, dans une certaine mesure, des forces extérieures; action des eaux, de l'atmosphère, etc. La nature des terrains a exercé aussi une grande influence sur la topographie du Jura. En effet, les agents intérieurs ou extérieurs produisent des effets différents selon qu'ils s'exercent sur des terrains meubles ou des terrains plus résistants.

Quand la roche est tendre et homogène, ils agissent d'une manière uniforme et le sol prend des formes mamelonnées; si elle est résistante, elle présente ordinairement des fentes que les agents d'érosion agrandissent de plus en plus. Quand elle n'est pas homogène, les parties le plus facilement désagrégeables sont enlevées et il ne reste que les parties les plus résistantes. De là ces formes bizarres qui rappellent celles d'obélisques, de colonnes, de tours éboulées, d'édifices en ruines et dont on peut observer quelques-unes près de Saint-Sorlin et dans la gorge de Vachine. Le relief du sol est donc différent selon qu'il est marneux ou calcaire. Le Jura étant composé d'alternances de marnes et de calcaires, cette opposition doit se manifester à chaque pas. Elle apparait surtout dans le sens vertical. Le profil d'une montagne où ces assises alternent, dessine une ligne brisée formée de parties presque verticales et de parties plus ou moins inclinées. Les premières correspondent aux calcaires, les autres aux marnes. C'est ce qu'on peut très bien observer, au-dessus de Ceyzériat, à Cuiron. La partie de la ligne brisée qui correspond aux marnes de l'oxfordien inférieur est presque horizontale; celle qui correspond aux rognons oxfordiens est inclinée d'environ 60° sur l'horizon. Enfin une ligne verticale serait le profil de l'énorme chapiteau corallien qui forme le signal de Cuiron. C'est ainsi encore qu'à Fay, près de Souclin, un plateau rocheux de l'oolite inférieure surmonte les pentes douces des marnes liasiques; celles-ci reposent sur le calcaire à Gryphées qui a été tranché verticalement et qui forme une sorte de chapiteau dont les marnes triasiques sont le soubassement. Ainsi au point de vue de la nature des terrains, le Jura diffère des massifs des Alpes, des Vosges, etc., où l'élément siliceux domine. Cette constitution pétrographique détermine la différence frappante qui existe entre la végétation des pays calcaires et celle des pays siliceux. Mais la nature et la puissance de la végétation dépendent aussi de l'altitude et de la configuration du sol. D'après le savant Thurmann: « Dans toutes les « parties du Jura pour lesquelles l'altitude ne « dépasse pas 400m, la vigne, le maïs, les arbres « fruitiers, réusssissent parfaitement; le chêne et « le hêtre sont communs; le sapin et l'épicéa « manquent entièrement; de 400 à 800m la vigne est

« rare; le noyer et le hêtre sont encore communs; « le sapin apparait disséminé et associé au hêtre. « L'épicéa manque. Au-delà de 800m, le maïs dispa- « rait, le froment devient nul; à 1000m le noyer ne « réussit plus; le sapin est commun; vers 1100m, « l'épicéa commence à se grouper, et les pâturages « et les forêts occupent de grandes étendues. Au- « delà de 1300m, toutes les cultures ont disparu, le « hêtre devient rare; les forêts de sapins et d'épi- « céas, alternant avec les pâturages, occupent « exclusivement le sol. Vers 1,500m, la végétation « arborescente diminue sensiblement et vers 1,800m « les pâturages d'été règnent seuls. »

Le plus haut sommet du Jura de l'Ain n'arrivant qu'à 1723, il en résulte que le massif reste tout entier dans la zone de la végétation puissante.

Quant à l'influence de la configuration du sol, nous dirons que, grâce aux alternances de marnes et de calcaires, et à la disposition en plateaux, les champs, les prairies occupent plus de place; les torrents ravageurs y sont moins fréquents, et les eaux peuvent séjourner plus longtemps sur le sol et y déposer leurs alluvions fécondantes.

C'est à ces alternances plus nettes et plus nombreuses de calcaires et de marnes, — conséquence de sa constitution géologique et de son mode de soulèvement, — et à son inclinaison au midi, en face des montagnes moins élevées de l'Isère, que le Bas-Bugey doit de présenter un aspect plus riant que celui des régions précédentes. C'est ainsi que vers Souclin, Clézieu, etc., à plus de 800m, les chaines montrent à peine quelques plantes montagneuses et que le Molard Dedon, à 1,219 m d'altitude est encore couronné de bois feuillus et entre à peine nettement dans la région des sapins, tandis que plus au nord, à Oyonnax, à Echallon, ceux-ci apparaissent en belles forêts à une altitude de beaucoup inférieure. On voit ainsi comment l'altitude, la configuration du sol et la nature des terrains interviennent pour faire du Jura un massif sans parties improductives, que l'homme peut exploiter en entier, enfin, une région vraiment privilégiée.

Nous avons dit plus haut que le Jura était sillonné par un grand nombre de cassures qui le découpaient dans tous les sens. Grâce aux nombreuses fissures des roches, l'eau peut pénétrer facilement dans le sol ; elle y circule librement à la faveur des failles, y formant de véritables rivières souterraines. Ces canaux s'agrandissent de plus en plus sous l'action des eaux qui agissent soit mécaniquement, soit chimiquement, comme elles le font à la surface du sol. Les eaux des sources ou des pluies contenant toujours en dissolution une certaine quantité d'acide carbonique, usent et décomposent les calcaires, entraînant le carbonate de chaux. Cette action dissolvante s'exerce aussi sur les marnes, qui de plus sont sujettes à se délayer facilement ; et les assises marneuses, en disparaissant, entrainent avec elles les roches qui leur sont superposées. Si les effondrements ont lieu là où le sol est marneux, les marnes sont entraînées peu à peu et il reste une espèce d'entonnoir plus ou moins profond. Si le sol est résistant, les roches sont déchirées et il se forme une cavité aux contours irréguliers, au fond de laquelle on entend quelquefois rouler les eaux. De là, ces grottes, ces gouffres, ces puits, tous ces accidents topographiques, enfin, qui donnent au Jura un caractère spécial. Entre Drom et Montmerle se trouve un puits d'où l'eau s'échappe après les grandes pluies ; en même temps, des jets de plusieurs mètres de hauteur, s'élèvent des crevasses voisines. Ces eaux amenèrent, en 1840, une inondation de la vallée : elles atteignirent jusqu'aux fenêtres du rez-de-chaussée de la maison commune. De l'autre côté du mont Grenier, dans la vallée du Suran, est la source intermittente de Rochefort, près de plusieurs fissures d'où les eaux jaillissent quand le bassin de Drom est inondé. C'est évidemment une rivière souterraine qui traverse ce bassin et se déverse par les sources de Rochefort. Un tunnel creusé au point le plus bas de la vallée de Drom et traversant le mont Grenier la préserve actuellement de l'inondation.

En même temps que ces phénomènes se produisent dans l'intérieur du sol, l'acide carbonique de l'atmosphère agit sur les calcaires de la surface et les détruit molécule par molécule; les alternatives de sécheresse et d'humidité, de gel et de dégel interviennent à leur tour et occasionnent ces débris qui s'accumulent au pied des escarpements calcaires, sur les talus marneux qui sont au-dessous.

Toutes ces actions qui tendent à effacer les saillies et à combler les dépressions se sont évidemment manifestées depuis les derniers soulèvements du Jura. Sa configuration diffère donc actuellement de celle qu'il avait alors, comme elle différera un jour de ce qu'elle est aujourd'hui. « On peut, en effet, prévoir, dit M. Vézian, à qui « nous empruntons quelques-unes des considéra- « tions précédentes, que dans un avenir certain, « mais très éloigné, ce massif finira par être « nivelé. Sa structure et sa composition favorisent « cette œuvre de destruction qui se manifeste avec « bien moins d'énergie dans d'autres massifs « montagneux formés de roches siliceuses, plus « réfractaires à l'influence des agents atmosphé- « riques. A mesure qu'un horizon géognostique « disparaitra, l'aspect du pays éprouvera quelque « changement. On pourrait donc prévoir le mo- « ment où non seulement le Jura aura disparu, « mais où l'aspect du pays et la nature du sol « seront complètement changés. Sous un certain « rapport, le Jura est une forteresse que l'ennemi « fait tomber lambeaux par lambeaux. Les terrains « dont il se compose disparaissent les uns aprés « les autres. Bien qu'il aille en diminuant on ne « peut le comparer à un édifice en ruines. C'est « plutòt un monument que la nature se plait à « modifier sans cesse, tout en diminuant les pro- « portions sur lesquelles elle l'avait d'abord éta- « bli. L'ordonnance de l'édifice peut changer, mais « il ne porte aucune trace de vétusté. »

CHAPITRE DEUXIÈME

HYDROGRAPHIE

RIVIÈRES

Le département de l'Ain est baigné à l'est et au sud par le Rhône, à l'ouest par la Saône, qui va rejoindre le Rhône à Lyon, c'est-à-dire à l'angle sud-ouest de notre territoire. Tous les cours d'eau qui nous arrosent, parmi lesquels l'Ain, dont nous portons le nom, vont grossir ces deux artères principales.

I. — Le Rhône.

Le Rhône prend sa source en Suisse, au pied du glacier de la Furca (la Fourche), sur le versant ouest du massif du Saint-Gothard. Il coule d'abord avec une extrême rapidité, dans une vallée formée par les Alpes bernoises au nord, les Alpes pennines au sud et qui forme le canton du Valais. Dans ce canton, il arrose Brig, où commence la route du Simplon ; Sion, capitale de l'Etat ;

Martigny, où commence la route du Grand-Saint-Bernard.

Le fleuve se jette ensuite dans le Léman ou lac de Genève, à son extrémité orientale ; il en sort à l'autre extrémité, à Genève même. Ce lac, célèbre par sa beauté et la beauté de ses rivages, est long de 70 kilomètres ; sa plus grande largeur est de 11 à 13 kilomètres. Sa profondeur, supérieure à celle de la Manche, dépasse 400 mètres. Voltaire et Byron ont dit sa beauté qui n'a guère d'égale.

A 20 kilomètres au-dessous de Genève, le Rhône entre en France ; il coule d'abord du nord-est au sud, 80 kilomètres durant, jusqu'au pont de Cordon, séparant le département de l'Ain de ceux de la Haute-Savoie et de la Savoie.

En 1789, il n'existait sur tout son cours, pour établir la communication entre les deux rives, étrangères l'une à l'autre en droit et en fait, que deux ponts, l'un à Seyssel, l'autre au Sault ; huit *trailles*, engins primitifs, assez barbares, fonctionnant lentement dans les huit ports principaux, y suppléaient tant bien que mal.

Aujourd'hui, de Genève à Bellegarde seulement, il y a trois ponts, deux desquels sont des miracles d'industrie et d'art. Le premier est celui de Collonges. Le Rhône a là de 30 mètres à l'étiage à 70 mètres aux crues. On l'a couronné d'un pont en pierre d'une seule arche plein-cintre de 40 mètres d'ouverture. Les besoins de la défense du territoire y ont fait ajouter deux travées en fer. Il a fallu maçonner à 6 mètres sous les plus basses eaux ; on l'a fait au moyen d'un caisson métallique et de l'air comprimé. Le second est le viaduc du Credo (à 900 mètres en aval du Fort-l'Ecluse). Il a quatre travées métalliques reposant sur des piles en maçonnerie et cinq arches en maçonnerie aussi, à la suite. Les travées ont 45, 55, 66 et 59 mètres; les arches 15. Le rail est à 73 mètres au-dessus du rocher qui porte la pile centrale. Celle-ci a 71 mètres de hauteur; elle a été construite sur un caisson en tôle à air comprimé, descendu à 9 mètres 09 au-dessous de l'étiage.

Le fort commande un défilé de 16 kilomètres de longueur, si resserré entre le Grand-Credo et le Vouache, que le fleuve, large de 350 mètres à sa sortie du lac, n'en a plus ici que de 15 à 25. L'Ecluse fit une bonne défense en 1815; les Autrichiens, pour le réduire, durent monter à bras du canon sur le Vouache, qui le domine de la rive savoyarde. En 1840, on a donc fait sur le Credo un autre ouvrage commandant le Vouache. Les deux ouvrages communiquent par un degré taillé et caché dans le rocher, curieux travail ayant 1188 marches, dont l'ascension demande 25 minutes.

A 9 kilomètres au-dessous de l'Ecluse, le Rhône s'engouffrait sous une arche naturelle de rocher de quatre mètres d'ouverture et coulait dans un lit souterrain pendant soixantes mètres environ. C'est ce qu'on appelait la *Perte du Rhône.* On a fait sauter les rochers en 1828 pour que le flottage des bois commençât plus haut. Le Rhône coule maintenant à découvert, dans un lit étroit de rocher, où il se précipite en rapides impétueux, avec un bruit effrayant.

A quelques centaines de mètres de là, le fleuve, toujours encaissé dans des berges à pic, reçoit la Valserine, qui arrive aussi dans une coupure de la montagne, aux parois perpendiculaires. Au confluent, sous le village de Bellegarde, pour augmenter la force motrice du courant, qui n'est pas évaluée à moins de 6 à 8,000 chevaux-vapeur ; pour mettre une pareille puissance au service de l'industrie; on a fait des travaux d'art bien curieux, bien importants aussi. La grandeur du site ne les diminue aucunement. Et, chose bien rare, ils augmentent peut-être la beauté et majesté farouche de ce site, un des plus imprévus et prodigieux qui soient.

Une seule plume pourrait donner une idée de la région étrange qui va de l'Ecluse au Parc, celle qui a écrit les paysages de la Divine-Comédie, elle est perdue. Que si, au moyen d'un décor mobile, on montrait au théâtre cette succession d'accidents grandioses et formidables ; si un orchestre passionné et exact accompagnait, retrouvant quelque chose des rugissements monstrueux du Rhône et de la Valserine se torturant tous deux, se cabrant, se précipitant dans des abimes bouillants, fumants, écumeux; les spectateurs pousseraient des cris d'admiration et de terreur.

Les points les plus curieux, après la perte du Rhône et son confluent avec la Valserine, c'est la *Planche d'Arlod,* où les rochers en encorbellement mêlent, sur l'abime vert d'émeraude entrevu, les branches des arbres qui ont cru sur des ruines dont ils sont recouverts. Sans ces ruines, on se croirait ici, tant le paysage est sauvage et solitaire, au bord d'un fleuve vierge, descendant des Montagnes Rocheuses du Far-West. C'est le *Malpertuis* où le Rhône disparait presque complètement dans le trou sombre où il est contraint de s'engouffrer, poussant des cris furieux grossis par les échos prisonniers dans des cavités souterraines. C'est Génissiat suspendant au-dessus du fleuve, à deux cents pieds, ses tours peuplées de légendes, et aussi ses oubliettes pleines d'ossements humains. C'est non loin la cascade de la Dant noyée dans la verdure.

La *Planche d'Arlod*, qu'on levait quand la France était en guerre avec la Savoie, est remplacée par un tablier en fer.

Au château du Parc, au-dessous de Surjoux et de ses mines d'asphalte, la vallée s'élargit; le fleuve devient navigable, les iles commencent à paraitre.

On trouve bientôt Seyssel, sur les deux rives; une moitié appartenant au département de l'Ain, une à la Haute-Savoie; un pont suspendu qui les relie a remplacé le vieux pont de bois à six travées, de 85 mètres de longueur. Voici l'embouchure du Fier qui amène au Rhône les eaux du lac d'Annecy, par des gorges pittoresques fréquentées des touristes.

Le Rhône, cependant, s'élargit de plus en plus, forme des iles sans nombre, empiète sur ses grèves et pénètre par plusieurs bras dans les terres basses qui le bordent. C'est ainsi que se sont formés, sur la rive droite du fleuve, les marais insalubres d'Anglefort au pied oriental du mont Colombier:

les eaux de la montagne et les dérivations du fleuve y ont également contribué.

A Culoz, qui a deux ponts, dont l'un au chemin de fer, les pentes du Colombier arrivent jusqu'au Rhône. Mais immédiatement après, les marais reparaissent plus larges ; ils sont formés par l'embouchure du Seran, qui vient se mêler avec le Rhône dans une plaine basse, souvent inondée, au milieu de laquelle s'élèvent, sur une butte, le château et le village de Lavours.

En face, au milieu des iles de sable et de gravier couvertes de *vorgines* que forme le Rhône, débouche le canal de la Chanaz ou de Savières, lui amenant, à travers les marais de la Chautagne, les eaux du lac du Bourget. Ce canal naturel a été rendu navigable. Les bateaux à vapeur qui, l'été, remontent de Lyon de deux jours l'un, quittent le Rhône ici pour s'engager dans le canal et aller chercher, à Aix-les-Bains, les voyageurs qu'ils y ont amenés.

Après avoir dépassé Cressin et Massignieu, où sa rive basse stagne encore, le puissant cours d'eau s'engage, sous la chaine de Parves, dans une autre passe de montagne qui va se rétrécissant. L'entonnoir, de Yenne au couvent fortifié de Pierre-Châtel, se change en un goulet étroit aux parois verticales d'une hauteur vertigineuse. Après avoir suivi, 3 kilomètres durant et de l'est à l'ouest, le profond couloir, le Rhône tourne au sud, cotoie les hauteurs de Peyrieu et d'Izieu, les dernières du Jura bugiste et arrive à Cordon, où il reçoit le Guiers. De là, il se jetait anciennement et se répandait à travers les Terres froides du Dauphiné, où on retrouve encore les traces de son passage.

Aujourd'hui, de Cordon (où il passe sous un septième pont), il prend brusquement la direction du nord-ouest, qu'il suivra pendant 40 kilomètres. Entre Cordon et Groslée, il forme des îles nombreuses, des *lônes,* dont les principales sont celles de Glandieu (sous la belle cascade de ce nom) et celle de Saint-Benoit.

De Groslée, il descend vers Lagnieu, entre des montagnes couvertes de bois de hêtres, de vignes, de grandes roches fauves, et la côtière basse, boisée encore du Dauphiné, par un canal large, profond, presque rectiligne et vraiment superbe. A moitié route, au pied de Lhuis, ce canal, qui a 300 mètres de largeur, est étranglé soudain par un massif couvert de bois, aux escarpements hauts et abrupts qui, de la rive dauphinoise, se projette vers le plateau bugiste, où Lhuis est assis. Ce défilé est redouté des *mariniers* du Rhône, ils l'appellent le *Bout du monde.*

A Malarage, le fleuve n'a plus que 36 mètres de largeur; sur le roc qui le gêne, le Moutier de Saint-Alban croule. C'est la foudre qui l'a détruit. Les moines l'avaient provoquée en passant trop souvent sur la rive bugiste, où ils étaient attendus dans un couvent de nonnains peu sévères. Les dits moines et les dites moinesses, transformées en esprits malins, dansent encore les nuits sur les rochers de Malarage des danses diaboliques. Le fleuve a repris toute son ampleur sous Saint-André-de-Briord, le manoir de Jacqueline de

Montbel, l'héroïque veuve de Coligny. Il inonde de temps à autre Briord, aujourd'hui village insignifiant, au second siècle ville importante, ayant un théâtre, un aqueduc, et qui garde de curieuses inscriptions latines. Il coupe, entre Montalieu et Villebois, le banc de pierre calcaire dont les constructions de Lyon sont faites. Un peu au-dessus de Villebois, la voie ferrée qui reliera directement Besançon à Grenoble, le franchit sur un pont. Un peu au-dessous, son lit est obstrué par des bancs de rochers qui forment le barrage du *Sault* et qui ont rendu si longtemps sa navigation, sur ce point, dangereuse à la descente, laborieuse à la remonte. Pour l'améliorer on a fait sauter en partie l'escalier de rocher ; creusé le long de la rive droite un chenal à pente régulière; plus bas, endigué et rétréci le lit du fleuve. Malgré tout, le *rapide* subsiste. De Cordon au Sault, on trouve deux ponts suspendus (à Evieu et à Briord).

Au Sault même, on avait pu profiter des piles naturelles offertes par les rochers pour jeter un pont de cinq arches, dont deux, ayant croulé, avaient été refaites en bois. Ce pont a été reconstruit, il y a cinquante ans, avec des matériaux superbes, fournis par les carrières voisines ; il n'a que trois arches, celle du milieu a plus de cent pieds d'ouverture.

A 6 kilomètres au-dessous du Sault, le Rhône passe entre les châteaux du Cuchet, de Saint-Sorlin, de Vertrieu renversés par Biron en 1600, et qui achèvent de crouler sur leurs rochers. Puis, il sort des montagnes au milieu de ce paysage d'une incomparable grandeur, et tourne brusquement au sud-ouest, au port même et sous le pont suspendu de Lagnieu. De là, il descend dans un canal large et profond entre les hauteurs du Dauphiné, la célèbre grotte de la Balme, et Saint-Vulbas perché sur une butte de sable d'où sortent de magnifiques fontaines. Arrivé à la hauteur de Crémieu (cette bizarre apparition du Moyen-Age), il change encore de direction et, contournant au sud l'unique plaine du Bugey qu'il côtoyait depuis Lagnieu, il passe au port de Loyettes, sous un douzième pont, et vient devant la colline dauphinoise d'Anthon recevoir l'Ain. Là, pour la cinquième fois depuis que nous le suivons, il change de physionomie.

L'énorme et sauvage torrent qui rongeait le pied du Credo ou la paroi verticale sur laquelle Pierre-Châtel est perché; le paresseux courant qui stagnait au travers des vorgines d'Anglefort, entre les marais de Lavours et ceux de la Chautagne ; le canal magnifique qui réfléchissait dans ses eaux profondes les hauts murs croulants de Groslée et de Ruffieu n'est plus reconnaissable ici.

C'est que, de ce confluent de l'Ain à Lyon, il est entré et chemine quasi sans pente dans une région absolument plate. Il y rampe donc, étendu au large, découpant au gré de ses caprices un sol qui ne résiste pas en vastes ilots, bas et nus pour la plupart, enveloppés de bras sans profondeur, frayés hier pour être délaissés demain, et se changeant, à l'étiage, en lônes marécageuses. Le bateau d'Aix a peine à trouver par là le tirant d'eau qui lui est nécessaire. Le Rhône qui a, devant Briord et devant Lagnieu, 300 mètres de largeur, en a 1,000 sous Thil, et, entre Miribel et Décines, il découpe en ilots 5 kilomètres de pays. Plus de ponts et peu de communications entre les deux rives, de Loyettes à Lyon.

Si nous connaissions notre pays et si nous savions l'admirer, ce fleuve, si français par ses qualités et ses défauts, serait chez nous populaire et célébré comme l'est ailleurs ce Rhin allemand, que le Rhône égale au moins en beauté.

Le Rhône sort à 1,753 mètres d'altitude du glacier auquel il donne son nom, un des plus vastes et des plus beaux des Alpes centrales, dominé par des cimes dont la plus élevée a 3,603 mètres. Ce glacier donne 18 mètres d'eau par seconde en juillet, époque de la fonte des neiges. Le Rhône, fleuve en naissant, reçoit, avant d'entrer en France, les eaux de 137 autres réservoirs de glaces éternelles. A sa sortie du Léman (par 375 mètres d'altitude), il a 350 mètres de largeur.

Son bassin total a 9,700,000 hectares de superficie.

Il porte à la mer, aux basses eaux, 550 mètres cubes d'eau par seconde ; aux eaux moyennes, 2,603 mètres ; en grandes crues, 12,000 mètres. Cette masse liquide est supérieure à celle des autres fleuves de France.

Son cours, du glacier natal au golfe du Lion, est de 812 kilomètres. Il sert de limite est et sud à notre département, depuis le moulin Bilet, commune de Challex, jusqu'au hameau de Crépieux, à 7 kilomètres nord-est de Lyon, sur une longueur totale de 193 kilomètres.

Chez nous, sa profondeur réduite est dans les eaux basses de 66 centimètres; dans les moyennes, de 1 mètre 33; dans les hautes, de 5 mètres 33.

Sa vitessse par minute, dans les maigres, est de 60 mètres; dans les eaux moyennes, de 80 mètres; dans les hautes eaux, de 120.

Sa pente, par mètre courant, est de $\frac{170}{10.000}$

La hauteur réduite de son encaissement est de 1 mètre 33.

Le Rhône pourrait être navigable à partir du Creux-Paradis, près du hameau de Monthoux, commune de Billiat, au-dessus du défilé de Génissiat. Mais comme, à cette hauteur, il est encaissé entre des montagnes abruptes, dont les pentes et les rivages, quand rivage il y a, sont peu habitables et peu habités, il n'y a pas, en fait, de navigation par là.

Dans les documents administratifs, on donne notre fleuve comme navigable à partir du hameau et château du Parc, commune de Surjoux, à 4 kilomètres au-dessous du Creux-Paradis. Mais ce n'est guère, en réalité, qu'à 8 kilomètres en aval du Parc, à Seyssel, la seule petite ville, chez nous, qui ait pu se mettre à cheval sur le fleuve indocile, que la navigation commence.

Et les bateaux à vapeur qui font le service du Haut-Rhône, au-dessus de Lyon, ne dépassent pas la Chanaz, situé en face de Lavours, à l'entrée du canal de Savières, qui les conduit dans le lac du Bourget.

Ce n'est guère qu'à partir de Montalieu en Dauphiné, et de Villebois chez nous, que cette navigation devient très active. Les quais grandioses, les quartiers neufs, les monuments anciens et récents d'une ville qui a passé, en moins d'un siècle, de moins de 100,000 habitants à plus de 400,000, sont sortis des superbes carrières de pierre de ces deux villages obscurs.

En tout, du hameau du Parc au hameau de Crépieux, le Rhône est navigable, dans le département de l'Ain, sur une longueur de 156 kilomètres.

Ses bateaux sont en sapin. Les grands, nommés *penelles*, ont de longueur 29 mètres, de largeur 5, 1 mètre 69 de hauteur de bandes. Les moyens, dits *savoyardeaux*, ont 21 mètres de long, 4 mètres de largeur, 1 mètre 38 de hauteur de bandes. Ils peuvent caler dans les eaux basses de 50 à 60 centimètres, dans les moyennes de 1 mètre à 1 mètre 30. Leur charge, dans le premier cas, est de 3,000 à 5,000 myriagrammes, dans le second, de 7,500 à 10,000.

A la remonte, la navigation se fait à la cordelle, par un chemin de hallage pratiqué sur les berges, le rivage et les iles, et passant plusieurs fois de la rive droite à la rive gauche : ce chemin était « fort étroit et très mauvais » en 1808 ; il n'a été depuis lors amélioré qu'incomplètement. Un équipage se compose de 4 à 5 bateaux et de 20 à 25 très forts chevaux.

A la descente, on marche à rame et à voile, quand le vent est favorable.

Dans les eaux moyennes, on fait à la remonte 2 myriamètres par jour, à la descente on en fait 10.

Depuis un demi-siècle, on travaille à améliorer un état de choses qui laisse tant à désirer.

L'Etat dépense annuellement une somme (insuffisante) de 6,500 francs pour l'entretien du chenal; c'est à savoir en enrochements, extraction des écueils, aux basses eaux, en attendant qu'un bateau-cloche, en cours de construction, permette d'y travailler en tout temps. On fait aussi quelques dragages sur les hauts fonds.

L'Ain et la Savoie ont récemment dépensé une somme importante pour améliorer le passage de Champagneux, par des barrages et digues. L'Ain et l'Isère ont fait de même pour le passage entre Méant et Nièvre. Des endiguements entre Vions et Chanaz, entre Cordon et Groslée sont en projet ou en cours d'exécution. Il en est de même d'une dérivation éclusée, au Sault, de 1,500 mètres de longueur, sur une largeur de 13 mètres.

Enfin, on a étudié un projet général pour rendre la navigation régulière de Chanaz à Lyon ; le devis s'élève à onze millions.

La statistique de 1808 donne le Rhône pour un fleuve très poissonneux où truites, brochets, l'anguille, la lotte, l'alose, la carpe abondent. On ne pourrait en dire autant en 1882. Le fleuve, pêché en hiver aux eaux basses, s'est dépeuplé. Un décret du 2 avril 1880 a désigné des parties pour la reproduction et y a interdit la pêche pour 5 ans. Cette mesure a déjà produit de bons effets.

Le Rhône roule dans ses sables quelques paillettes d'or. Vers 1820, j'ai vu des orpailleurs gagner, en les recueillant, un franc par jour, je crois cette industrie abandonnée.

Les affluents du Rhône

On mentionnera ici seulement, des 262 affluents et sous-affluents donnés au Rhône par le catalogue dressé par M. Baudart (non compris l'Ain), ceux qui ont à peu près 10 kilomètres de cours.

Le premier à nommer est la *Versoix*, connue aussi sous son nom celtique de *Divonne*. Elle n'a guère chez nous que ses magnifiques sources. Elle a 10 kilomètres de longueur et se jette dans le Léman, après avoir arrosé un bassin de 27,000 hectares.

Puis, vient la *Loudon* (ou *Landon*), torrent grossi du *Lion*, lequel a pour affluent le *Journans*. Ces trois cours d'eau, sortis du flanc est du Jura, se réunissent pour tomber dans le Rhône, sur le territoire genevois. La Landon à 12 kilomètres de cours ; son débit varie de 634 litres d'eau par seconde à 60,566 dans les crues. Son bassin (y compris ceux du Lion et du Journans) a de 20 à 21,000 hectares.

La *Valserine*, née sur le territoire franc-comtois, entre chez nous à Lélex, à une altitude de plus de 300 mètres. Elle descend en courant dans la faille quasi rectiligne qui sépare le Jura gessien du Jura bugiste. Son long et étroit bassin de 7,000 hectares de superficie est assez peu habité. En son parcours de 48 kilomètres (chez nous), elle a une largeur moyenne de 15 mètres, et ne reçoit, sauf quelques sources, qu'un affluent, la Sémine. Un peu après l'avoir reçu, la Valserine disparait quasi sous un amoncellement de rochers coupé par deux fissures de deux mètres de largeur chacune. Sur l'une, on avait jeté une planche appelée le *Pont des Oulles,* d'*olla,* marmite, de la forme des cavités où s'engouffre, tournoie et bout le pittoresque torrent. Une pierre ici, une passerelle en fer là, munies de garde-fou, établissent aujourd'hui, entre les deux rives, une communication moins primitive.

A 2 kilomètres en aval, la voie ferrée de Lyon à Genève franchit la vallée de la Valserine sur un superbe viaduc de 250 mètres de long sur 52 mètres de haut.

A quelques pas plus bas, sous Bellegarde, par une crevasse grandiose comme tout ce paysage du confluent, la Valserine se précipite dans le Rhône en rugissant.

Le fougueux petit cours d'eau a 871 mètres 82 de pente. Son débit par seconde est de 9,520 litres aux maigres, de 170,750 aux crues. Sa vallée est étroite ; mais, tout au bas, son principal affluent, la *Sémine,* lui amène les eaux d'un quart, peut-être, de l'arrondissement de Nantua ; elle a 24 kilomètres de cours, 9 mètres de largeur. Sa pente est de 703 mètres 82. Aux eaux basses, elle débite 1,050 litres ; aux crues, 60,800.

La Sémine est grossie du *Combet :* un canal creusé (il y a environ 50 ans) fait du Combet l'émissaire du lac de *Sylan,* sans déversoir apparent jusque-là. Ce lac, fraiche nappe d'un vert sombre, tapie dans la cluse de Nantua à 595 mètres d'altitude, mire dans ses eaux profondes de 23 mètres des cimes boisées et des roches pittoresques. Il a 54 hectares de surface, 2 kilomètres de long, 250 mètres de large. Depuis quelques années, il approvisionne Genève et Lyon de glace.

De ce versant est du Colombier qui s'appelait jadis la Michaille, le Rhône reçoit force sources et *rus*. Nommons seulement la *Véséronce*, qui a 8 kilomètres de cours, et sa sœur et voisine, la *Dorche*, qui en a un peu moins de 5 ; mais, sa belle cascade forme, avec les ruines d'un château féodal, un paysage se composant à miracle et qui mériterait d'être plus connu.

Plus bas, le *Séran* rassemble les eaux de la vallée la plus large et la plus riche du Bas-Bugey, du Valromey et des 35 ou 36 ruisseaux pendants des deux hautes et belles chaînes boisées qui l'encadrent. Du haut plateau où il naît, aux marais où il vient aboutir, le Séran a 49 kilomètres de cours, dont les deux tiers dans le haut pays d'où il descend à Ceyzérieu par une superbe cascade haute de 50 mètres. Au-dessous, il reçoit l'*Arvière*, torrent né dans les forêts de sapin du Colombier, qui a un cours de 12 kilomètres, et que grossit le *Grouin*, ruisseau formé par une source intermittente débitant, quand elle sort, 5,000 litres d'eau par seconde. Le bassin du Séran a 14,300 hectares. Le débit de l'inconstant courant d'eau, qui a 12 mètres de largeur moyenne, varie de 4,000 litres dans les maigres à 275,000 dans les crûes. L'Arvière, plus capricieuse encore, varie de 150 à 50,000 litres.

C'est ici le lieu de dire un mot du marais de *Lavours*, que le Séran traverse en rampant avant de se jeter dans le Rhône. Il a 7 kilomètres de long sur 2 de large, est coupé de fossés d'eaux croupissantes, qui ne produisent que du jonc et ne nourrissent que des canards sauvages. En 1760, on voulut, en creusant un lit au Séran et en construisant des digues défensives, rendre à la culture ce vaste terrain perdu pour elle. L'opération fut, dit la *Statistique* de 1808, abandonnée pour des motifs d'intérêt particulier.

Le marais de Lavours, celui de la Chautagne sur l'autre rive du Rhône sont, disent les géologues, les restes d'un ancien bassin lacustre fort étendu, dont le Bourget voisin serait le fond. Faut-il attribuer la même origine aux petits bassins de *Chavoley*, de *Barterand*, de la *Barque*, dormant ignorés sur les terrasses onduleuses qui dominent à l'ouest et au sud le marais de Lavours, et séparent le bassin du Séran de celui du Furand ?

Entre la montagne de Parves et les collines où Belley est assis, descend de Magnieu au Rhône l'*Ousson ;* il a 7 à 8 kilomètres de cours, 490 mètres de pente et débite de 160 à 13.300 litres par seconde.

A 200 mètres à l'ouest du confluent de l'Ousson, le Rhône reçoit le *Furand ;* ce torrent diffère presque en tout de son voisin et quasi homonyme (le Séran). Il naît moins haut. Son bassin est plus étroit. Son cours est moins long, son débit moindre. Il sort des lacs des Hôpitaux et de la Burbanche, lesquels ne sont guère que des flaques d'eau sans profondeur, stagnant entre les parois les plus arides de la gorge de Saint-Rambert. On nomme ainsi la cluse qui, comme celle de Nantua, perce de part en part le Jura bugiste, et qui, plus tortueuse et moins large que sa rivale, est, par contre, moins haute et a permis au chemin de fer de Lyon à Genève de passer sans grands travaux d'art du bassin du Furand à celui du Séran. Le Furand descend de cette cluse dans une faille plus étroite encore, où il lavait jadis les murs de l'abbaye de Bons (une maison qui ne brillait pas par l'austérité de ses nobles recluses). Au-dessus, il avait reçu sur sa rive gauche l'*Arène* ou *Renave*, descendant du haut plateau entouré de bois où croule le couvent de Saint-Sulpice, dont Brillat-Savarin a célébré la large et riante hospitalité. Plus bas, le Furand reçoit sur sa rive droite l'*Armaille*, émissaire du charmant lac du même nom, pendu au flanc oriental de la montagne de Tantaine.

Le Furand a 10 mètres de largeur, 26 kilomètres de cours ; l'Arène en a 10, l'Armaille en a 12.

A l'extrémité sud de l'arrondissement de Belley, dans le repli que fait le Rhône sous Cordon, entre la montagne de Cordon et celle d'Izieu, dans un petit fond riant, se cache le lac ignoré de *Pluvis*, un lac de jardin anglais, où deux châteaux en ruines se mirent. Il n'a pas d'émissaire apparent.

L'*Agnin* et le *Seytrin* nés, comme l'Armaille, du versant Est de la montagne de Tantaine, sont les déversoirs des petits lacs d'*Arboréas* et de *Conzieu*. (Celui d'*Ambléon* n'en a pas ; il est, dit-on, le résultat d'un affaissement du sol, et l'on voit ou l'on croit voir sous ses eaux des squelettes de sapins, fait curieux, car il n'y a pas de sapins dans le paysage ravissant qui l'encadre.) L'Agnin et le Seytrin réunis forment le *Gland*, qui contourne à droite les hauteurs d'où il sort, traverse sous Premeysel un bassin marécageux (un lac aussi jadis), et par une cluse étroite, sinueuse et pittoresque, arrive sur Glandieu, où il se jette éperdûment par trois larges cascatelles superposées, dont l'une peut avoir 40 mètres de hauteur. Ces chûtes sont visibles du bateau à vapeur du Rhône et fort admirées (quand elles ont de l'eau). Le cours total du Gland a 14 kilomètres 1/2. Son débit oscille entre 2,500 et 50,000 litres par seconde.

Le *Nant de Groslée* a 8 kilomètres de cours. (Le lac de *Crottet*, caché à 528 mètres d'altitude dans un pli de la montagne de Tantaine, l'alimente-t-il par quelque conduit souterrain?) Ce nant vient se jeter dans le Rhône sous le château de Groslée, la plus vaste habitation féodale de notre pays, dont les tours croulantes, peuplées de reptiles, et les cours plantées de vignes restent imposantes encore.

La *Brivaz* a 10 kilomètres de cours, elle descend des hauteurs d'Innimond; recoit, près de Marchamp, si riche en fossiles, une source intermittente portant, comme celle de Vieu, le nom de Grouin; et vient, par une petite gorge charmante, s'unir au Rhône au-dessous de Briord, qui s'abreuvait de ses eaux jadis par un canal souterrain.

Un peu au sud de la Chartreuse de Portes restaurée, l'*Aradin* ou *Tréfond* sort à plus de 800 mètres d'altitude d'une chaîne qui en a 1.000. Près de Coux, du fond d'un hémicycle imposant, il se précipite dans un bassin inférieur, passe sous des grottes ayant nom la Balme-Roland, la Balme des Sarrasins, hantées par d'étranges souvenirs; reçoit un peu plus bas, sous Bénonces, le *Voison*, la *Goille*, de nombreuses sources sortant des belles forêts de hêtres d'Arrétat et de la Morgne. Grossi de cet apport, considérable aux pluies, il enfile ce qu'on nommerait en patois une *engoulure*, une passe droite, étroite, profonde, aux parois verticales; et débouchant enfin dans la petite plaine de Serrières, il la coupe en deux et vient tomber dans le Rhône, à côté de la Brivaz. Le Tréfond a 16 kilomètres de cours; la Goille, 9.

Tous ces petits torrents qui pendent à l'ouest de la chaîne occidentale du Bugey, Nant de Groslée, Brivaz, Aradin, Goille, Reby (celui-ci a 4 kilomètres de cours et descend sur Villebois), tarissent plus ou moins à l'étiage. La Brivaz, qui est le moins capricieux, a un débit qui varie de 190 à 12,000 litres d'eau. Les *engoulures* par lesquelles ils descendent dans la vallée du Rhône, sont des abimes de verdure, de fraicheur et de solitude.

Du Sault à Saint-Vulbas, le Rhône ne reçoit plus que des sources. Saint-Sorlin, reste vivant du Moyen-Age, accroupi sous le grand château des Coligny détruit par Biron, voulut en 1793 s'appeler Belle-Fontaine. Lagnieu s'enorgueillit de sa Fontaine d'Or, qui féconde son petit bassin charmant;

Saint-Vulbas de sa Bormana adorée des Gaulois, puis des Latins. Ce sont les dernières contributions que notre grand fleuve reçoive de sa rive droite jusqu'à l'embouchure de l'Ain.

Nous laissons ici ce principal tributaire du Rhône de côté pour lui consacrer un chapitre spécial, et nommons immédiatement les faibles ruisseaux qui versent au puissant cours d'eau, pendant les 24 derniers kilomètres de son voyage chez nous, du haut de la Cotière, les eaux rares de la partie méridionale du plateau des Dombes.

Ce sont le *Content* (9 kilomètres), le *Cotey* (10.5), la *Longevavre* (6), le bief *Berthet* (6.6), la *Vévolière* (10), le *Romellant* (7).

Une plaine voisine, la plus aride et inféconde du Département, a nom la Valbonne. Le torrent inégal et turbulent qui traverse Montluel et souvent l'inonde brusquement a nom la *Sereine*. Cette naïade au nom trompeur a 18 kilomètres 800 de cours et son débit varie de 150 à 40.000 litres d'eau. On étudie un *déchargeoir* qui débarrasserait cinq communes qu'elle inonde de ses caprices subits et désastreux.

II. — L'Ain.

L'Ain, dans les textes latins, s'appelle *Idanis*. Le vocable est parent de Rhodanus et d'Eridanus.

Il est générique vraisemblablement, et il est à croire qu'il signifie rivière.

L'ancien nom français est le Dain — que Voltaire ortographie le Din — et qui subsiste dans le mot Pont-Dain, mot composé comme Hôtel-Dieu.

C'est peut-être l'Assemblée Nationale qui, cherchant un nom pour notre département qu'elle venait de former, a consacré celui qui subsiste.

L'Ain, dit M. E. Reclus, est « la rivière jurassique par excellence ». Il nait à 730 mètres d'altitude, à l'ouest des grandes crêtes orientales du Jura, un peu au-dessous de Nozeroy, à 15 kilomètres au-dessus de Champagnole, la seule ville bâtie sur ses rives. Ses sources abondantes seraient, à ce qu'on croit, issues de cavernes profondes. Il se continue par des gorges étroites, dont l'une, superbe, se nomme la Perte de l'Ain ; par des failles, des cluses, où il rencontre des barrages naturels qu'il franchit en bondissant. De ses sauts ou cascades, le principal au port de la Saisse, large de 132 mètres, en a 16 de hauteur. Dans cette partie haute de son cours, il sert d'émissaire (indirect) à 5 ou 6 lacs, dont le plus grand est le lac de Chalin ; et reçoit deux affluents notables : la *Bienne*, venant de Morez et de Saint-Claude, et la *Valouse*, venant d'Orgelet et d'Arinthod.

A partir de son confluent avec la Bienne, il longe notre territoire 15 kilomètres durant. A partir de sa jonction avec la Valouse, il devient tout nôtre.

Et sur un cours total de 167 kilomètres, il en aura chez nous 66.6.

Ce cours se divise naturellement en deux parties entièrement dissemblables.

La première, qui est la partie haute, comprise entre la limite du Département et Neuville (sur Ain), a 31 kilomètres de longueur.

Sur ce parcours, la rivière est encaissée presque constamment dans la gorge profonde qui sépare les monts Berthian, premier gradin du Jura bugiste, du Revermont bressan. Elle roule tout au fond, entre deux berges rocheuses de nature calcaire, souvent taillées à pic, espacées l'une de l'autre de 70 à 140 mètres.

Le lit de l'Ain est ici partagé sur sa longueur en une série de bassins divisés par des affleurements de rochers formant *rapides* où le tirant d'eau n'est plus que de 25 centimètres. La profondeur entre ces rapides varie entre 1 mètre 20 et 5 mètres. La pente moyenne est ici de 0.779 par kilomètre. La vitesse est, par seconde, de 85 centimètres en eau moyenne ; aux crues, elle doit être quatre ou cinq fois plus grande. Les crues viennent en août et septembre, elles sont amenées par des pluies que M. E. Reclus dit plus abondantes ici qu'ailleurs. Cette vallée recevrait en moyenne 1.200 millimètres d'eau par an (Bourg en reçoit 1.000, Nantua 1.170). Les maigres viennent en juin et en juillet.

Cette gorge de l'Ain est la contrée la moins habitée du Département. De Thoirette à Neuville, il n'y a pas place pour un seul village sur la berge étroite et âpre du courant d'eau solitaire. En revanche, la vallée, ses hauteurs sont pleines des rêves et des débris du passé. Au confluent de la Bienne, sur la montagne Saint-Jacques, on retrouverait les morceaux de la *Pierre qui vire ;* c'est la nuit de Noël, à minuit, que le bloc erratique se livrait à cet exercice mystérieux. En aval de Thoirette, sous Matafelon, on retrouverait les vestiges humbles de Thoires-le-Donjon, d'où la haute lignée des sires de Thoires-Villars sort. Granges, plus bas, n'a que deux cascades aux noms rabelaisiens (Pisse-Vache et Pisse-Vieille) ; mais Corveyssiat vis-à-vis, lequel a sa cascade aussi, garde une nécropole de l'Age du Bronze. Serrières a lui un cimetière burgonde, et la grotte de la Geignère habitée par les fées. En amont de Serrières, le superbe sommet du Balvay se couronne des ruines d'un manoir des archevêques de Lyon. En aval et un peu au-dessus de Poncin, voilà sur la rive droite Allemand, d'où la famille historique de ce nom est sortie ; sur la rive gauche, la Cueille, superbe ruine trop peu connue, d'une des résidences princières des Thoires-Villars. Et un peu plus loin, du bord charmant de la passe par où l'Ain va sortir des montagnes, nous pourrons voir de loin Poncin leur capitale, tapie sous les hautes tours du palais qu'ils se construisirent au XIVe siècle, quand ils furent devenus alliés par mariage de la Maison de France.

De communication entre les deux rives, au XIXe siècle commençant, il y en avait bien peu. Voltaire, allant de Ferney à Paris, doit attendre devant Pont-d'Ain qu'une crue subite soit passée pour passer lui-même par la *traille.* Et, jeune, j'ai vu maintefois, de cette lourde machine qui mettait une demi-heure à aller d'un rivage à l'autre, des troupeaux de bœufs guéer à côté. La construction, un peu avant 89, du beau pont de pierre de Neuville, celle du premier pont suspendu à Pont-d'Ain, un peu avant 1830, furent des événements.

Il y a aujourd'hui un pont à Thoirette ; à Cize un viaduc, sur lequel la voie ferrée de Bourg à Nantua franchit la gorge et la rivière. C'est un des beaux et hardis travaux de ce genre qu'il y ait ; il a deux rangs d'arches, 268 mètres de long, 55 de haut. Serrières a un pont suspendu. Poncin vient d'en voir achever un en pierre à trois arches. Puis viennent le pont de Neuville, les deux ponts de Pont-d'Ain, le pont de Gévrieux, les deux ponts de Chazey.

Je ne sais pas de contraste plus complet que celui existant entre la vallée un peu sombre et sévère qu'on vient de descendre, et la plaine où l'Ain débouchant des montagnes, entre Poncin et Neuville, par une passe tapissée de vignes du côté nord, de bois du côté sud, va s'épandre au large et vaguer en toute liberté. Le paysage, ici, assez semblable par ses grands traits à celui du Rhône à Lagnieu, est moins grandiose, mais plus souriant et encore bien beau.

Nous arrivons à la seconde section, soit à la partie basse du bassin de notre rivière. Cette seconde section a 45 kilomètres 600 de longueur.

La largeur de l'Ain, sorti de sa prison, va varier ici entre 100 et 500 mètres. C'est dire qu'il use largement de sa liberté. Il court désormais au milieu d'une couche d'alluvion et de graviers calcaires, se déplaçant avec une grande facilité au gré de ses caprices. Sa pente atteint 1 mètre 370 par kilomètre; sa profondeur moyenne, 2 mètres 25.

Il se divise en plusieurs bras et forme sous Varambon une ile de 40 hectares ; une de 40 sous Priay, une devant Villette de 25, une de 40 devant Mollon. Le sol de ces îles est sablonneux. Elles sont plantées de saules, de peupliers, de vorgines. Aucune n'est habitée.

Les deux rives de cette seconde section sont grandement dissemblables.

La rive droite serre de près et longe le pied de la Cotière, soit de la terrasse bordière du plateau de Dombes. Elle est insubmersible, sauf de Charnoz au Rhône.

Sur les hauteurs qui la bordent se succèdent Pont-d'Ain, dominé par un vaste manoir (sans style), construit par les sires de Coligny et qui fut ensuite la maison de plaisance des ducs de Savoie; Varambon; le château de Richemont, où une des scènes les plus tragiques du Moyen-Age (un parricide) s'est passée; Priay, Villette, Châtillon-la-Palud, Mollon, Loyes, Meximieux, Charnoz, Saint-Jean, Saint-Maurice ; qui sur la berge, qui sur la colline.

La rive gauche, c'est la plaine sablonneuse de 35 kilomètres de longueur sur une largeur de 4 ou 5, gisant, quasi déserte, entre le premier échelon du Jura bugiste et la terrasse qui porte la Dombes. Cette rive est submersible, sauf tout en bas de Chazey à Charnoz. Chazey, dominé par un des plus beaux châteaux du Département, assis sur une butte d'une trentaine de mètres, est le seul lieu habité de cette rive si souvent noyée par les crues de l'Ain.

Tel qu'on vient de le décrire, le beau cours d'eau qui donne son nom à notre pays reste à l'état de nature, à bien peu près ; et aussi à bien peu près inutile à la navigation, à l'industrie; plutôt nuisible à l'agriculture.

Toutefois, il y avait sur l'Ain, en 1880, huit usines et autant de barrages laissant passer les bateaux ou radeaux par des pertuis mariniers de 12 à 16 mètres de largeur.

La même année, l'Ain a été navigable 229 jours, non navigable 136 jours.

Le tonnage total s'est élevé à 7,951 tonnes, réparties sur 8 bateaux et 119 radeaux.

Il n'y a pas de chemin de halage. Tous les transports se font à la descente.

L'amélioration du chenal coûtait au Département 80,000 fr., l'exercice dernier.

Les affluents de l'Ain

L'Ain a en tout 118 affluents et sous-affluents chez nous.

Dans la première moitié de son cours, nous n'amenons à l'Ain qu'un tributaire un peu notable, qui est l'*Oignin*.

Ce cours d'eau a 39 kilomètres de longueur, 20 mètres de largeur. Son bassin a 36,000 hectares.

Il débite de 3,600 litres à l'étiage à 254,000 litres aux crues.

Il naît sur un haut plateau central du Jura bugiste, de la jonction du *Valey* et du *Bourrey*.

Le Valey sort d'un petit bassin perdu dans les forêts qui appartenaient jadis aux Chartreux de Meyriat. Il en descend par une gorge comparable, pour sa beauté, à celle par où l'on monte à la Grande Chartreuse : les échos y répètent encore les noms de Lelia et de son poète, chers à la génération qui passe (voir *Lettres d'un Voyageur*, par G. Sand). A l'issue de cette gorge, le Valey reçoit la *Doye* de Condamine, magnifique source nourrissant les plus belles truites du Bugey, disputées jadis par les Bénédictins de Nantua aux Chartreux de Meyriat.

Le Bourrey a plus de 16 kilomètres de cours. Il arrive des hauteurs d'Aranc et de Corlier, d'où l'on a sur sa combe, la combe du Val, une des plus belles vues qui soient ; traverse les riches communes de Lantenay et d'Izenave ; reçoit vers Montherny, du Golet de Pisse-Loup, une belle cascade peu connue ; et vient s'unir au Valey au-dessus de Maillat, beau village brûlé par les Autrichiens en janvier 1814.

L'Oignin, formé de ces deux torrents, traverse avec lenteur la plaine haute et marécageuse de Brion, où viennent l'alimenter :

Le *Bras* de Port, l'émissaire du lac charmant de Nantua, le plus grand bassin lacustre du Département, qui est situé à 475 mètres d'altitude, a 2 kilomètres et demi de long, sur 5 à 700 mètres de large, 144 mètres de surface et de 40 à 50 mètres de profondeur. Le lac de Nantua, entouré étroitement de cimes qui le dominent de 300 à 500 mètres, a la physionomie moins sombre que le lac de Sylan, son frère jumeau, et vu des monts Berthian, ressemble à un pan d'azur tombé du ciel. Sa ville s'y baigne et sourit sous une vieille abbaye du XIIe siècle.

Un peu après le Bras du lac, l'Oignin reçoit l'*Ange* (16.800 mètres), grossi de la *Sarsouille* (7.200 mètres), apportant les eaux des hautes vallées d'Oyonnax, d'Echallon et peut-être celles du petit lac Génin, qui n'a pas d'émissaire apparent.

Oyonnax, en haut du bassin de l'Ange, est la ville moderne et industrielle du Département. Montréal. au bas, est l'ombre de la forteresse du XIIIe siècle, à la triple enceinte, d'où les sires de Thoires troublaient la somnolence et les digestions de ces moines de Nantua, qui aimaient trop les filets d'ours. Les ours alors abondaient chez eux.

De la plaine de Brion, qui est à 500 mètres d'altitude, l'Oignin descend en celle d'Izernore moins élevée de 100 mètres, et au milieu de laquelle achève de crouler un temple romain, le plus vénéré, *superstitiosissimum*, de la Gaule, brûlé par les Chrétiens.

Après avoir reçu *l'Anconnant* (7.850 mètres), il s'engage dans une cluse étroite et sinueuse, de la plus extrême beauté, ayant 4 ou 5 kilomètres de longueur, à peine 200 mètres de largeur. Des rochers pittoresques, des abîmes profonds pleins d'une végétation noire et puissante ; les cascades riantes et superbes d'Arfontaine, de Thorey, de Charmine, attendent ici les paysagistes qui ne viennent pas. Les truites, les écrevisses, les loutres qui abondent, dit-on, dans ces eaux fraiches et ombragées, y attendent les pêcheurs plus avisés.

L'Oignin, le seul courant d'eau du Bugey dont la direction soit du sud au nord, et le seul aussi qui l'été ne tarisse jamais, vient enfin se jeter dans l'Ain, en face de Coiselet, un peu au-dessous de ces trois rochers d'Olyferne, tout gémissants les nuits d'orage. Ce sont, changées en pierre, trois damoiselles qu'un seigneur félon poursuivait d'amour et cruellement tua, comme leurs trois fiancés allaient les délivrer...

De l'embouchure de l'Oignin à la hauteur de Poncin, la chaine déboisée du Revermont, verse à l'Ain un seul ruisseau, joli et mince, celui de Corveyssiat. En face, la chaine du Berthian, moins aride, lui en apporte trois : la *Piche-Vieille*, venant de Granges ; le *Ru de Bolozon*, la *Fontaine noire*, venant de Leyssard, insignifiants tous trois.

Mais, plus au sud, arrive de Cerdon et de Poncin le *Veyron*, qui a 6.500 mètres de cours. Le petit torrent débite de 50 à 26.730 litres d'eau. Il est grossi par le *Marlet*, considérable source qui, en sortant de terre, meut plusieurs usines, et par la *Moranna*, torrent de 7.000 mètres de longueur, sortant du flanc ouest de la haute cime de l'Avocat, et sautant des plateaux dans un fond, par la cascade de la *Fouge*, qui donne son nom à la vallée inférieure. Cette vallée, mélange heureux de roches couleur d'ocre, de grands prés sous bois, de vignes mêlées de pêchers, de fonds onduleux pleins d'eaux courantes, est la plus délicieuse de notre pays. Elle serait célèbre partout ; chez nous, elle serait ignorée si les paysagistes lyonnais ne l'avaient découverte. Son entrée est gardée par la vierge de Préaux. C'est une vierge noire, sœur de la divinité souterraine de Chartres plus ancienne que le Christianisme, des vierges non moins noires de Dijon, de Tournus, du Puy, de Bourg. Comme la dernière, on l'a trouvée dans un saule, au bord de l'eau. Pour la décider à quitter son arbre, il fallut abattre celui-ci, qui se mit à saigner et se lamenter : on voit bien que vivant il était quasi Dieu, comme sa Naïade.

Un peu plus bas l'Ain reçoit *le Riez* (10 kilomètres), qui descend d'un charmant bassin à l'entrée duquel Jujurieux se cache à demi dans ses riches vergers, au fond duquel on va voir la *Cambourne de Pérucle*, une grotte curieuse, et les belles ruines du Châtelard, hantées par une Dame blanche.

Puis vient l'*Oiselon* (18 kilomètres) arrosant la vallée de Saint-Jean-le-Vieux et amenant les eaux du flanc nord du mont Luisandre.

Le *Seymard* descend du flanc occidental de cette belle pyramide d'une si fière tournure. Après une course de 8 kilomètres dans la plaine, il vient tomber dans l'Ain, à côté de l'Albarine.

L'*Albarine* est (après le Suran) le plus considérable des affluents de l'Ain. Elle a près de 60 kilomètres de cours, une largeur moyenne de 10 mètres.

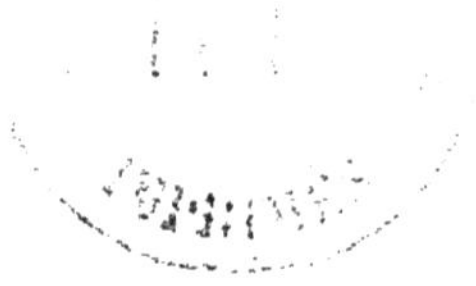

Elle sort à 940 mètres d'altitude sur le plateau central du Bugey, sous la grande forêt des Moussières, d'une doye ou petit bassin naturel, et arrose d'abord le plateau parallèle à celui du Haut Valromey et pendant comme lui au sud. Sous Brénod, Champdor, Hauteville, elle ressemble à un fossé bourbeux et traverse des pâturages arides avec une pente d'un millimètre par mètre environ. A Entrepont, elle est encore à 820 mètres d'altitude. A un kilomètre plus bas, à Nantuy, elle n'est plus qu'à 740.

A Nantuy, elle est grossie par la *Mélogne* (5.680 mètres) qui vient de la source miraculeuse de Mazières. Un bûcheron abattait là un sapin, il le vit saigner, une source jaillit à ses pieds, une Vierge en sortit radieuse. On emporta la Vierge à Hauteville, le lendemain elle était revenue à son abri et à sa fontaine. On s'est remis à adorer cette ondine en 1852.

A quelques pas de Nantuy, l'Albarine tourne à l'ouest brusquement, et se précipite dans l'étroite *engoulure* qui sépare la montagne boisée d'Esculaz à droite, de celle non moins boisée de Dergil à gauche, et tombe presque immédiatement dans le gouffre profond de Charabotte. Le moulin de ce nom n'est plus qu'à 480 mètres d'altitude. La grande cascade qui le domine n'a d'eau malheureusement que pendant une partie de l'année.

L'Albarine, tombée ainsi du haut plateau central, serpente dans une vallée profonde, sinueuse, couverte d'une végétation magnifique. Elle grossit là soudain, soit des sources dont les nombreux villages perchés sur les hauteurs attestent la présence, soit d'infiltrations souterraines arrivant des cimes encore boisées qui dominent ces villages. A Chaley, elle reprend la direction sud et descend vers Tenay, large et glacée, sous des ombrages magnifiques. Il y a par ici des fontaines appelées *les Froidières*, des lieux dits nommés *Au frais*, des rapides nommés *Aibruants*. Ces noms parlent.

Après avoir traversé le gros bourg industriel de Tenay, l'Albarine tourne de nouveau à l'ouest et enfile cette cluse de Saint-Rambert, qui perce de part en part le Bas-Bugey, plus étroite, plus sinueuse, moins élevée, plus peuplée que celle de Nantua, sa rivale. Elle traverse et anime Argis, Saint-Rambert, Torcieu, Bettant. Ce que ses bords gardent ici aux peintres de *petits coins* ravissants, ne se peut nombrer ni décrire. Mais à côté de ces jolis paysages, il y en a deux qui ont de la grandeur. — Celui de la cascade de Charabotte (vue d'en bas) ; il n'en est guère en Suisse de plus grandiose. Je n'en sais pas de mieux encadré. — Celui qu'on a de la gare d'Ambérieu. Au premier plan est la très antique petite cité. Au second le château historique de Saint-Germain, croulant sur son rocher superbe. Au fond les plis et replis vaporeux de la passe. A droite la tour de Saint-Denis dominant la plaine, à gauche Luisandre et le château des Alymes, encadrent cet ensemble qui se compose à souhait. Le Bugey dont c'est ici la porte s'annonce bien là dans toute sa beauté.

Mais j'oubliais de noter les affluents de l'Albarine dans cette seconde partie, la plus pittoresque de son cours. Ce sont sur la rive droite la *Mandorne* (700 m.) et le *Brevon* (4,500 m.) apportant les eaux du flanc sud de Luisandre — et sur la rive gauche la *Caline* (9,500 m.) qui descend de la Chartreuse de Portes : le *Buisin* (10,000 m.) sort, lui, du massif de Montfalcon ; la gorge de Vaux-Fevroux qu'il arrose, ressemble à la vallée de la Fouge, sauf qu'elle est plus sauvage. Il passe à Vaux, sous cette chapelle de Nièvre qui a été jadis un Parthénon et dont la Vierge (très foncée en couleur) guérit de la fièvre. Aux crues, il se divisait jadis en deux bras, l'un descendant sur Lagnieu et le Rhône, l'autre allant joindre l'Albarine.

Celle-ci, en plaine, roule des flots rares sur un lit de gravier sans berges et bordé de vorgines.

Au-dessous de son confluent, l'Ain, qui a encore 15 kilomètres à faire pour rencontrer le Rhône, ne reçoit plus sur sa rive gauche un seul affluent. La plaine à gauche, la Valbonne à droite, sont les parties les plus arides du Département.

Nous avons dit que l'Ain, dans la partie haute de son cours (chez nous) ne recevait pas de sa rive droite, un seul affluent notable. Mais à peine a-t-il dépassé Pont-d'Ain que cette rive lui verse les eaux du *Suran* qui a, de sa source (dans le Jura, à une altitude de 379 m.) au point où il rejoint l'Ain (à une altitude de 240 m.) un cours total de 70,000 à 75,000 m. dont 45,280 dans le Département. Il y entre à Montfleur (par altitude 335 m.). Comme l'Ain il chemine du Nord au Sud, et comme l'Ain, il n'a pas d'affluents. Mais là s'arrête la ressemblance. La vallée qu'il abreuve est relativement large, elle a peu de pente et ressemble à un ancien bassin lacustre. Le faible cours d'eau serpente au fond avec lenteur, débitant de 3,000 à 120,000 litres d'eau par seconde. L'été il est souvent à sec. Sous Simandre un tunnel percé il y a peu de temps lui amène les eaux de la combe de Drom qui n'a pas d'émissaire naturel et qui reste malgré ce tunnel trop sujette aux inondations. (Le Conseil général a l'an dernier approuvé un projet d'assèchement définitif qui doit coûter 15,000 fr.) Un peu plus bas (entre Simandre et Bohaz), le Suran se perd plusieurs fois dans les fissures de son lit rocheux, et disparait pour reparaître plus loin. Le Conseil général de l'Ain affectait récemment 2,800 fr. pour combler ces fissures, qui ressemblent aux *catavothra* de Tégée ou de Mantinée sur les plateaux du Péloponèse.

La petite rivière du Revermont arrose quelques-unes de ses communes les plus importantes, Chavannes; Simandre, où deux *menhirs* attestent l'existence là du peuple à dolmens ; il en reste un haut de 4 mètres ; — Villereversure qui a un curieux bas-relief trinitaire où l'Esprit sort de la bouche du Père et plane sur le Fils que le Père tient entre les jambes ; — Bohaz dominé par la haute tour de Bohaz (ou Buenc) jadis reine de la vallée. Nommons encore ici Hautecour, quoique situé à distance du Suran et dans une combe parallèle à celle de Drom, et qui écoule ses eaux dans l'Ain directement, car nous voudrions mentionner sa grotte plus belle que celle de la Balme, mais malheureusement moins accessible.

Le bassin du Suran large de près de 2 kilomètres à Villereversure, se rétrécit au-dessous de Bohaz, puis se change, en descendant au sud, en un véritable couloir long, étroit, sinueux, profond, comme dans nos montagnes il y en a tant. La végétation fraiche de ce couloir contraste avec celle asse.. chétive du bassin supérieur. Et ses accidents bien gracieux ne sont pas trop assombris par les maisons fortes et châteaux de Rignat, de Noblens, de Fromente, de Châteauvieux, de Saint-André qui le dominent.

Le Suran sort de ce corridor vert à Pampier et entre en plaine pour un court moment. A deux cents mètres avant son confluent avec l'Ain, il reçoit de sa rive droite le bief du *Durlet* (8 kilom.) qui lui amène les eaux des étangs et des bois de Priay et de Genoud. Il achève enfin sa vie sous les charmantes collines de Druillat.

L'Ain, une fois grossi du Suran, baigne à droite, on l'a dit, cette terrasse accidentée qu'on appelle la cotière de Dombes. Il n'en descend sur un parcours de 30 kilom. que deux ruisseaux. La *Toison* qui amène les eaux des étangs de Chalamont et de la Chassagne (13 kilom.) — et le *Longevert* qui amène celles de Versailleux et de Saint-Eloi (15 kil.). La Toison se perd dans les sables près de Pérouges. Et le Longevert fait de même près de Meximieux.

Les disparitions du Suran nous faisaient penser aux catavothra de Grèce. Ces deux ruisseaux nous font songer aux *oued* qui descendent du Tell dans le petit désert.

ERRATUM. — *Aux ponts de l'Ain, ajouter celui de Port-Galland.*

Si un fait palpable ressort des deux premières parties de cette géographie, c'est celui-ci : Quand on remonte, non aux origines, cela est interdit aux hommes, mais à l'âge quaternaire, on voit notre pays divisé en deux moitiés, l'une quasi sous les glaciers (le Bugey), l'autre quasi sous les eaux stagnantes (la Bresse). De cette différence tenant à leur constitution, il reste bien quelque chose, on l'a vu dans le chapitre précédent. Et elle en aura produit encore, dans le régime des eaux, une autre qui est son corollaire naturel. On va le voir mieux.

III. — La Saône.

Issue en réalité des terrains primitifs et roches stratifiées anciennes, qui constituent le système des Vosges, les Faucilles, le plateau de Langres, la *Saône* a sa source officielle à Vioménil (Vosges). En recevant le Doubs, elle double ou triple son volume et prend l'aspect d'une grande rivière.

Sa pente, sur une longueur totale de 482 kilomètres, est de 2 mètres 36 seulement. De là la lenteur proverbiale de ses eaux, qui facilite la navigation et fait de la Saône un canal naturel dont la largeur varie de 160 à 300 mètres.

Elle débite en basses eaux 12 mètres cubes à Port-sur-Saône — 37 mètres à Verdun (après avoir reçu le Doubs) — 50 à Mâcon — 60 à Lyon. Ce débit s'élève aux crues à 600 mètres à Port — 3,000 mètres à Verdun — 4,000 à Lyon.

C'est le quart ou le tiers du débit du Rhône.

Mais pendant les crues exceptionnelles auxquelles elle n'est que trop sujette, la rivière bourguignonne égale presque le fleuve des Alpes. Les météorologistes ont signalé le balancement régulier des deux cours d'eau. Après les pluies d'automne, en hiver, la Saône coule à pleins bords : pendant les sécheresses d'été, elle est fort basse. Mais le Rhône, gonflé par la fonte des glaces et neiges de Savoie et de Suisse, vient alors refluer dans son lit.

Les crues régulières de décembre relèvent lentement et fécondent le bassin de la Saône composé de terres alluviales qui ont remplacé le lac Bressan, mer intérieure s'étalant, à la fin de l'époque tertiaire, entre les terrasses avancées du Jura et les promontoires du Beaujolais. Les crues adventices de l'été sont nuisibles et détruisent, une année sur trois ou quatre, nos belles récoltes de foin.

La hauteur des plus fortes crues, de 4 mètres au-dessus de Gray ; de 8.30 à Verdun ; est de 11 mètres à l'Ile-Barbe. Quand les pluies durent 8 jours, il faut aux eaux 15 jours pour se retirer.

En 1840 elles ont recouvert la plaine pendant 8 jours en amont d'Auxerre; pendant 15 d'Auxonne à Tournus ; pendant un mois de Tournus à Montmerle. Six cents maisons en *pisé* (terre battue) s'effondrèrent dans les villages inondés. Quelque chose de pareil était arrivé en 1709 et en 1602.

Le contraste qui existe entre les deux moitiés du Département, le plus complet qui se puisse imaginer, je le répète, se retrouve principalement entre les deux grands cours d'eau qui l'enveloppent. Quand il est calme, le Rhône est épique, il devient tragique quand il ne l'est plus ; il est grandiose toujours. La Saône vit dans une longue églogue, rustique ici, raffinée là — et ne la dérange après tout qu'assez rarement. Pour ressembler au Mincio virgilien ou au Méandre d'Ionie, il lui manque seulement les chansons des cygnes.

Le cours d'eau, plus bienfaisant en tout que nuisible, atteint notre territoire au confluent de la Seille ; sa rive gauche le borde sur une longueur de 90 à 100 kilomètres. Pour le décrire, il faut le diviser en trois sections assez distinctes.

La plus haute va de l'embouchure de la Seille à celle de la Chalaronne. Elle aurait environ 40 kilomètres de longueur.

Ici le grand trait, c'est la prairie basse de la rive gauche, que dans toute la région on nomme *la Prairie* par excellence. Cette nappe de verdure atteint 3 kilomètres de largeur sous Sermoyer; elle en a 2 à l'embouchure de la Reyssouze et de la Veyle. Elle est longée à l'est par une ligne de faibles coteaux, derniers prolongements des ondulations de la Bresse, interrompus quatre fois pour laisser passer les petites rivières descendant du plateau bressan. Ces coteaux se rapprochent du fleuve collecteur à mesure qu'on marche au sud.

On s'est gardé, par là, de construire trop près de ce fleuve sous la menace de ses débordements à si peu près réguliers.

A distance apparaissent :

Pont-de-Vaux, jolie ville, rattachée à la *Rivière*

par un canal de 4 kilomètres de longueur, construit au siècle dernier par les Bertin, seigneurs de la terre de Vaux, dont ils prenaient le nom, et par Racle, inventeur de quelque génie mais sans orthographe, que la Statistique de 1808, consacrant quatre pages in-4° à son œuvre, n'a pas nommé. Voltaire l'en dédommagea peut-être. Et il ne faudra pas l'oublier ici parmi les hommes illustres du département.

Pont-de-Veyle, entouré de prés et de jardins charmants, hantés au XVIIe siècle par les prédicants calvinistes de Lesdiguières ; où, depuis le XVIIIe, n'a pas cessé d'errer l'ombre gracieuse de Mlle Aïssé.

Ces deux villes n'ont guère de passé. Il n'en est pas ainsi de Saint-Laurent : là commença la maison de Bâgé par l'occupation d'un bien d'église, — d'où ses luttes enragées contre les évêques de Mâcon, dont elle brûla la ville et la cathédrale très bien. Tout comme il y a 963 ans, l'Ain et Saône-et-Loire se disputent encore ce gros bourg bravement campé, lui, au milieu de la *Prairie*, sur cette *Levée*, qui est aussi la Levée par excellence. Elle a 2,400 mètres de longueur, laisse passer l'inondation annuelle par ses 14 ponts, maintenant seule les communications permanentes entre « ceux qui sèment le grain » et ceux qui viennent l'acheter sur l'ancien marché régulateur.

Mais le grand monument historique de cette région ce n'est ni le canal de Racle, ni la Levée des Etats de Bresse. C'est la berge même de l'antique Arar à laquelle soixante et dix siècles auront travaillé. Cinq ou six civilisations successives y retrouveraient leurs débris reconnaissables. A un mètre de profondeur apparaissent ceux que Rome y sema. Cinq décimètres plus bas vient le dépôt de l'Age de Fer, les torques et les épées gauloises. A deux mètres, voilà les bracelets, les colliers, les poignards de l'Age du Bronze. Enfin, entre deux mètres et quatre mètres et demi gisent les haches en serpentine du temps de la Pierre polie : les hommes des Dolmens pêchaient là les étés. Pendant les inondations de décembre ils hivernaient sur les hauteurs où nous retrouvons leurs os autour des menhirs de Bourg et de Simandre.

Notre seconde section commence un peu au-dessous de Thoissey pour finir à Saint-Bernard. Elle a environ 30 kilomètres de longueur.

Thoissey est une ancienne propriété de l'abbaye de Cluny, fidèle à cette origine, il resta ardemment catholique à côté de Pont-de-Veyle qui tombait dans la *huguenauderie. Rara est concordia fratrum.* Les Ligueurs lyonnais tinrent là jusqu'en 1595. Un collège ecclésiastique y tient encore en 1882.

Au-dessous le bassin de la Saône change graduellement de physionomie. Ici les deux coteaux parallèles du Beaujolais et de la Dombes sont bien placés encore à deux ou trois kilomètres l'un de l'autre, mais la rivière se tient à distance du premier et aux pieds du second, qui la domine de 70 mètres environ. La petite ville de Montmerle, jadis célèbre par sa foire (elle tombe en septembre et dure 15 jours) s'assied là, au bord de l'eau, en face d'une grande île facilitant le passage. Et quoiqu'en dise son dernier historien et triste imitateur, ce sera bien là que César aura surpris les Helvètes et franchi la Saône teinte de leur sang.

Puis apparait sur la rive heureuse le joli village de Beauregard — puis Riottier et sa tour croulante habitée encore par une fée, il y a cinquante ans. A comparer la tradition qui s'en va, quelques statuettes, peut-être une monnaie, conservées ; on devine que la Fée a été une Naïade, la Naïade une Divona celtique, l'antique Ar-ar elle-même divinisée. Sous les Dieux souriants et sous les Dieux austères, cette ondine garda ses mœurs faciles ; elle arrêtait au passages les *mariniers de Saône*, comme aux rives du Bosphore ses sœurs firent du jeune Hylas aimé d'Héraclès.

Non loin, un peu plus haut, un peu plus bas, au rebord du plateau de Dombes encore salubre ici, s'étendent de riches communes, Mogneneins, Messimy, Chaneins ; et s'élèvent les maisons de plaisance de l'aristocratie dombiste. — Je ne nomme que Fléchère gardant ses avenues de chêne, sa cour entourée de fossés, ses hautes façades, ses solennels jardins du temps de Louis XIII, peuplés encore (en 1835) de cygnes et de paons.

Auprès est Fareins. Entre les villes catholiques de Thoissey et de Trévoux, non loin d'Ars « fertile en miracles », Fareins n'a pas inventé moins qu'une religion nouvelle, sensualiste à sa naissance, austère aujourd'hui qu'elle va avoir cent ans.

Fareins est d'ailleurs un beau et riche village.

Le Département n'a guère de cantons plus opulents que cette lisière occidentale de la mauvaise Dombes. -- Témoins le proverbe né sur l'autre rive de la Saône, mais s'appliquant bien à toutes deux : « De Villefranche à Anse, la plus belle lieue de France. » Cette lieue là a environ 15 à 20 kilomètres.

De Saint-Bernard, où commence notre troisième section, à Genay où la Saône nous échappera (12 kilomètres); le beau cours d'eau quitte un instant la direction nord-sud pour tourner à l'est. La colline qu'il suit fidèlement fait dès lors face au midi : de plus elle se relève ici à 281 mètres. C'est sur ce versant abrité si bien, que Trévoux s'élève en amphithéâtre, au milieu des vignes et des vergers, souriant sous la grande tour octogone qu'en 1561 les Calvinistes lyonnais firent sauter avec sa garnison catholique. Les hivers de l'ancienne capitale de la principauté de Dombes sont plus doux que les nôtres et le printemps y commence plus tôt que dans le reste du Département.

Après Trévoux la Saône décrit encore une ou deux sinuosités gracieuses, puis elle va s'engager, finalement, sous le Mont-d'Or et le Mont-Ceindre, dans le défilé de Roche-Taillée et cette région dite des *rapides* où son lit se rétrécit, où sa pente devient cinq fois plus forte. Elle mire là dans ses eaux plus profondes, sur dix kilomètres de longueur, les villas élégantes, les jardins enchantés des anoblis de l'échevinage lyonnais. Enfin elle arrive en la Rome des Gaules où le Rhône l'attend, entre de hautes collines ressemblant un peu à celles sous lesquelles le Tibre sort de l'autre Rome.

Avant de revenir sur nos pas compter les affluents de la Saône et montrer la contrée où ils cheminent, épuisons ce que nous avons à dire du superbe cours d'eau.

Un mot d'abord du commerce actif dont la Saône est le véhicule.

Les principaux articles de transport, sont :

A la *descente*, les bois de charpente des Vosges (en radeau) ; — les bois de chauffage et fagots (en savoyarde) ; — les céréales, farines, fontes et fers, sables, argiles, terres réfractaires, plâtres, chaux, ciments, asphaltes (en bateau de canal).

A la *remonte*, les vins et spiritueux ; les houilles, chaux, pierres, ardoises, épices (en bateau de canal).

Le tonnage total, en 1880, s'est élevé à 726,365 tonnes.

La remonte se fait généralement par des remorqueurs à vapeur de 60 à 120 chevaux, et des bateaux porteurs de 20 à 40 chevaux ; le halage par chevaux est devenu l'exception. Toutefois les remorqueurs emploient les chevaux pour franchir les rapides du bas de la rivière et quelques-uns de ses neuf ou dix ponts. Les bateaux de la Saône ont pour la plupart des dimensions qui leur permettent de circuler sur les canaux.

Terminons en exposant ce qui a été fait pour compléter ici l'œuvre de la nature et faire de cette Saône, méritant déjà si bien le nom de « chemin qui marche » donné aux fleuves, un chemin praticable en tout temps.

Le but à atteindre était la création d'un courant

d'eau normal minimum de 2 mètres sur toute la rivière. Le mouillage existe à l'heure qu'il est de Verdun à Lyon, soit sur la Grande-Saône qui a 167 kilomètres de longueur. L'Etat a fait construire à cette fin cinq barrages éclusés avec passes navigables et diversions mobiles (à Gigny, Thoissey, Port-Bernalin, Couson et l'Ile-Barbe). Le service du Rhône en construit un sixième à la Mulatière. Les écluses ont 160 mètres de long ; 16 de largeur de sas.

Il reste à faire des travaux d'endiguement et à enlever le rocher de la Balmondière.

Les travaux d'entretien dans l'Ain sont évalués à 35,000 fr. pour 1883, non compris 6,100 fr. pour le canal de Pont-de-Vaux.

Que ce système de barrages a eu pour effet de retenir et maintenir le niveau des eaux à la hauteur nécessaire pour la navigation, cela n'est pas contesté. La navigation n'a plus été entravée en 1880 que 45 jours par les glaces et 15 jours par les hautes eaux.

Mais le résultat ainsi acquis par l'Etat, au prix d'énormes dépenses, a soulevé des réclamations ferventes et réitérées du Conseil général de l'Ain, en cela organe autorisé des riverains de la Saône. Cette Assemblée estime que les barrages en surélevant le niveau des eaux entretiennent une humidité nuisible soit aux céréales, soit aux plantes fourragères, — qu'ils rendent les inondations plus fréquentes, font perdre les récoltes, en altèrent la qualité, — que maintenant la rivière à pleins bords, ils détruisent promptement la berge et rendent par là impossible aux riverains, même constitués en syndicats, de construire des digues défensives...

La question, fort grave on le voit, est pendante.

La Saône était assez poissonneuse. On cherche à lui conserver ce mérite en interdisant la pêche du 15 avril au 15 juin et en établissant pour cinq ans des réserves destinées à la reproduction. Celles-ci ont 10,408 mètres de longueur.

Le Département a dix-sept ports sur sa rive. Ils communiquaient avec celle d'en face par des bacs, sauf Saint-Laurent relié à Mâcon par douze arches de pierre inégales. Ces bacs sont peu à peu remplacés par des ponts suspendus; Fleurville, Thoissey, Belleville, Montmerle, Beauregard, Villefranche, Saint-Bernard, Trévoux ont chacun le leur.

Affluents de la Saône.

La Saône a chez nous 354 affluents médiats ou immédiats.

Le premier, au nord, serait *la Seille* moins à compter ici parce qu'elle nous sert de limite sur une longueur de 6 kilomètres, que parce qu'elle verse à la Saône, par 69 petits cours d'eau qu'elle réunit, l'arrosement de la partie nord-ouest du Revermont, la plus boisée de la petite chaîne; et celui de la moitié nord-est du plateau bressan, la plus accidentée ou la moins plate.

La *Seille* ne peut qu'être nommée ici. De ses tributaires, le premier à noter sera le *Solnan,* sorti des petits vallons de Verjon. Il a (chez nous) 28 kilomètres de cours, 7 mètres de largeur. Grossi du bief d'*Ousson* qui vient de Cuisiat (6,500 m.), le Solnan promène ses eaux limpides à travers les riches communes de Villemotier, Pirajoux, Beaupont, Domsure. Sa pente n'est que de 25,20 ; son débit de 251 litres par seconde.

Le *Sevron*, affluent du Solnan, descend de Treffort et Meillonnas sur Saint-Etienne, Bény, Marboz et Cormoz. Il a 37 kilomètres de cours, de 3 à 5 mètres de largeur. Sa pente de 104 ; son débit de 1,444 l. Il reçoit :

L'*Urlande* arrivant des bois de Teyssonge sur Marboz, elle a 51,500 mètres de long, 4 mètres de large, 19,50 de pente et un débit de 391 l.;

Puis les *Vavres*, amenant à Cormoz les eaux des bois qui séparent le bassin de la Seille de celui de la Reyssouze. — Longueur, 14,638 mètres — largeur, 4 40 — pente, 11 — débit, 207 l.

Plus bas sortent des bois et de quelques étangs restant par là, et vont serpentant, toujours du sud au nord, comme les précédents :

La *Sana morte* — longueur, 19,827 mètres — largeur, 3 mètres — pente, 14,50 — débit, 446 l.;

Et la *Sana vive* — longueur, 17,405 mètres — largeur, 4 mètres — pente, 12 — débit, 52 l.

La première va au Solnan, la seconde à la Seille.

Le bassin de la Seille ou plutôt du Solnan est la moitié la plus haute du plateau bressan qui pend ici de l'est à l'ouest. Il n'a guères ni villes, ni monuments, ni même de ces grands paysages à ravir les peintres. Ses ruisseaux qu'on vient d'énumérer sont plutôt maigres ; mais ils sont rapprochés, quasi parallèles ; ils ont, à une époque où ils étaient plus puissants, raviné, remanié, modelé ici la surface du sol. Ce sol ondulé est plus profond, plus gras ; ou, pour parler précisément, plus complètement saturé du calcaire venu du Jura, que le sud et l'ouest du plateau. Sa végétation est superbe, sa population fort disséminée (Marboz a 36 hameaux, Foissiat et Jayat, 17 ; Béni, 17). Sa population est la plus belle de la Bresse. Ses bœufs sont les plus beaux, ses chapons sont les plus fins, ses blés sont les meilleurs, ses cultures sont les mieux entendues. Ne cherchez pas les causes de cette supériorité ailleurs que dans la nature de la contrée : elle fait la plante qui y pend par racine, elle fait ou refait l'animal et l'homme qui broutent là où ils sont attachés.

Neuf ou dix kilomètres après avoir reçu la Seille, la Saône reçoit la *Reyssouze*, son principal affluent chez nous. Le cours de notre petite rivière est de 76,378 mètres. Sa pente, de la source au confluent, est de 47.8. Son débit ordinaire est de 4,405 litres par seconde.

La Reyssouze est faite de deux ruisseaux : celui qui porte le nom sort, au-dessus de Journans, d'un petit pré encadré de collines riantes. En entrant dans la plaine, il reçoit, par un bief de 10 kilomètres, les eaux de ce marais des Leschères qu'Edgar Quinet, à l'âge de dix ans, entreprit de dessécher avec ses bœufs *Froment* et *Bisou*. Puis il vient, sous Montagnat, le plus joli village de nos environs, se joindre à sa sœur, la Vallière.

Celle-ci naît au-dessus de l'ancien bourg latin auquel un légionnaire *retraité* aura donné le nom de César (*Cesaræa*, Cézériat). Au pied d'une haute terrasse plantée de platanes, où un octogénaire, ancien ministre et préfet de l'Ain est venu se reposer des sept révolutions qu'il a traversées, la Vallière descend perpendiculairement dans un fond ravissant, ouvert au soir sur la plaine, tout semblable, quand le soleil tombe, à ces paysages que Claude Lorrain va chercher en Italie. Et les deux ruisseaux mariés courent à travers prés et bois vers l'allée haute de Bouvent. Un petit garçon de cinq ans qui sera Edgar Quinet a joué sous ses marronniers. Un professeur de vingt ans qui sera André Ampère venait y rêver le soir à sa jeune femme dont sa pauvreté le séparait.

Voilà Brou qui s'élève au-dessus des prés. L'art du Moyen-Age dit là son dernier mot, le même, qu'un peu avant, sa poésie, dans un sonnet de Pétrarque ou un chant d'Arioste. Notre province a mis là trente ans son revenu pour contenter un caprice de femme. Marguerite y employa le plus grand de nos vieux imaigiers, Michel Coulombe, Perréal un peintre revenant d'Italie, et Van Boghem un maître maçon et habile dentelier de Malines. Sur la valeur de l'édifice charmant, on a tout dit quand on a redit

Que la grâce est plus belle encor que la beauté.

Bourg est couché sous Seillon, la grande forêt où les glaciers de l'âge quaternaire ont laissé leurs moraines — couché sur la pente de la colline. Au sommet on retrouverait les trois cents menhirs plantés là par les hommes de la pierre polie. Au bas voici l'église bâtie pour loger mieux une noire figure qui habita d'abord un saule creux au bord de la Reyssouze. Un saule-Dieu ? et qui a guéri la fièvre bien longtemps. Mais de cela qui s'en souvient ? Bourg est du XIXe siècle. Quatre chemins de fer s'y marient. On y construit, à côté de la quadruple gare une église au *Sacré-Cœur*, défiant la statue de Bichat qui se raille, elle, du Dieu de Marie Alacoque.

Cette partie haute du cours de la Reyssouze, entre le Revermont et Bourg, est la plus accidentée et pittoresque de beaucoup. C'est au milieu d'un grand et frais jardin anglais que la Reyssouze et la Vallière promènent et unissent leurs eaux encore limpides. Mais cette région souriante est en revanche médiocrement fertile. Ce qui reste par là du *Saltus Brixius* n'est guères, les hautes futaies domaniales de Seillon exceptées, qu'un taillis où les bouleaux empiètent sur les chênes, où les fauves n'ont plus de retraites sûres. Et les terrains *blancs* de nos environs sont loin de valoir les terres *mares* de la Haute-Bresse.

En quittant Bourg, notre rivière s'engage dans une vallée courant directement du sud au nord, large d'un à deux kilomètres, couverte de prés; sur les deux bords, à une vingtaine de mètres au-dessus du thalweg, se succèdent les grosses bourgades de Viriat, Cras, Etrez à droite ; d'Attignat, Montrevel, Jayat à gauche. Le pays est ici assez découvert, et le sol assez riche.

La Reyssouze a bien 79 affluents, mais la plupart ne sont guère que des fontaines, assez chétives, très froides et arrivant à la rivière avant d'avoir eu le temps de se réchauffer. De tributaires un peu notables je ne vois, en cette partie moyenne de son cours, à droite, que le Jugnon (17,000 m.); il ne débite que 30 l. d'eau et tarit souvent — et le Salençon (12,360 m.); il ne débite que 12 l. — et à gauche que le Reyssouzet un peu plus fort; il a 20 kilomètres de cours, 3 ou 4 mètres de largeur; 27 de pente; mais son débit n'est que de 0,12 l.

A Saint-Julien, la vallée de la Reyssouze se rétrécit, s'infléchit au nord-ouest, puis tourne à l'est décidément. De là à Pont-de-Vaux elle n'aura plus que 200 à 800 mètres de largeur. Les collines qui la resserrent ainsi s'élèvent et la dominent de 60 à 70 mètres. Les affluents de la rive droite sont insignifiants. Ceux de la rive gauche, qui descendent d'un massif boisé séparant le bassin de la Reyssouze de celui de la Veyle, et formant la moitié nord-ouest du plateau bressan, ont un peu plus d'importance.

Ce sont: le *bief de Varennes* (6,300 m.) qui arrose la grosse commune de Saint-Jean-sur-Reyssouze;

Le *bief d'Enfer* (7,245 m.), arrivant de Marsonnas;

La *Peyrouse* (17,939 m.), grossie de l'*Ouche* (6,475 m.), et du *bief de Neuville* (8,146 m.).

La rivière principale de la Bresse qui n'a devant Bourg que 8 mètres de largeur, en a 12 à Saint-Julien, 20 à Pont-de-Vaux, 24 quand elle se jette dans la Saône en face de Fleurville. La partie inférieure de son bassin est d'une admirable fécondité.

Les environs de Pont-de-Vaux, Reyssouze, Gorrevod, semés de maisons de campagne ont l'air d'un grand jardin riant. Dans ce sol profond et fécond les chanvres sont aussi hauts qu'un homme. .

Entre la Reyssouze et la Veyle, trois petits cours d'eau descendent directement à la Saône de la région occidentale du plateau bressan. Ce sont :

Le *Porcelet ;* il a 7,803 mètres de longueur et débite 212 l. par seconde. Il sort du grand étang de Chevroux et vient arroser Boz, prétendue colonie sarrasine. L'invasion arabe a laissé un grand souvenir ; est Sarrasin chez nous tout ce dont l'origine est énigmatique.

L'Oëse ou la *Ferrand* ; elle a 15,161 mètres de longueur, de 2 à 5 m. de large, mais ne débite que 26 l. par seconde. Elle arrose les opulentes communes de Manziat, de Feillens où le paysan est le maître du sol.

Le *Virolet ;* il a 14,118 mètres de longueur ; son débit est de 25 l. Il arrive de Bâgé et sépare la vieille capitale des marquis de Bresse, bâtie en bois, de leur Saint-Denis qui est cette église de Saint-André, le monument le plus correct que l'art roman et l'école de Cluny aient laissé chez nous...

Le bassin de la *Veyle* appartient à la Dombes par sa partie haute, à la Bresse par sa partie basse. C'est dire déjà que ses deux moitiés ne se ressemblent guère.

L'important cours d'eau sort, par 300 ou 320 m. d'altitude, du sommet, ou plutôt du versant ouest de la Cotière des Dombes, recouverte ici par la forêt de chênes de la Chassagne. Il aura en tout 67.800 m. de longueur, une pente d'un millimètre par mètre, 62 affluents.

Au sortir des hauteurs boisées dont elle collige les eaux, la Veyle s'enfile et descend dans une sorte de fosse courant du sud au nord, large à peine de 100 à 300 mètres, profonde de 25 à 30, et séparant ces forêts (hantées encore par les sangliers) qui couvrent le pays de Priay à Bourg, du plateau de la Dombes d'étangs.

Sur un parcours de 25 kilomètres, elle ne reçoit d'affluents ni de l'un ni de l'autre versant, mais des infiltrations des bois d'un côté, de l'autre des étangs, lui conservent ici une largeur de 5 à 7 m. — Un débit moyen de 600 à 1,000 l., et aux crues de 20,000 à 35,000.

La population de Châtenai, Dompierre, Lent, les trois communes qui se partagent cette longue gaine, est bien rare. Nulle région, plus que celle-là, n'a souffert des guerres féroces des Bourbons et des Savoyards au XVe siècle, étant limitrophe. Nulle n'a plus pâti des luttes dites religieuses qui complétèrent au XVIe l'œuvre de destruction. On montrera cela un peu plus loin.

La Veyle quitte entre Saint-Denis et Saint-Remy la région des étangs. — Nous arrêterons-nous ici pour dire que, non loin de ce dernier village, près de la rivière, le culte primitif, retrouvé chez nous en trois ou quatre endroits, existait encore il y a cent ans ? Un arbre, ayant été Dieu lui-même jadis, logeait en sa cavité l'image plus ou moins noircie par le temps d'une vierge-mère. On n'a pas encore restauré la Notre-Dame de Saint-Remy. — Quant à la jolie bourgade voisine, elle porte légèrement les noms de Saint-Denys-le-Cézériat, soit les noms du Dyonisos grec et le nom de César. — En face, sur un mamelon de 272 m. d'altitude, d'où la vue s'étend au sud, par dessus les étangs et les bois, jusqu'aux cimes bleues de la Grande-Chartreuse, croule la grande tour de Corgenon : à ses pieds, en octobre 1477, on a dûment brûlé vives six sorcières ramassées dans les villages voisins, les six mitres ont coûté un florin, les cinq *berrots* de fagots vingt-huit deniers...

Quels étranges souvenirs groupés dans ce petit lieu ! Et si chaque lieu disait son passé, où pourrait-on dormir sans mauvais rêves ?

Sous Polliat la Veyle entre en pleine Bresse ; en même temps elle change de direction et tourne à l'ouest. Sa vallée s'élargit, entre Polliat et Mézériat. elle a un kilomètre d'un bord à l'autre ; plus de deux à Saint-Jean. Deux ou trois affluents considérables sont arrivés à la rivière dont le lit atteint 18 m. de largeur. Son débit ordinaire sera ici de 4,000 l., aux crues de 220,000. Sa pente ne sera plus que de 6 millimètres. L'aspect de la contrée aura changé totalement : Polliat, Mézériat, Vonnas sont de riches pays à blé et l'on plante avec succès des vignes sur des collines exposées au midi.

Enfin, le bas de la vallée est une opulente prairie, la Veyle bifurquée la partage en deux ou trois grandes îles sur l'une desquelles Pont-de-Veyle sourit. Les propriétaires se sont syndiqués ici pour gouverner les inondations annuelles et les tourner à leur profit.

Les affluents de la Veyle sont :

Sur la rive droite le *Menthon* qui a 14,000 m. de longueur, 5 de large, débite de 250 à 10,000 l., et arrose quelques bonnes communes de Bresse, Saint-Cyr, Saint-Genis, Confrançon, Curtafond où par la protection de Saint-Marc les vaches produisent plus qu'ailleurs et de plus beaux veaux...

Sur la rive gauche, l'*Irance*, longueur, 33,600 m. — largeur, 5.5 — débit de 1,000 à 26,000 l. L'Irance sort d'un étang (le grand Bataillard). Elle reçoit le *Vieux Jonc* qui a 33,000 m. de cours, 5 m. de large et dont le débit varie de 500 à 27,000 l. Le Vieux-Jonc sort du *Grand-Marais*, étang toujours en eau et ayant 82 hectares. — Puis arrive le *Renom* qui descend des étangs de Versailleux, il a 43,800 m. de cours, 6 m. de large et débite de 600 à 20,000 l. par seconde.

Comme la Veyle ses affluents de gauche sortent du pays d'étangs, comme elle ils traversent la contrée limitrophe de la Bresse et de la Dombes, région encore inondée à l'est, encore boisée à l'ouest. La population par là est plutôt disséminée. Neuville, jadis Neuville-les-Dames, d'une maison de filles nobles ayant déjà besoin d'être réformée au XIIe siècle, et ne l'étant pas encore au XVIIIe, et appelé aujourd'hui Neuville-sur-Renom est la seule bourgade un peu notable.

Le cours de la Veyle est inférieur à celui de la Reyssouze d'un tiers : mais le bassin de la Veyle a 174,000 hectares de superficie ; celui de la Reyssouze n'en a que 67,800. Le premier reçoit presque deux fois autant d'eau que le second. De là une différence notable dans le débit des deux rivières. Autrefois les soixante et quelques moulins de la Veyle ne chômaient jamais. Il n'en est plus tout-à-fait ainsi depuis qu'on a desséché les étangs : cependant cette considérable industrie locale soutient encore la concurrence de la meunerie à vapeur...

Entre la Veyle et la Chalaronne, la Saône reçoit directement le *bief d'Avanon* qui traverse les belles communes d'Illiat, de Garnerans, de Cormaranche : il a 15 kilomètres de cours, 3,50 de large, 60 de pente, et un débit variant de 200 à 10,000 l.

La *Chalaronne* est toute dombiste. Son nom me parait un diminutif du nom de la grande Arar ; mais je suis peu versé dans la science étymologique.

M. Jacquemin, dans son beau travail sur l'aspect physique du Département, nous dit qu'au centre du plateau de Dombes, il y a une grande dépression ou cuvette de peu de profondeur (10 à 14 mètres) dont Villars marquerait le centre à peu près. Là gisent, mornes, les principaux de ces réservoirs naturels ou factices qui sont les *étangs*. Au milieu de ceux-ci, entre les *Brovonnes*, le *Grand-Birieux*, le *Grand-Glareins*, se forme et sort de terre un ruisseau qui sera la Chalaronne.

Il fera en tout 52,700 m. de chemin en un bassin de 65,000 hectares.

Dans la moitié haute de son cours il n'aura que 6 à 7 mètres de largeur et débitera de 600 à 35,000 l. d'eau par seconde. Sa pente sera très faible. Il serpentera à l'infini, suivant la direction sud-nord, dans une fosse étroite, peu profonde, de Birieu au Châtelard.

Au Châtelard, sa vallée s'élargira sensiblement, s'infléchira au nord-ouest, et descendra directement vers la Saône. Le petit cours d'eau cessera ici de serpenter, sa pente sera un peu plus forte, sa largeur atteindra 12 à 15 mètres ; son débit s'élèvera de 1,500 l. en temps ordinaire à 60,000 aux crues. Le pays qu'il traversera sera mélangé d'étangs encore et de bois, dont la forêt de Tanai, appelée *Sylva Rimite* dans un texte ancien, et qui pend d'un mamelon de 300 mètres d'altitude située entre la Chalaronne et le Renom. Elle était encore habitée par les Faunes au XIIe siècle ; on vouait à ces Dieux vigoureux les enfants débiles ; on suspendait leurs langes aux chênes voisins d'un Saint-Guignefort adoré par là ; on les couchait nus au pied de ces chênes entre deux chandelles ; celles-ci brûlées, on les trempait *neuf fois* dans la Chalaronne. Aujourd'hui les femmes mécontentes de la caducité précoce de leurs maris ont recours aux mêmes rites et de plus suspendent des lacs d'amour à toutes les branches : j'en ai un là, cueilli pour moi par un impie. Non loin, à Bouligneux, au solstice, les fiévreux adorent le soleil levant, puis jettent un soleil de paille dans notre rivière en détournant les yeux. Cela les guérit. Du tout inférons que les chênes de Tanai ont gardé leur beauté divine et que la Chalaronne n'a pas perdu sa vertu.

Au dessous de ces lieux sacro-saints, sur la petite rivière bienfaisante, voici Châtillon-les-Dombes, qui n'est point en Dombes, et qui est pourtant la ville dombiste par excellence et la reine du pays d'étangs. Elle a élevé une statue à un de ses curés, M. Depaul qu'on a fait saint, et oublie Collet, un grand esprit qu'on a excommunié et que Voltaire lisait, goûtait et imitait !

A Châtillon la Chalaronne reçoit le *Relevant* qui a 9 kilom. de cours ; 2.50 de largeur ; et un débit variant de 200 à 8,000 l.

Un peu plus bas elle reçoit le *Moignans* dont le cours est de 12,500 m.; la largeur de 4 ; le débit de 450 à 25,000 l.

Les cours d'eau descendant du plateau à la Saône au-dessous du confluent de la Chalaronne sont assez minces. Le plateau qui penche vers le nord-ouest s'est égoutté par là. A l'ouest comme à l'est et au sud, il est soutenu par une terrasse, moins haute, moins abrupte que la Cotière et élevée au dessus du thalweg de la Saône d'environ 60 mètres seulement. De cette terrasse, par des failles étroites et creuses, se précipitent cinq petits cours d'eau qui sont :

Le Grillet, sur Guéreins ; cours, 13,200 m. — largeur, 2 — débit, de 30 à 1,500 l.

Le Matre, sur Messimy ; cours, 16,000 m. — largeur, 4 — débit, de 250 à 1,200 l.

Le Formans, sur Ars, Sainte-Euphémie et Trévoux ; est fait :

Du *Morbier*; cours, 13,000 m.— largeur, 3 — débit, de 250 à 12,000 l.;

Et du *Fombleins* ; cours, 10,000 m.— largeur, 3.50 — débit, de 350 à 15,000 l.

Le cours propre du Formans est 6,500 m. — largeur, 9 — débit, de 600 à 35,000 l.

Le Rieux, sur Civrieux ; cours, 10,000 m. — largeur, 3 — débit, de 200 à 8,000 l.

Les Echels; cours, 6,000 m.— largeur, 3 — débit, de 200 à 12,000 l.

Ce dernier ruisseau est l'émissaire du marais du même nom.

Prôton men udôr. C'est par l'eau que tout commence ; un des Sages de Grèce le dit ; la Genèse n'y contredit pas, ni l'Inde, où les confluents, *prayagas*, sont sacrés ; on y brûle les morts ; on y jette leur cendre. Il en fut de même jadis de celui du Rhône et de la Saône encore semé de nombreux tumulus. On voulait dormir au bord des eaux créatrices.

Entre les deux fleuves gisait, en sa cuve profonde de 20 à 25 m., la principale de ces plaines inondées que nous desséchons si tardivement. On la nommait le lac *des Echels*. Au XVe siècle, au moyen d'un canal ayant sur quelques points 20 m. de profondeur, on la changea en un marais où vivaient les bons chevaux de Dombes que se disputait à prix d'or la Chevalerie finissante. Le XIXe siècle a repris l'œuvre du XVe. Depuis soixante ans le marais, est changé en une prairie déserte mais féconde de 1,800 hectares : ses bords sont cultivés. Un syndicat fait curer régulièrement les canaux d'asséchement.

Sous la rubrique d'hydrographie on vient de toucher à divers sujets qu'un classement rigoureux eut traités séparément. Des paysages dont nos cours d'eau sont le grand trait — des notions historiques brèves expliquant certains faits hydrographiques — des superstitions persistantes montrant, dans des forces naturelles à notre service, des agents surnaturels qu'il fallait servir — viennent ici plus ou moins à propos — tenant un peu au sujet après tout. On ne pouvait guère leur attribuer des chapitres spéciaux, faute de place. Ils n'en prennent guère dans ce chapitre-ci et y mettent du moins un peu de variété et d'imprévu.

LES ÉTANGS

Dans un travail sur l'hydrographie de l'Ain, il y a quelques mots à dire sur l'inondation de la Dombes. On a indiqué ailleurs les conditions géologiques qui l'ont rendue possible. On verra ailleurs aussi ses conséquences sur la salubrité et la prospérité du pays. Ce serait dans une histoire du Département que les faits qui ont amené cette inondation pourraient être exposés avec quelque détail. Mais le détail étant impossible dans le résumé historique qu'on trouvera plus loin, ce sera ici peut-être qu'il faudra dire sommairement : 1° comment l'inondation de la Dombes a été procurée ; 2° ce qu'elle a été ; 3° ce qui en reste.

La Dombes, pendant la première moitié du Moyen-Age, était plus peuplée qu'aujourd'hui. Les églises romanes qui la couvrent le montrent par leurs dimensions devenues trop grandes. Et la vigne que le voisinage des étangs ne laisse pas fructifier y réussissait ; des documents anciens le prouvent.

Les guerres entre hobereaux, aux XIIe et XIIIe siècles ; entre dynasties, aux XIVe et XVe, sont responsables de la ruine de cette contrée. Non qu'elles aient été là plus fréquentes et plus âpres qu'ailleurs, mais pour y avoir été plus destructives. Ceci n'a pas été vu.

Ce pays est ouvert ; il est plat ; il manque de positions défensives naturelles et de matériaux propres à en créer de factices. Ses chétives bourgades revêtues de minces chemises de briques protégeaient mal leurs habitants. L'attaque eut là, de tout temps, mais surtout après l'invention de l'artillerie, sur la défense, une supériorité qu'elle n'avait pas ailleurs.

A la fin du XIIIe siècle, sur les seules terres qu'a ici le Chapitre de Lyon, sept églises sont déjà détruites ou abandonnées. Dans les luttes du XIVe siècle, les clercs, les seigneurs, les communes rivalisent de férocité. Les chanoines de Lyon font ravager Montanay, Vimy. Par représailles le sire de Beaujeu tue tout, arrache les vignes, les vergers à Genay, à Saint-Bernard. Les gens de Trévoux incendient à Misérieux maisons et granges, emportent meubles, grains, pécune. — Au XVe siècle (1454), Dompierre aux Bourbons étant pris par les Savoyards, ceux-ci brûlent l'église et plus de quarante habitants qui s'y sont réfugiés.

Au XVIe siècle, les guerres dites de religion ne feront pas pis, c'est difficile ; elles feront de même plus systématiquement. Quand le marquis de Treffort, catholique, aura détruit la ville de Lent le 25 avril 1594, Biron arrivera avec ses Gascons huguenots, et les représailles de 1595 seront telles que si, à Lent, il ne reste plus que deux vivants ; il n'y en aura plus, au Châtelard, qu'un vivant d'herbe ; et qu'à Dompierre il ne restera plus personne !

Quatorze paroisses auront disparu ; on n'en trouve plus trace ; on en ignore la position. Vingt-sept sont devenues des hameaux. M. Guigue (*Essai sur les causes de la dépopulation de la Dombes*, 1857) les énumère. Quant aux *villæ* relatées dans les titres, dont il n'y a plus vestige, la nomenclature serait, dit-il, si longue qu'il ne songe pas à l'essayer...

Bref en 1500, la population avait diminué de moitié. Entre 1500 et 1600, le mal s'accrut pour une autre cause.

Il y avait en ce pays presque dépourvu d'ondulations et de pente, au sous-sol imperméable, quelques étangs naturels : on les distingue des autres à leur profondeur plus grande, à ce qu'ils sont toujours en eau ; enfin à leur innocuité relative.

Ne coûtant nul travail, ils donnaient en poissons un revenu assez beau. Grâce à une interprétation complaisante de la loi ecclésiastique interdisant la chair un tiers ou un quart de l'année, le poisson, puis le gibier d'eau lui-même furent déclarés *maigres* quand le dogme dut capituler avec notre sensualité. La vente des brochets et des sarcelles devint lucrative. L'idée de créer des étangs factices vint assez naturellement quand le pays fut à moitié désert.

L'étang des Vavres, à Marlieux, occupera donc un espace où on avait recensé quarante-deux feux. Ceux des Brevonnes et de la Rippe remplaceront deux villages des mêmes noms. Le terrain ainsi métamorphosé ne rapportait plus rien. La digue nécessaire pour en faire un étang qui rapportait beaucoup ne coûtait trop au seigneur qu'un ordre aux corvéables d'avoir à la construire — et les quelques centaines de fagots (cimentés avec de la glaise) dont elle était faite.

Au XVe siècle la nappe d'eau gagne avec une rapidité lugubre. De 1401 à 1510 quatre-vingt-quatorze étangs sont créés (Guigue). Les seigneurs inondent les fonds de leurs vassaux. Les châteaux, les villes empoissonnent leurs fossés. Les routes qui gênent sont détournées ou supprimées.

Aux XVIIe et XVIIIe siècles, on en viendra à démolir des villages, à en expulser les habitants pour cultiver les carpes. Ce sont les seigneurs qui font cela : ce sont les officiers du prince de Dombes qui s'en plaignent. (Manuscrit lu par M. Guigue.)

Ainsi s'est créée la maremme meurtrière qui

depuis cinq cents ans, au milieu des pays les plus salubres de France, perpétue la fièvre paludéenne et l'hydropisie...

La Révolution arrivant, la Convention décréta la suppression pure et simple des étangs. La mesure, pour être trop radicale, n'aboutit pas. La population refusa de l'exécuter.

Voici quel était l'état des choses en Dombes au commencement du siècle.

La surface totale du *pays-d'étangs* était de 112,725 hectares, dont les étangs eux-mêmes occupaient 19,215, soit le *sixième*. Or le produit de ces étangs représentait *la moitié* du revenu net de tout le territoire. On peut voir, dans la Statistique de 1808 dite de Bossi, comment ce revenu, protégé par une législation spéciale, était acquis et apprécié.

Les étangs, alimentés surtout par les pluies, se desséchaient en partie l'été. Les détritus végétaux, sous les rayons solaires, exhalaient des miasmes produisant annuellement ces fièvres intermittentes ou pernicieuses, cette cachexie paludéenne qui, avec les engorgements viscéraux, l'hydropisie, ses corollaires, modifient l'organisme, déforment la race et pour tout dire font tomber la vie moyenne à *dix-huit* ans à côté de régions où elle arrive à *trente-cinq*.

Il faudrait, à l'appui de ce dire montrer ici le portrait, mis dans la Statistique de 1808 par le Dr Vaulpré, de « l'indigène de la Dombes vieux à trente ans, décrépit à quarante ou cinquante. »

Une Commission d'enquête, dirigée par des membres de la *Société d'Emulation de l'Ain*, devançant en 1816 la théorie de l'influence du climat sur l'espèce, constata cet état de choses pour en préparer la fin. Cette Commission fut accueillie à Meximieux par une émeute.

Une polémique longue, passionnée, acharnée succéda. Elle aboutit, de 1854 à 1862, à des mesures plus efficaces que le décret de la Convention, parce qu'elles étaient moins violentes et avaient été préparées dans l'opinion par la polémique antérieure.

Ces mesures sont — l'ouverture d'un réseau de routes agricoles en vue du transport de la chaux, des engrais, etc. Ce réseau a 363,715 m. de développement — le curage des cours d'eau, l'abaissement de la retenue des moulins qui changeaient les prés de rivière en marais — la création de puits publics ; le pays inondé manquait d'eau potable, — un chemin de fer concédé en 1863, la compagnie s'engageait à mettre en culture 6,000 hectares d'étangs — des primes de desséchement aux particuliers et une loi qui leur rendit plus facile ce desséchement entravé par un droit coutumier spécial survivant au Code civil.

Voici sommairement les résultats obtenus :

On a *desséché* 10,462 hectares d'étangs, soit un peu plus de la moitié. — Quelques-uns des plus vastes de ces réservoirs restent en eau. Ainsi l'étang Moulin à Condeyssiat, les Vavres à Marlieux, le Grand-Glareins (237 hectares) à La Peyrouse, le Grand-Birieux (316 h.) à Birieux, le Grand-Turlet à

Villars, l'étang Chapelier à Versailleux, l'étang de La Chassagne à Chalamont.

Dans les seize communes du centre de la Dombes la *mortalité*, qui était sur 100 habitants de 4,04, est en 1870 de 2,54.

La *population spécifique* qui était de 20,21 s'est élevée à [illegible],12.

La durée de la *vie moyenne* a passé de 25 ans, 3 mois, 14 jours, à 35 ans, 3 mois, 18 jours.

Le nombre des conscrits réformés était pour la Dombes de 52 pour 100.

En 1870 dans le canton de Villars (le plus inondé), le chiffre des refusés est de moins de 9 pour 100.

La race se refait donc.

Et le seigle a fait place au blé, cela a accru le revenu et le bien-être. Les prés artificiels sont introduits. Les plantes sarclées se multiplient. La vigne reparaît.

Toutefois, des étangs mis en culture, après deux ou trois récoltes fructueuses, ont vu leur produit diminuer si notablement que les cultivateurs se sont découragés et ont abandonné ces étangs à eux-mêmes. L'engrais manque. La prime de dessèchement qui eut dû y pourvoir a été trop souvent employée en achats de rentes.

Après tout, la chose urgente était d'arrêter la dépopulation. Elle est faite, le reste viendra par surcroit. Admettons qu'il faille cinquante ans pour que la population devenue plus dense puisse remettre en culture ce sol appauvri. Qu'est ce donc que cinquante ans pour remédier au mal que cinq siècles ont fait ?

CHAPITRE TROISIÈME

HISTOIRE NATURELLE

1re Section — GÉOLOGIE

Dans un précédent chapitre, nous avons vu que le Département était formé de deux parties distinctes : la Plaine et la Montagne.

Ces deux parties, si différentes au point de vue du relief du sol, ne le sont pas moins au point de vue de la nature des terrains. Mais avant d'aborder l'étude de leur constitution géologique, il me semble indispensable d'entrer dans quelques considérations générales.

Les divers terrains dont se compose la partie connue du globe offrent entre eux de très grandes différences. Les uns, d'une texture dense et cristalline, se présentent comme le produit de l'action de la chaleur sur des matières susceptibles de fondre et de se durcir ensuite par le refroidissement. Ils sont toujours en masses non partagées par des joints parallèles. Ce sont les roches plutoniques ou de formation ignée. Les autres semblent avoir été formés au sein des eaux, par le dépôt des matières solides qu'elles tenaient en suspension ou en dissolution. Ces dépôts constituent les roches sédimentaires. Ces roches sont formées, en général, de carbonate de chaux, plus ou moins mélangé de matières diverses et intercalées de dépôts arénacés de nature et de puissance variables. Leur caractère distinctif est la stratification, c'est-à-dire la disposition par couches parallèles superposées les unes aux autres, et ce caractère a persisté malgré les dislocations subies par les couches sédimentaires, depuis leur formation. En étudiant les caractères des couches existantes, et en les comparant, on arrive à établir l'âge relatif de chacune d'elles puisque, évidemment, la couche qui recouvre est plus moderne que celle qui est recouverte.

Les couches de formation ignée forment ce qu'on appelle le terrain *azoïque*, c'est-à-dire privé d'êtres organisés. Les roches de sédiment renferment, au contraire, un nombre plus ou moins grand de ces débris, restes des animaux qui ont vécu autrefois à la surface du globe et qui sont désignés sous le nom de fossiles. Leur étude montre que les êtres qui ont vécu aux diverses époques, s'éloignent d'autant plus de ceux qui vivent actuellement, qu'ils appartiennent à des couches plus anciennes. L'état de conservation des fossiles laisse souvent à désirer, mais parfois il est si parfait, qu'il est impossible de ne pas admettre que la mer les a déposés là où ils se rencontrent, et c'est ce que confirme encore la position qu'ils occupent dans les couches qui les renferment. On les trouve, en effet, assez souvent placés sur les faces qui devaient naturellement leur servir de base ; et ces faces sont parallèles aux joints des couches dans lesquelles ils reposent, que ces couches soient restées horizontales ou qu'elles aient été postérieurement soulevées.

Les grandes révolutions qui ont agité successivement la surface du globe, en changeant la nature des sédiments, en augmentant ou en diminuant la profondeur des mers, ont amené chaque fois la disparition partielle, sinon totale, des animaux qui vivaient alors. Ces révolutions paraissent avoir été séparées par des périodes de tranquillité, pendant lesquelles les animaux ou les végétaux se sont multipliés, et durant lesquelles aussi les dépôts de matières solides, entraînées par les eaux, se sont entassés et ont constitué des couches plus ou moins puissantes de roches, différentes par leur nature, et qui ont englobé les débris des animaux ou des végétaux contemporains. Chacun des terrains fossilifères déposés pendant ces périodes, dont les limites correspondent à des changements géologiques, a dû recevoir un nom pour être distingué des autres. On les a groupés en grandes périodes, caractérisées chacune par l'ensemble des circonstances relatives aux êtres qui y ont vécu.

Ces périodes, au nombre de quatre, sont : la *période primaire*, la *période secondaire*, la *période tertiaire* et la *période quaternaire*.

Voici, d'après le savant paléontologiste Pictet, les caractéristiques de chacune :

Période primaire. — L'embranchement des vertébrés est représenté seulement par de rares reptiles, et par des poissons dont les formes étaient peu variées et très différentes, en général, de celles des poissons actuels. Les céphalopodes y sont nombreux, mais les ammonites n'existent pas encore. Les brachyopodes y ont vécu en nombre considérable, et ils présentent, avec des genres actuels, d'autres genres qu'on ne retrouve point ou peu plus tard.

Période secondaire. — La période secondaire est une des plus importantes et a été probablement une des plus longues ; elle présente des terrains très variés et qui ont une puissance considérable. Les vertébrés sont plus variés que dans la période précédente ; les reptiles y sont nombreux ; quelques-uns sont remarquables par leurs formes très différentes de celles du monde actuel, tels que les ichthyosaures, les plésiosaures, les ptérodactyles ; d'autres sont remarquables par leur taille gigantesque, comme l'iguanodon. Quelques oiseaux y ont apparu. Les céphalopodes y sont nombreux et représentés surtout, pour la première fois, par les ammonites et les bélemnites qui ne se trouvent plus dans les âges suivants.

Période tertiaire. — Cette période, moins longue que la précédente, ne présente pas autant de variétés de terrains. Elle renferme des mammifères monodelphes, ce qui la distingue de la période secondaire. Les paléothérium, les anoplotérium, les dinothérium ont apparu avec elle et ne lui ont pas survécu.

Période quaternaire. — Les animaux dont se compose sa faune appartiennent aux genres et souvent aux espèces qui constituent la faune actuelle.

Ces périodes ont été divisées en formations ou étages, caractérisés par l'ensemble des fossiles qu'on y rencontre.

Nous ne parlerons pas des divisions de la période primaire parce qu'elle n'est pas représentée dans le Département.

La *période secondaire* comprend trois terrains : le terrain triasique, le terrain jurassique et le terrain crétacé.

Le terrain *triasique* se compose de trois formations. Nous n'aurons à examiner que la formation supérieure, nommée aussi formation *keuprique.* On y trouve peu de fossiles, à part des débris de reptiles.

Le terrain *jurassique* comprend : le *lias*, le *jurassique inférieur*, le *jurassique moyen* et le *jurassique supérieur*.

C'est dans le *lias* que les ammonites et les bélemnites font leur première apparition ; ces fossiles et les gryphées arquées le caractérisent.

Le *jurassique inférieur* est caractérisé par ses échinodermes et polypiers ; le *jurassique moyen*, par ses ammonites et ses bélemnites différentes de celles du *lias*, et le *jurassique supérieur*, par ses dicères, ses nérinées, et ses ptérocères.

Le terrain *crétacé* comprend quatre formations, de moindre importance, sauf une, que celles du terrain jurassique.

Ces formations sont : le *néocomien*, caractérisé par ses échinides, ses huîtres et ses chama ;

Le *gault*, par ses ammonites, ses hamites et ses inocérames ;

Le *cénomanien*, peu représenté dans l'Ain ;

La *craie blanche*, représentée en deux endroits seulement et par des lambeaux peu importants.

C'est à la période secondaire qu'appartiennent presque tous les terrains de la partie montagneuse du Département.

La période tertiaire comprend trois formations : la formation *éocène*, peu représentée et peu connue ; la formation *miocène*, avec ses débris de lamna elegans, othodus obliquus, et ses palœothériums ; et la formation *pliocène*, avec ses hélix, ses clausilies, ses éléphants et ses hippopotames.

C'est dans la partie basse du Département que l'on trouve les terrains tertiaires et quaternaires. On les trouve aussi, mais plus rarement, dans la partie montagneuse.

Etudier les terrains, indiquer leur ordre de superposition, fixer leurs limites, est le propre de la géologie. Cette étude complexe ne se fait pas sans bien des difficultés. En premier lieu, il n'est jamais possible d'étudier en un même endroit la série complète des formations. Ainsi, dans telle localité on ne pourra observer que le lias et le jurassique inférieur ; dans telle autre, que le jurassique moyen, le jurassique supérieur ; dans une troisième, ce sera la moitié du jurassique moyen, le jurassique supérieur et une portion du crétacé. Par exemple, dans le Bas-Bugey, les chaînes occidentales sont formées de terrains plus anciens (lias et jurassique inférieur) que les chaînes orientales où l'on trouve surtout le jurassique moyen, le jurassique supérieur et le crétacé, quelquefois le tertiaire; ceci tient à ce que la partie occidentale était déjà émergée quand se déposaient les couches postérieures au lias et à l'oolite inférieure, ou à ce que les couches déposées ont disparu à la suite des révolutions du globe.

En deuxième lieu, les coupes nécessaires aux observations stratigraphiques et qui permettraient de rattacher l'une à l'autre des couches observées et des lieux différents, ne sont ni nombreuses, ni au moins bien nettes, et surtout pas assez importantes. Mais quand même, par des recherches patientes et laborieuses, on aurait trouvé des coupes suffisantes, il resterait encore à décider si deux assises, séparées par une distance plus ou moins grande, doivent être synchronisées.

La paléontologie, il est vrai, peut venir en aide à l'observateur, si on admet que deux couches renfermant un ensemble de fossiles identiques, sont contemporaines.

Malheureusement on ne trouve pas des fossiles dans toutes les assises ; ceux qu'on trouve sont souvent brisés et indéterminables ; et d'ailleurs ils ne sont pas répartis également dans une même couche, au moins sur une certaine étendue ; et c'est ce qui rend difficile, sinon impossible, l'emploi exclusif de la paléontologie pour la classification. Mais la distinction des terrains et leur division peuvent se faire par la pétrographie. Une couche, en effet, se présente, en général, avec les mêmes caractères sur une faible étendue, quelquefois sur une étendue plus considérable ; en sorte que deux couches séparées l'une de l'autre par quelques kilomètres seulement, et offrant une ressemblance évidente sous le rapport de l'épaisseur, de la couleur extérieure de la roche, de sa couleur intérieure, de sa compacité, etc., peuvent se synchroniser ; d'ailleurs, il sera ordinairement facile, avant d'affirmer leur contemporanéité, d'examiner si celles qui leur sont superposées ou celles qu'elles recouvrent offrent les mêmes caractères pétrographiques. Enfin, comme les roches peuvent indiquer, par leurs variations, une partie des changements apportés dans les climats et la configuration du sol, et que la faune change généralement quand elles changent de nature, il en résulte qu'elles peuvent, comme les fossiles, aider à classer les terrains et à en fixer les limites.

C'est en me servant des caractères pétrographiques et, quand je l'ai pu, en m'aidant des fossiles, que j'ai divisé les terrains jurassique et crétacé.

Pour les autres, j'ai eu recours aux observations de MM. Falsan, Chantre et Benoît.

Terrain Triasique.

Le terrain triasique ne se montre à découvert que sur trois ou quatre points du Département ; encore ne laisse-t-il apercevoir que quelques-unes de ses assises, dans la formation supérieure ou keuprique. Cette formation peut se diviser en trois parties.

La partie supérieure comprend : des argiles bariolées de divers couleurs, qui ont reçu le nom d'argiles irisées. Ces argiles, en feuillets très minces, à pâte fine et serrée, se brisent en plaquettes assez dures, très plastiques après les pluies. Elles sont de couleur jaunâtre, verdâtre, blanchâtre, violette, rouge de brique et rouge lie de vin. L'intensité de leur coloration, due à des oxydes de fer et de cuivre, les distingue nettement des marnes ou argiles des étages supérieurs et permet de les apercevoir de loin. Elles sont ordinairement sans fossiles et leur puissance est de 8 à 9 m.

A la partie moyenne on trouve des marnes argileuses généralement de couleur verte, rouge de brique et lie de vin, alternant avec quelques rares bancs de calcaire dolomitique cloisonné, de couleur brune ; les cellules sont séparées par des cloisonsde 1 à 2 millimètres d'épaisseur, résistantes et renfermant une sorte de poussière jaune d'or, tachant fortement les doigts. Vers le bas, les argiles prennent une teinte foncée tournant au noir ; on y rencontre une mince assise gréseuse, sans consistance, et fortement micacée, qui recouvre une couche de 60 à 80 centimètres d'épaisseur d'argile très noire. La puissance de cette masse argileuse est de 10 m. environ et, comme la première, elle est peu fossilifère.

La partie inférieure comprend : 1° quelques bancs de dolomie grisâtre ou jaune blanchâtre, tendre et parsemée à l'intérieur de petites taches noires ; 2° du gypse fibreux de couleur noire, puis du gypse fibreux, d'un beau blanc plutôt brillant que mat, intercalés d'argiles rouges, noires et violettes : ces deux parties ont environ 1 m. 70 c. d'épaisseur ; 3° des bancs bien stratifiés de gypse saccharoïde, d'un blanc mat, assez dur et dont la puissance n'atteint pas moins de 4 m. ; 4° de la dolomie schisteuse de couleur gris cendré, tendre, peu homogène, d'épaisseur inconnue et formant la couche géologique probablement la plus inférieure qui soit à découvert dans l'Ain.

La partie de cette formation qui est supérieure au gypse a aussi reçu le nom d'argiles à grands sauriens, à cause des débris de ces gigantesques animaux qu'on rencontre quelquefois dans les calcaires dolomitiques.

Le terrain keuprique se présente toujours en pentes douces, au pied des escarpements du lias. On le trouve à Vaux-Fevroux, sur la rive droite du Buizin ; à Fay, commune de Souclin ; à Gratoux, près de Saint-Rambert, et à Champfromier. Le gypse a été exploité pour la fabrication du plâtre dans ces deux dernières localités ; et dernièrement on a fait des sondages à Fay, où il a été reconnu de bonne qualité et où on pourrait facilement l'exploiter. A Gratoux, on le trouve à mi-côte sur le versant oriental du chaînon qui domine le hameau ; grâce à cette position on pourrait, par des tranchées peu profondes, arriver aux bancs inférieurs et rencontrer les dernières masses gypseuses superposées au sel gemme. Les sondages faits dans le département du Jura ont montré que le terrain triasique diminuait d'épaisseur en allant du nord au sud. S'il en était ainsi, on trouverait à Gratoux le sel gemme au niveau du petit ruisseau qui descend à l'Albarine, ou même un peu plus haut. Je ne parle pas des couches de lignite que l'on pourrait rencontrer trente ou quarante mètres plus bas que les bancs de gypse exploités, parce que le combustible serait probablement de médiocre qualité, et que l'exploitation en serait onéreuse.

Enfin, outre le gypse, on peut utiliser les calcaires dolomitiques, que l'on rencontre depuis la base des argiles irisées jusqu'aux couches de lignite ; ils sont susceptibles de donner une bonne chaux hydraulique, surtout quand ils ont été mélangés aux parties gréseuses qui se trouvent intercalées dans la formation.

Infra-Lias.

Au-dessus des argiles irisés on trouve des barres de grès alternant avec des marnes grises. Ces grès sont blancs et fins, à la partie inférieure ; plus grossiers et jaunâtres à la partie supérieure. On les a exploités il y a une quarantaine d'années à

Vaux-Fevroux et à Fay pour pierres à aiguiser. A ces grès sont superposées des marnes schisteuses noirâtres, alternant avec des calcaires jaunâtres, pointillés de noir; ces marnes sont en majeure partie d'un noir glacé intense ; elle se brisent en fragments très minces : on dirait des petits carrés de un à deux centimètres de côté, découpés dans une feuille de papier. L'assise des marnes schisteuses est surmontée de calcaires bleuâtres ; de calcaires jaunâtres semblables à ceux du keuper ; de calcaires noirâtres assez résistants et d'une odeur rappelant la vase des marais ; et, enfin, de calcaires d'un bleu grisâtre passant à la partie supérieure au calcaire à gryphées, et entremèlés de quelques bancs de grès très dur et d'un gris sale. Deux bancs de calcaire bleuâtre sont très fossilifères, mais les fossiles qui pétrissent la roche sont brisés et à peu près indéterminables. Les calcaires alternent avec des marnes noirâtres, jaunâtres, grisâtres et, vers le haut, vertes, rouges et violettes, rappelant ainsi les marnes irisées. Les marnes schisteuses noirâtres et les grès renferment en général une assez grande quantité de débris de poissons.

Les calcaires et les marnes rappelant, les uns, les calcaires dolomitiques du trias ; les autres, les marnes et les calcaires de l'étage supérieur, on peut considérer, en quelque sorte, la formation infrâ-liasique comme une zône de passage, et c'est ce qui m'a porté à la placer dans un étage spécial, plutôt que de la rapporter au trias ou au lias.

La puissance de l'infrà-lias est d'environ 15 mètres. On le trouve à Fay, Gratoux, Champfromier, etc.

Lias.

Le terrain dont nous allons nous occuper commence la longue série des terrains jurassiques. Il est limité en bas, et inclusivement, par le calcaire à gryphées ; en haut, et inclusivement, par la couche à minerai de fer oolitique.

On peut faire dans le lias deux divisions : l'une comprenant un étage calcaire, l'autre un étage marneux.

I. — Etage calcaire.

La partie inférieure du terrain liasique est formée : 1° de calcaires bleu foncé, avec petits points noirs brillants et veinés de carbonate de chaux ; ces calcaires renferment une immense quantité de gryphées arquées ; des térébratules, des pentacrines, des myes, des peignes, des nautiles, des bélemnites et des ammonites, dont quelques-unes de grande taille ;

2° de calcaires bleu foncé ou bleu plus pâle, avec maculatures de fer et veines blanchâtres carbonatées ; les bancs sont séparés par de minces couches de marnes noires ou bleu foncé. On y trouve des gryphées obliques, quelques bélemnites, des térébratules, des myes, des spirifer, etc., assez bien conservés.

3° Enfin de quelques bancs de calcaires marneux gris jaunâtre, à l'extérieur, et bleuâtre à l'intérieur. Des couches de marne schisteuse bleu foncé, de faible épaisseur, alternent avec les calcaires. Les marnes renferment beaucoup de bélemnites ; les calcaires en renferment une plus grande quantité et sont ordinairement désignés sous le nom de calcaires à bélemnites. Ces bélemnites sont remarquables par le velouté de leur surface ; elles tranchent par leur belle couleur noire sur le bleu pâle du calcaire et lui donnent un aspect caractéristique. On trouve également dans ces calcaires de nombreux et beaux pentacrines.

Les calcaires 1° et 2° sont très durs et donnent une excellente pierre à bâtir. Les calcaires 2° sont désignés par les carriers sous le nom de « pierre de marbre » à cause de leur dureté et de leur facilité à prendre le poli. Leurs nombreuses gryphées, dont les sections ressortent en blanc grisâtre sur le bleu foncé de la roche, produisent un assez bel effet. Les calcaires de cet étage peuvent tous donner une bonne chaux hydraulique.

Puissance totale : 10 mètres.

II. — Etage marneux.

Cet étage comprend, de sa base à la couche ferrugineuse qui le termine, une assise puissante de marnes de couleurs différentes et inégalement fossilifères. Vers le bas, elles sont bleuâtres, puis grises et jaunâtres. On y rencontre des modules d'oxyde de fer et de nombreux rognons marneux de la grosseur d'une noix à celle du poing, avec fer oxydé à l'intérieur. Plus haut, les marnes bleuissent et passent au noir ; à la partie supérieure elles sont très schisteuses, micacées et renferment des nids de fer oxydé ou sulfuré. Elles alternent avec des bancs marneux de couleur grisâtre à l'extérieur, bleuâtre et jaunâtre à l'intérieur et dont l'épaisseur est de dix à quinze centimètres. Ils sont divisés perpendiculairement aux plans de joints en espèces de petits parallélipipèdes, à surface presque lisse et dont l'ensemble figure assez bien des pavés disjoints. C'est à la base et surtout à la partie supérieure que l'on trouve des fossiles. Les autres parties des marnes n'en présentent que peu ou point. A la partie supérieure on trouve une grande quantité de bélemnites et d'ammonites dont plusieurs en fer sulfuré : l'*ammonites bifrons* y abonde. A la base, au contact des calcaires marneux de l'étage précédent, on rencontre beaucoup de bélemnites. Vers le milieu de la première moitié de l'étage, on trouve dans les marnes noirâtres quelques veines de lignite ; mais elles sont discontinues et peu importantes. Les marnes micacées supérieures passent souvent, d'une manière insensible, à une marne non micacée, en bancs épais, contenant des oolites de fer, dont le nombre va constamment en croissant ; d'autrefois elles passent à une marne très dure, schisteuse et criblée de taches ferrugineuses. L'épaisseur de cette couche ferrugineuse est variable : 4 ou 5 mètres à Fay ; 1 mètre vers le Crêt-de-Pont.

Au-dessus se trouvent deux bancs de minerai de fer, de couleur rouge foncé ou rouge noirâtre, à oolithes très nombreuses et de la grosseur d'une tête d'épingle. C'est la couche exploitée, il y a une quarantaine d'années à Soudon, à Lagnieu, à Vaux-Fevroux et, aujourd'hui encore, à Serrières-de-Briord. Le minerai peut donner 25 à 30 0/0 de fer. La richesse et la puissance de la couche sont variables ; elles augmentent dans la direction du N.-O. au S.-O. : ainsi la couche est plus riche à Villebois qu'à Vaux-Fevroux ou Mont-de-l'Ange, et son épaisseur varie de 0m 8 à 2 mètres.

Elle est riche en fossiles. Les uns sont complètement ferrugineux ; les autres renferment des géodes de carbonate de chaux ou même sont totalement cristallisés. Ce sont des bélemnites, des ammonites, en très grande quantité ; des nautiles et quelques gastéropodes.

Les bancs de minerai sont recouverts par une couche marneuse également ferrugineuse ; mais elle est de couleur rouge pâle et les oolites sont beaucoup moins nombreuses ; plus haut leur nombre diminue et elles deviennent jaunâtres ; quelquefois la couche est surmontée de 5 ou 6 mètres de marnes schisteuses, dures et renfermant de nombreuses taches de fer.

La puissance du lias est d'environ 60 mètres. Ce terrain forme quelquefois le fond des vallées ; le plus souvent il s'étale en pentes douces, accidentées de petits mamelons, sur les flancs des chaines, au-dessous des assises rocheuses de l'étage suivant. Ses calcaires bleuâtres ou noirâtres, rarement recouverts par les marnes supérieures qui ont glissé, font généralement saillie, formant des abruptes au-dessus des argiles du trias. On le trouve surtout dans les chaines occidentales du Jura, et particulièrement dans les cantons de Lagnieu et de Saint-Rambert. Les localités principales sont : Gratoux, Mont-de-l'Ange, Fay, Soudon, etc. ; et plus au nord, Cuisiat, Serrières-sur-Ain, Bons, Champfromier, etc.

Les roches calcaires-marneuses du lias le distinguent nettement du jurassique inférieur où les roches sont presque entièrement calcaires, et du trias où elles sont en majeure partie gréseuses. Il n'est pas moins bien caractérisé par ses fossiles. Les ammonites et les bélemnites, avons-nous dit, y apparaissent pour la première fois, et en très grand nombre ; et les dernières y sont si nombreuses que tous les autres terrains du Jura n'en donnent pas une égale quantité ; elles disparaissent presque complètement avec les couches ferrugineuses, et ne sont plus représentées dans l'étage suivant que par de rares individus. Les nautiles y font également leur première apparition ; quelques-uns étaient de très grande taille et devaient nager à de grandes distances des côtes. Enfin, les mers liasiques étaient parcourues par des reptiles monstrueux et bizarres, l'ichtyosaure, le plésiosaure, dont quelques-uns atteignaient 20 à 25 mètres de longueur, et que les âges précédents n'avaient point connus.

Le lias donne un sol d'une grande profondeur, d'une bonne composition physique et chimique, sillonné par de nombreuses sources, et des plus favorables à l'agriculture. Les marnes supérieures surtout sont d'une fertilité extrême. Leur couleur brune, noire ou bleu foncé ; leur richesse en matières organiques et en oxyde de fer ; enfin leur position sur le flanc des coteaux ou dans les vallées abritées, les rendent chaudes et hâtives ; elles conviennent à toutes les cultures et surtout à la vigne qui y donne d'excellents produits.

JURASSIQUE INFÉRIEUR

A l'époque où se formaient les couches supérieures du lias, la mer avait peu de profondeur ; l'oolite ferrugineuse, en effet, est un dépôt littoral, ainsi que le montrent les gastéropodes, les ammonites et les bélemnites qui y sont entassés pêle-mêle. Après ce dépôt, des mouvements irréguliers du sol produisirent des changements dans la nature des couches, firent varier leur épaisseur et amenèrent quelquefois, sur certains points, leur disparition complète. Puis, à la suite d'un mouvement général d'affaissement qui augmenta pour de longs siècles la profondeur des mers, la climatologie fut changée ; de pluvieux, le climat devint plus sec ; et comme conséquence la nature des apports sédimentaires devint différente et la faune d'alors disparut à peu près complètement. Les marnes firent place aux calcaires compactes et les zoophytes succédèrent aux essaims d'ammonites et de bélemnites. Les crinoïdes en particulier prirent un développement prodigieux. Leurs restes se retrouvent à tous les niveaux du terrain que nous allons examiner et des bancs entiers ont été formés de leurs innombrables débris.

Le jurassique inférieur peut se diviser en deux parties, correspondant, l'une au bajocien de d'Orbigny; l'autre, au bathonien.

BAJOCIEN

Le bajocien comprend: 1° des marnes sableuses à texture schistoïde, surmontées de calcaires bleuâtres parsemés de petits points rouges; quelquefois ces marnes et ces calcaires font défaut. Au-dessus se trouvent des calcaires marneux, jaunâtres et peu durs et recouverts de calcaires silicieux en bancs minces, de couleur bleu foncé à l'intérieur; les chailles y sont très nombreuses et y forment quelquefois des bancs entiers; les calcaires siliceux sont parfois remplacés, au moins en partie, par des calcaires bruns ou jaunâtres tachés de fer. Tous ces bancs alternent avec de minces couches de marne schisteuse, jaunâtre ou noirâtre. Ils contiennent peu de fossiles : je n'y ai trouvé jusqu'à présent que quelques bélemnites.

Au-dessus, on trouve les calcaires à entroques, ainsi nommés à cause des nombreux d'échinodermes qu'on y rencontre. Ils se composent de bancs plus ou moins épais de calcaires renfermant des myriades d'encrines, à l'état ferrugineux, faisant saillie à l'extérieur et se détachant en brun foncé ou en noir brillant sur le fond bleuâtre ou jaunâtre de la roche. Les calcaires suivants sont moins ferrugineux ; ils alternent avec des bancs siliceux peu épais, et avec des couches très minces d'une marne schisteuse rougeâtre qui colore la surface des bancs et lui donne une apparence rubannée. Ils sont recouverts par une assise de calcaires sableux, roussâtres ou jaunâtres se débitant facilement et renfermant, entre autres, une grande quantité de pholadomyes ; mais les fossiles sont mal conservés. Cette assise est surmontée de calcaires de couleur brun foncé ou bleu foncé, ou gris jaunâtre ; une multitude d'encrimes, de pentacrines criblent la roche formant ainsi de nombreuses taches blanchâtres brillantes qui tranchent sur le fond bleu ou brun du calcaire et lui donnent un aspect miroitant ; les bancs, d'épaisseur variable, alternent avec des bancs entièrement siliceux ou des calcaires bleu foncé contenant de nombreuses concrétions siliceuses.

A la suite se trouvent des calcaires compactes, généralement en bancs épais, de couleur gris bleuâtre plus ou moins foncé, avec de nombreuses taches ferrugineuses ; ils alternent avec des bancs à rognons siliceux ; ils ont une grande dureté et font feu sous le marteau. Ils renferment un grand nombre de fossiles, ordinairement siliceux, dont quelques-uns sont très bien conservés : les plus communs sont des térébratules, des rhynchonelles, des pointes d'oursins et des peignes. Les polypiers y sont nombreux ; on en trouve de beaux échantillons. Ce sont eux qui ont fait donner le nom de calcaire à polypiers à cette assise assez puissante, qu'ils ont pétrie presque entièrement, et qui forme un excellent horizon géologique.

Aux calcaires à polypiers succèdent des calcaires miroitants à encrines, en bancs épais et de couleur rousse, jaune ou grise ; puis des calcaires roux ou grisâtres renfermant des ostræa acuminata ; de larges taches bleues, en bandes verticales, colorent les strates de distance en distance. Au-dessus, et terminant le bajocien, se trouve une couche de calcaire bleu grisâtre, avec taches rouges, assez semblable au calcaire à polypiers, mais plus pâle et ne contenant, d'ailleurs, pas les mêmes fossiles. Cette couche, de 7 à 8 mètres d'épaisseur, en quelques endroits, n'en a quelquefois que un ou deux. Elle manque même complètement sur certains points. Queiques-unes des roches du bajocien donnent une excellente pierre à bâtir. Les calcaires à entroques, en quelques localités, et les calcaires à encrines, généralement, fournissent les meilleurs matériaux ; ils donnent une pierre non gélive, et présentant un très haut degré de résistance ; c'est la pierre appelée « petit granite » par les carriers. Elle est exploitée à Vachine, près Saint-Sorlin ; à Treconnas, près Ceyzériat ; à Bolozon, etc. Les bans à ostœa acuminata et quelques bancs inférieurs sont également susceptibles d'être exploités. A Brénaz, les calcaires qui avoisinent l'assise à polypiers ont une remarquable finesse, une belle couleur gris bleuâtre et on en tire d'excellents moëllons.

BATHONIEN

Le bathonien du Haut-Bugey et du Revermont diffère notablement de celui du Bas-Bugey. Dans cette dernière région il prend un facies à peu près entièrement calcaire. A sa base on trouve ordinairement des calcaires marneux, grisâtres ou bleuâtres alternant avec des marnes en bancs d'épaisseur variable. Dans le Revermont les calcaires sont sableux, roussâtres, lamellaires, entremêlés de calcaires plus compactes, bleuâtres et renfermant de nombreuses encrines, des pentacrines et des ostrœa acuminata. Dans le Bas-Bugey les marnes sont peu développées ; les calcaires sont jaunâtres et contiennent, outre les fossiles précédents, de nombreuses rhynchonelles ; ils se délitent en une marne jaune facilement reconnaissable. Ils sont surmontés de bancs très fissiles, renfermant des myriades d'encrines, de pentacrines et d'ostrœa acuminata ; les encrines sont jetées un peu dans toutes les positions, mais la plupart ont leurs tiges perpendiculaires aux faces de joint des bancs. Des marnes schisteuses, verdâtres ou grisâtres, les recouvrent. Au-dessus sont des calcaires jaunâtres ou bleuâtres en bancs épais, compactes ou finement oolitiques, renfermant peu de fossiles — quelques rhynchonelles et pholadomyes — et donnant quelquefois une très bonne pierre à bâtir. C'est dans cette assise que sont ouvertes quelques-unes des belles carrières de Brénaz qui donnent des moëllons très recherchés. La composition de ces couches est très variable : une distance de 1 ou 2 kilomètres suffit pour amener un changement notable dans la couleur ou la compacité du calcaire. Plus haut on trouve généralement des calcaires à encrines bleuâtres ou rougeâtres ou d'un beau blanc mat, plus ou moins oolitiques, souvent marneux, quelquefois compactes, alternant avec des bancs schisteux grisâtres. Plusieurs bancs sont exploités sur certains points : Bénonces, Jasseron, etc. Vers le milieu de cette assise se place une couche marneuse, bleu rougeâtre, de quelques mètres d'épaisseur, renfermant dans le Bas-Bugey de nombreux fossiles, des ammonites, des huitres, des trigonies, des mytiles, des térébratules et surtout une énorme quantité de rhynchonelles d'une conservation parfaite. Dans le Haut-Bugey, ce sont des huitres, des ammonites et de fort belles hemithyris.

A la suite on trouve une assise, plus ou moins épaisse, de marnes, bleues, noirâtres, schisteuses, recouvertes de calcaires grisâtres ou bleuâtres (Haut-Bugey) ; — de calcaires grisâtres alternant avec des marnes noirâtres schisteuses, celles-ci dominant (Revermont) ; — de calcaires bleuâtres avec taches rouges très fines et contenant de très nombreuses concrétions siliceuses blanchâtres, formant quelquefois des bancs entiers (Bas-Bugey). Les marnes contiennent des échinides, des térébratules, des pholadomyes, des homomyes, etc. Quelques bancs sont exploités, Nantua, Ceyzériat, etc. Enfin, et terminant le bathonien, des calcaires finement oolitiques, avec petites taches rouges, et surmontés de bancs très minces, jaune rougeâtre, avec de nombreux échinodermes formant lumachelle et donnant au calcaire un aspect miroitant (Haut-Bugey). Dans le Revermont, les derniers bancs alternent avec des marnes noirâtres et sont également rougeâtres et miroitants. Dans le Bas-Bugey le facies est différent. Le bathonien se termine par des bancs compactes gris bleuâtre, avec fines taches rouges, devenant plus marneux et plus fissiles vers la limite de l'étage. Ces calcaires alternent avec des bancs contenant de nombreuses chailles siliceuses, celles-ci devenant plus rares, à mesure qu'on approche de la formation suivante. Quelques bancs sont très épais, très compactes et sans chailles. Ce sont eux qui donnent la belle pierre de Villebois, connue sous le nom de choin. Chaque banc est formé par la superposition de plusieurs couches de 10 à 12 centimètres d'épaisseur, reposant l'une sur l'autre par des surfaces ondulées et très rugueuses dont les aspérités, de 2 à 3 centimètres de longueur, s'enchevêtrent et se pressent fortement : on dirait que les couches ont été chevillées l'une à l'autre. La compacité de la roche, la facilité avec laquelle elle se travaille, la possibilité d'en extraire des blocs de toutes dimensions la font rechercher comme pierre de taille. On peut ajouter qu'elle offre une très grande résistance à l'écrasement, ce qui explique son emploi dans les constructions importantes.

Les bancs exploités n'offrent pas une épaisseur de plus de 5 à 6 mètres. Ceux de la partie supérieure donnent des dalles de toutes dimensions ; ils sont criblés de trous creusés par les lithophages. Les dernières assises du bathonien renferment, dans le Bas-Bugey, des ammonites et des bélemnites qui commencent à reparaître ; le dessous des bancs est pétri de térébratules et surtout d'huîtres de faible taille. Dans le Revermont, on trouve un banc recouvert de grandes huîtres qui lui donnent un aspect nacré : Les Combes, près de Jasseron. Dans le Bas-Bugey, à la base du choin, on rencontre une couche marneuse ou calcaréo-marneuse de 0m 8 à 1 mètre, avec un grand nombre d'échinides passablement conservés.

La puissance du jurassique inférieur est d'environ 205 mètres. On peut étudier le bajocien, à Bolozon, Serrières-sur-Ain, Mornay, Nantua, Lalleyriat, Lagnieu, Souclin, Saint-Rambert, etc. ; le bathonien, dans les mêmes localités et, de plus, à Ceyzériat, Sélignat, etc.

Les assises qui se trouvent au-dessus du calaire à polypiers et celles qui forment la première partie du bathonien offrent une stratification irrégulière ; et non seulement l'épaisseur des bancs change quelquefois rapidement, mais encore il arrive que quelques couches disparaissent sur certains points. C'est ainsi que le calcaire à ostrea acuminata est surmonté, dans le Revermont, d'un ou deux bancs de calcaire compacte, couleur gris de fumée, tandis que, dans le Bas-Bugey, entre cette dernière couche et la couche à ostrea acuminata, il y a 7 ou 8 mètres de calcaires à encrines. En même temps l'assise de calcaires compactes qui a

7 à 8 mètres dans le Bas-Bugey, n'a que 1 mètre à 1 m. 1/2 dans le Revermont (Ceyzériat) et même disparait (Les Combes). D'un autre côté les fossiles sont inégalement répartis. Telle couche, en certains endroits, a des fossiles des hautes mers qui, en d'autres, a des fossiles de mers moins profondes. On peut en conclure que le sol, à partir du dépôt du calcaire à polypiers, était soumis à des mouvements oscillatoires d'amplitudes différentes. En même temps, des courants sous-marins très violents empêchaient la sédimentation de se faire d'une manière uniforme, renversaient les tiges d'encrines et accumulaient dans certaines couches les débris de fossiles. Ainsi, la couche à rhynchonelles, située vers le milieu du bathonien, contient des ammonites, des trigonies, des térébratules, des huitres surtout, entièrement roulées et brisées en fragments informes. Vers la fin de la formation bathonienne, un mouvement d'exhaussement était à peu près général ; les formations de rivages apparaissaient, témoin les bélemnites et les ammonites, et les trous laissés par les lithophages dans les dernières couches du choin. La nature des roches allait changer encore et la faune se renouveler à peu près complètement.

Le jurassique inférieur forme l'ossature d'un grand nombre de nos chaines de montagnes et principalement des chaines occidentales. Intercalé entre deux puissantes assises marneuses, il supporte par ses roches bathoniennes, souvent coupées verticalement, les marnes de l'étage suivant, tandis que ses roches bajociennes surmontent, à la façon d'un énorme chapiteau, les marnes du lias ; entre ces deux assises rocheuses, s'étendent, en pentes plus douces, les parties un peu friables. On aperçoit de loin ses roches massives, souvent dénudées, ordinairement jaunâtres ou rougeâtres et quelquefois, au moins dans la partie inférieure, tellement rongées par les agents atmosphériques qu'on dirait des édifices en ruines.

Les roches, dures en général, ne se délitent que faiblement ; aussi la terre arable n'a-t-elle jamais que peu de profondeur, et souffre-t-elle aisément de la sécheresse. D'un autre côté le sol retient difficilement l'eau. Le jurassique inférieur, en effet, composé de roches calcaires et fissurées dans tous les sens, est complètement perméable. L'eau des pluies y passe, comme à travers un filtre, et se perd dans l'épaisseur de ses assises. Le sol est donc peu fertile ; mais comme les marnes ou délits marneux qui forment la terre arable sont souvent colorées par l'oxyde de fer, la végétation est assez active, précoce, et les produits fort estimés. Ainsi les céréales y donnent un grain lourd et luisant, et les vins y acquièrent un bouquet particulier. Deux mots des sources en finissant. Nous venons de dire que le sol est perméable L'eau, après avoir distillé goutte à goutte à travers les couches, est ramenée à la surface par les marnes qu'elle rencontre et qui sont, en général, incomplètement imperméables ; ces marnes sont ordinairement celles du milieu du bathonien ; la quantité d'eau fournie est donc peu considérable, mais elle est du moins excellente. C'est entre les couches inférieures du bajocien et les couches imperméables du lias que sourdent les meilleures sources. L'eau qu'elles donnent est fraiche et agréable ; toutefois si la source est importante et a corrodé les marnes, elle perd notablement de sa qualité et devient même quelquefois dangereuse.

JURASSIQUE MOYEN

Le terrain qui succède à l'Oolite inférieure est le terrain *Jurassique moyen* ou *Oxfordien*. Nous y ferons deux divisions : l'inférieure, en majeure partie marneuse ; la supérieure, en totalité ou en majeure partie calcaire.

I. — Oxfordien inférieur.

La formation oxfordienne débute par une mince assise de calcaire très marneux, de couleur jaune rougeâtre, avec très nombreuses oolites de fer, ordinairement de la grosseur d'une tête d'épingle ; la roche est pétrie d'ammonites, de bélemnites, de rhynchonelles, de térébratules, bien conservées, les ammonites et les bélemnites dominant. Le calcaire est peu solide, se délite facilement et se lie par degrés insensibles à celui des dernières couches du bathonien. L'épaisseur de l'assise est variable : 10 centimètres à Ceyzériat ; 50 à Nantua ; plus de 3 mètres à Sélignat, où les bancs alternent avec des lits marneux. Au-dessus, se trouvent des marnes de couleur noire ou bleu, foncé, faisant pâte avec l'eau, et se délitant par la sécheresse en feuillets très minces et peu étendus ; elles renferment un grand nombre de fossiles, pentacrines, térébratules, bélemnites et ammonites, ces dernières de faible taille et à l'état pyriteux. Elles sont surmontées dans le Revermont de bancs de calcaire marneux, brisés et divisés en parties plus ou moins volumineuses, ce qui a fait donner à cette partie de l'oxfordien le nom d'assise des « rognons oxfordiens ». Les bancs alternent avec des marnes grises, schisteuses et renfermant quelques fossiles; plus haut les marnes dominent, et l'on trouve, avec de nombreuses plaquettes de fer oxydé, une grande quantité de fossiles : dysaster, pointes d'oursins, grosses pholadomyes, belles térébratules, huitres brisées, etc. L'épaisseur de ces marnes et bancs marneux est d'environ 45 mètres. Dans le Haut-Bugey, la composition est différente. Au-dessus des marnes à ammonites et bélemnites qui recouvrent la couche ferrugineuse, on trouve 15 à 20 mètres de calcaires compactes gris cendré avec taches rouges, et alternant avec des lits marneux plus ou moins épais. Les spongiaires et les pointes d'oursins y abondent. A ces bancs, qui manquent dans le Revermont, sont superposés plus de 110 mètres de marnes noirâtres, grisâtres, avec alternances de bancs calcaires, ceux-ci, rares d'abord, puis plus nombreux à la partie supérieure de l'assise. Vers le bas, on trouve de nombreuses ammonites ; plus haut, c'est une profusion incroyable d'eugéniacrines, puis des pentacrines, dont quelques-uns en fer, des rhynchonelles, des térébratules, dont quelques beaux échantillons, et enfin, une grande quantité de grosses pholadomyes, en compagnie de dysasters et de trigonies.

Dans le Bas-Bugey, la couche à oolites ferrugineuses manque ; les derniers bancs du choin perdent leur couleur gris de fumée ; ils deviennent d'un jaune gris sale, mais les taches de fer existent toujours; puis rougeâtres, et alors apparaissent des marnes, en bancs peu épais et qui alternent avec des calcaires marneux jaunâtres, sur une épaisseur d'une douzaine de mètres. A quelques mètres au-dessus du bathonien, on trouve une grande quantité de belles térébratules, de belles rhynchonelles, d'une conservation parfaite ; les spongiaires et les echinodermes sont nombreux ; les ammonites et les bélemnites plus rares ; les plaquettes d'oxyde de fer sont abondantes dans quelques couches. Au-dessus, viennent des marnes bleu noirâtre, extrêmement riches en eugéniacrines et pentacrines, en petites ammonites ferrugineuses, en ammonites calcaires de 1 à 2 mètres de diamètre, en bélemnites, dont quelques-unes très grandes, et en grosses térébratules, brisées pour la plupart. Ces marnes sont recouvertes par des calcaires gris de fumée analogues à ceux du Haut-Bugey, et renfermant de petites plaquettes assez nombreuses de fer irisé ; moins riches peut-être en spongiaires, ils le sont davantage en térébratules et en rhynchonelles ; mais ces fossiles sont empâtés dans la roche et difficiles à extraire. A la partie supérieure, ils renferment de grosses pholadomyes et des ammonites assez bien conservées. Ils supportent une trentaine de mètres de marnes bleu noirâtre, très schisteuses, dont les premières couches contiennent de nombreuses ammonites pyriteuses de petite taille.

II. — Oxfordien supérieur.

Au-dessus des marnes et calcaires marneux de la division précédente, on trouve dans le Revermont une suite de bancs calcaires très bien lités, de 20 à 25 centimètres d'épaisseur moyenne, fissurés perpendiculairement aux faces de joints. On dirait des murs en ruines. Ils sont ordinairement très marneux et renferment une certaine proportion de silice. Leur couleur est gris sale, gris blanchâtre, gris noirâtre ; quelquefois le calcaire est très compacte ; alors sa couleur est rosâtre, jaunâtre, bleuâtre. De nombreuses veines bleuâtres divisent les bancs ; et de distance en distance, ceux-ci présentent à l'extérieur de longues taches d'un jaune ocreux qui tranchent sur le gris de la roche ; ces taches se montrent plus rarement à la partie inférieure. Ces calcaires alternent avec quelques couches de marnes argileuses, schisteuses, noirâtres généralement et dont l'épaisseur ne dépasse pas 1 à 2 mètres.

Au tiers de l'assise, à partir de la base, on trouve un banc de 1 décimètre d'épaisseur, littéralement pétri de térébratules médiocrement conservées. Les fossiles sont peu abondants dans les calcaires ; les marnes en renferment davantage : ce sont des huitres, des térébratules, des rhynchonelles ; vers le haut dominent les pholadomyes. Les derniers bancs calcaires de l'oxfordien supérieur, sont de couleur gris de fumée, avec taches ferrugineuses, quelquefois avec taches noires de 2 à 3 millimètres de diamètre, et ils sont recouverts par quelques couches de marnes schisteuses de couleur gris foncé. L'oxfordien supérieur du Haut-Bugey offre à peu près la même composition. Dans le Bas-Bugey, le faciès est plutôt marneux que calcaire ; les marnes, très argileuses, sont schisteuses, grises ou noires, quelquefois jaunâtres avec taches vineuses ; les veines ferrugineuses à l'extérieur des bancs sont moins nombreuses que dans le Revermont ou le Haut-Bugey ; mais l'épaisseur de l'assise est à peu près la même, une soixantaine de mètres environ.

Les calcaires oxfordiens, sujets à se déliter, offrent peu de résistance et ne peuvent être employés dans les constructions. Mais ils peuvent fournir, surtout ceux de l'oxfordien inférieur (les rognons oxfordiens), une excellente chaux hydraulique.

Le terrain oxfordien se trouve ordinairement sur le flanc des montagnes ou dans le fond des vallées, au pied des escarpements du Jurassique supérieur. Son imperméabilité et la trop forte proportion de silice dans les couches supérieures, rendent le sol peu favorable à la végétation ; mais on peut tirer un excellent parti des marnes bleuâtres de la partie inférieure, riches en calcaire et en matières organiques, en les employant à l'amendement des terres. Peu de cultures y prospèrent, à part la vigne qui y réussit bien et donne de bons produits : Ceyzériat, Sélignat, Bénonces, Montagnieu, etc. La puissance des terrains oxfordiens est de 100 à 200 mètres.

Après le dépôt des couches ferrugineuses par lesquelles débute l'oxfordien, il se produisit un affaissement lent, mais irrégulier, qui changea la nature des sédiments, amena des différences dans la profondeur des mers, et par suite, cette inégalité de puissance dans les dépôts que l'on constate, sur des points même peu éloignés les uns des autres. La mer oxfordienne eut son maximum de profondeur à l'époque de la formation des marnes à pentacrines et des calcaires marneux à dysaster. La grande régularité des couches, dans toute l'étendue de l'étage, indique d'un autre côté que les sédiments se déposaient dans des eaux tranquilles. C'est ce que montre du reste l'examen des fossiles que l'on retrouve en général avec toute la délicatesse de leur architecture et qui ont dû être enfouis dans des sédiments très fins, au sein d'une mer absolument calme. Les pholadomyes que l'on trouve ensuite dénotent une mer moins profonde. Un mouvement d'exhaussement du sol eut donc lieu au début de la formation calcaire ; et il se continua lentement, sans amener pourtant, vers la fin de l'époque oxfordienne, des formations de rivages analogues à celles qui marquent le commencement de cette période.

Jurassique supérieur.

Nous diviserons ce terrain en trois étages : inférieur ou corallien ; moyen ou kimméridien ; supérieur ou portlandien.

I. — Corallien.

La ligne de démarcation entre le Jurassique moyen et le Jurassique supérieur n'est pas ordinairement bien déterminée. Assez facile à saisir en certains points, elle est fort indécise en d'autres, même rapprochés des premiers. Les dernières couches oxfordiennes varient, en effet, sensiblement d'un lieu à l'autre ; et le passage à la formation actuelle se fait tantôt d'une manière insensible, tantôt d'une façon très nette. Pourtant on peut placer la ligne de séparation au point où apparait une couche calcaire ou marno-calcaire de couleur brune à l'extérieur, bleuâtre à l'intérieur, avec nombreuses maculatures rougeâtres, et quelquefois avec nids ou plaquettes d'oxyde de fer. Cette couche se désagrège facilement ; en certains endroits même elle est formée de marnes grumeleuses, gris rougeâtre. Les calcaires ou les marnes renferment, surtout à la base, une grande quantité de rhynchonelles, les unes assez bien conservées, Ceyzériat, Racouse, etc ; les autres, brisées, Meillonnas, Jasseron, etc. On trouve également beaucoup de valdheimia cœliformis, en compagnie de grosses térébratules et de cidaris. A Jasseron, à Cize, à Volognat, le banc calcaire qui surmonte les marnes schisteuses gris bleuâtre de l'oxfordien est littéralement pétri de térébratules, d'une conservation médiocre. Mêmes fossiles à Nantua et aux environs. Dans le Bas-Bugey, on retrouve bien au-dessus de l'oxfordien schisteux quelques bancs calcaires analogues à ceux du Revermont et du Haut-Bugey ; mais ils sont peu fossilifères ou ne renferment que des fossiles indéterminables.

A cette première assise de 7 à 8 mètres d'épaisseur est superposée une assise beaucoup plus puissante de calcaires compactes généralement, entremêlés, en quelques endroits, de calcaires gris avec fines taches blanchâtres, ou parfois même oolitiques. Ces calcaires compactes, grisâtres à l'extérieur sont, à l'intérieur, gris, blanchâtres, rosâtres avec larges taches bleues. A la partie supérieure, les bancs sont minces, 5 à 8 centimètres, plus tachés de bleu, et séparés les uns des autres par de petites couches marneuses grises ou bleuâtres ; à la partie inférieure ils sont plus épais, 10, 15, 20 centimètres, et contiennent de nombreuses géodes de carbonate de chaux. Tous sont bien lités, mais fissurés souvent perpendiculairement aux strates. Les fossiles sont assez rares ; ce sont généralement de petits crinoïdes qui font saillie à l'extérieur des bancs et forment des taches blanches à l'intérieur ; vers la base on trouve quelques myes, difficiles, au reste, à extraire à cause de la compacité de la roche. Peu ou point de polypiers. Bryozoaires un peu plus communs.

Les calcaires compactes ont été exploités en quelques endroits comme pierres lithographiques : Montagnieu, Solomiat ; mais l'exploitation a été presque aussitôt abandonnée, soit à cause de la médiocre qualité de la pierre, soit à cause des nombreuses fissures qui divisent les bancs et empêchent d'en tirer des formats de grandes dimensions ; ils conviennent également peu pour les constructions, la pierre qu'ils fournissent étant assez gélive. La puissance de cette assise est d'environ 60 mètres.

Au-dessus on trouve quelques bancs de calcaires bleuâtres ou gris jaunâtre contenant de petites huitres brisées et quelquefois des bryozoaires et des échinodermes en grande quantité. Puis viennent des calcaires gris, compactes, avec des oolites fondues dans la pâte ; des calcaires généralement blancs et très oolitiques : les oolites sont fines et serrées ; quelquefois plus grosses et vitreuses. Vers le haut, le calcaire devient grossier, les oolites sont grosses, lâchement agglutinées et parfois mélangées de petits cailloux jaunâtres (Corveissiat). Ces calcaires forment ce qu'on appelle l'oolite corallienne. Ils sont surmontés de calcaires blancs, crayeux et tendres ; ou de calcaires durs, compactes, gris ou blanchâtres avec oolites nombreuses formant des taches grises tranchant sur le fond plus clair de la roche. Au moulin Landéron, près de Nantua, mais surtout à Oyonnax, on trouve dans ces couches de nombreux fossiles, nérinées, dicères, térébratules, rhynchonelles et polypiers branchus ; quelques-uns sont bien conservés et se retrouvent avec toute la délicatesse de leur ornementation. Dans le Revermont, ils sont moins communs; ce sont des bryozaires et des nérinées, généralement cristallisées, et dont quelques-unes sont d'assez belle taille. Dans le Bas-Bugey, ce sont des nérinées également et quelques bélemnites.

Les calcaires oolitiques les plus fins et les plus consistants donnent une bonne pierre à bâtir qui devient très dure après quelque temps d'exposition à l'air. Dans les bancs superposés aux calcaires oolitiques, on en trouve également quelques-uns qui fournissent une bonne pierre de taille: Cize, Drom, etc.

II. — Kimméridien.

A la suite des calcaires précédents se place une assise plutôt argilo-sableuse que calcaire, et dont presque toutes les roches offrent à l'intérieur une teinte plus ou moins violacée. A la base, ce sont des calcaires assez durs, mais sujets à se déliter sous l'action des agents atmosphériques; leur couleur est grise à l'extérieur, grise et tachetée de violet à l'intérieur. Ils alternent avec des petites couches marneuses très fossilifères. Marnes et calcaires renferment une grande quantité de belles térébratules; des fragments nombreux d'huitres, des nérinées, etc. Ils ont été exploités en quelques endroits pour pierre de taille; mais la pierre est de mauvaise qualité à cause de sa facilité à se désagréger. On en trouve une carrière abandonnée, à Drom. Ils supportent des couches calcaréo-marneuses ou marneuses, toujours à teinte violacée et contenant de nombreux fossiles : nérinées, térébratules, natices, ptérocères, etc., qui, à l'exception des térébratules, sont roulés et brisés. Les marnes sont sableuses, ce qui les fait employer quelquefois comme sable dans la confection du mortier. Vers le milieu de la zone, on trouve beaucoup de géodes et dans les bancs de la partie supérieure, il y a de nombreuses perforations. Cette assise est la partie du Jurassique supérieur qui se prête le mieux à la culture. Sa puissance est d'environ 40 mètres.

A sa partie inférieure, on trouve dans le Haut-Bugey, plusieurs bancs compactes, d'une belle couleur bleu foncé, avec taches noires nombreuses. Ils contiennent un grand nombre de fossiles, nérinées et surtout gastéropodes. Ils donnent une pierre recherchée, qui supporte bien le poli et qui est exploitée *aux Chaillay*, près de Charix, et aux environs. On en peut voir de beaux échantillons au moulin de Charix, dans les chantiers de M. Dériaz.

III. — Portlandien.

Aux marnes sableuses précédentes, succèdent des calcaires blancs, jaunâtres ou rougeâtres ; des calcaires, en bancs épais, à apparence cristalline, avec taches rousses et noires ; puis des calcaires blancs, crayeux ou oolitiques, en bancs minces ; les oolites sont fines et ne se trouvent, dans le Revermont, que dans un banc de 20 centimètres.

Plus haut, ce sont des calcaires blancs, couleur crème ou café au lait ; ou blanchâtres avec petites taches blanches ou violacées; ou blancs, crayeux et minces. Ils sont surmontés de calcaires jaunâtres, compactes et séparés par un banc oolitique, de 40 centimètres d'épaisseur. Enfin, les calcaires sont moins blancs ; ils deviennent marneux et schistoïdes et sont criblés à l'intérieur de petites taches rousses et noires ; les derniers sont roussâtres ou jaunâtres et creusés d'un grand nombre de petites cavités renfermant une poussière brune ou jaune.

Vers le bas et vers le haut, les bancs sont perforés et les géodes sont nombreuses. Dans les calcaires à apparence cristalline on trouve beaucoup de dendrites : on dirait des feuilles d'une finesse extrême, parfaitement conservées, grâce à la compacité de la roche. Les fossiles sont peu nombreux. Ce sont des pholadomyes, et surtout des nérinées, quelques-unes de grande taille et ordinairement mal conservées.

Dans le Bas-Bugey, en certains endroits, au-dessus des calcaires blancs qui surmontent les marnes sableuses violacées du kimméridien, on trouve des calcaires très compactes, bien lités, en bancs minces à la partie supérieure, mais plus épais à la base ; leur couleur est grise, jaunâtre, rosâtre et bleu foncé. C'est l'assise des calcaires lithographiques de Cerin et d'Ordonnaz. On y rencontre un grand nombre de poissons. Le gîte de Cerin a fourni les magnifiques échantillons qui sont une des richesses du Musée de Lyon. Les calcaires lithographiques sont recouverts par des calcaires blancs, crayeux ou oolitiques, fort semblables par leur couleur et leur texture, aux calcaires blancs oolitiques du Revermont et du Haut-Bugey, qui recouvrent également des calcaires lithographiques bleus, roses ou jaunâtres. C'est ce qui avait porté Thiollière à les regarder comme coralliens, d'autant plus qu'il y avait trouvé des fossiles identiques à ceux qu'on trouve dans ces derniers. Cette manière de voir a été vivement combattue et les calcaires lithographiques de Cerin et d'Ordonnaz sont rangés actuellement dans le kimméridien supérieur. Selon moi, ils sont stratigraphiquement plus élevés que les coralliens et seraient même plutôt portlandiens que kimméridiens, car, d'un côté, ils reposent sur 40 à 50 mètres de calcaires blancs supérieurs aux marnes sableuses violacées du kimméridien ; et d'un autre, au-dessus des calcaires blancs oolitiques qui les recouvrent, on trouve les calcaires jaunâtres et tachés de roux, puis cristallins et brunâtres, analogues à ceux des derniers bancs portlandiens du Revermont et du Haut-Bugey.

Les calcaires de Cerin donnent de belles dalles pour le pavage ; au point de vue lithographique, ils présentent plus d'intérêt et ont une certaine valeur. Les essais faits à l'Imprimerie nationale ne laissent pas de doute à ce sujet ; mais les nombreuses fissures des bancs, leurs chailles et leurs géodes empêchent qu'on en puisse tirer de grands formats, et c'est la cause, probablement, pour laquelle l'exploitation commencée à Cerin, il y a

40 ans, et tentée récemment à Ordonnaz, a été abandonnée depuis quelques années.

La puissance du Jurassique supérieur est d'environ 200 à 250 mètres. On le trouve dans un grand nombre de localités : Ceyzériat, Racouse, Bolozon, Nantua, Charix, Ordonnaz, Cerin, Montagnieu, etc.

Composé de roches dures et se délitant difficilement, il donne une terre végétale de peu d'épaisseur. Sa position inclinée, en général, et la facilité avec laquelle les eaux filtrent à travers sa masse, fissurée et divisée dans tous les sens, font que le sol qu'il sert à former est pauvre et dénudé. La zone marneuse du kimméridien fait quelque peu exception ; mais les récoltes y sont généralement peu abondantes. Les marnes étant imparfaitement imperméables et ayant d'ailleurs peu d'épaisseur, les sources sont rares ; si elles fournissent peu, elles donnent, par contre, une eau limpide et très potable.

Le Jurassique supérieur termine la série des terrains jurassiques. Le caractère pétrographique principal de ces terrains, consiste dans les alternances des assises marneuses et des assises calcaires, qui donnent au Jura, au point de vue orographique, un cachet particulier. La puissance des marnes diminue, à mesure que l'on s'élève dans la série ; ainsi, les marnes liasiques ont plus d'épaisseur, en général, que les marnes oxfordiennes, et celles-ci, plus que les marnes kimméridiennes.

Une autre remarque à faire, c'est que les calcaires et les marnes sont d'autant plus colorés qu'ils se rapportent à un niveau moins élevé ; les marnes et les calcaires liasiques sont bleu foncé ou noirs ; les calcaires de l'oolite inférieure sont bruns, roussâtres et bleuâtres ; les marnes oxfordiennes sont moins foncées que les marnes liasiques et les calcaires oxfordiens moins que les précédents ; enfin, les calcaires coralliens et portlandiens sont blancs ou gris blanchâtre. Ces changements de coloration tiennent à ce que l'air avait plus facilement accès dans les parties à nuances claires que dans celles à nuances plus foncées. La profondeur des mers allait donc en diminuant depuis le commencement de la période Jurassique. Les calcaires oolitiques grossiers de Nantua, de Corveissiat, les fossiles roulés et brisés d'Oyonnax, les petits cailloux des couches de Corveissiat indiquent aussi, de leur côté, une mer peu profonde, une côte battue des vagues ; il en est de même du terrain kimméridien, ainsi que le montrent ses gastéropodes et à peu près tous ses fossiles qui ont subi un charriage plus ou moins considérable. Le terrain portlandien, à grains fins, à assises régulières a été déposé dans une mer moins agitée, et à la fin de l'époque jurassique, la mer avait peut-être totalement disparu du Jura, au moins en quelques endroits, ainsi que le montrent les fossiles d'eau douce trouvés à Charix. Cette disparition ne fut que momentanée : Nous allons, en effet, retrouver dans la période suivante de nombreux débris d'animaux marins.

Terrain Crétacé.

Le terrain crétacé comprend, avons-nous dit, quatre formations, dont la principale et la plus inférieure est le néocomien.

I. — Néocomien.

Cette formation se compose, à la base, de marnes grises avec fossiles d'eau douce, de calcaires marneux jaunâtres ou blanchâtres avec petites taches noires ou violacées et de marnes noirâtres très oolitiques. On y trouve de nombreuses fossiles: strombus, pholadomyes et térébratules, ces dernières assez bien conservées. Au-dessus, sont des bancs oolitiques de couleur brun foncé, tachés de jaune et de noir, sur lesquels reposent des calcaires blanchâtres tachetés de noir, assez semblables à quelques-uns des précédents. Viennent ensuite des calcaires oolitiques jaunes ou plutôt d'un brun jaunâtre, puis des calcaires plus blancs et plus compactes. Ils sont surmontés de calcaires bruns ou jaunâtres, très marneux, en bancs de 10 à 15 centimètres alternant avec des assises marneuses de 60 à 80 centimètres d'épaisseur, dans lesquelles on trouve des térébratules, des huitres, des nérinées, et beaucoup de gastéropodes, tous dans un état de conservation qui laisse fort à désirer. Quelquefois les calcaires sont moins colorés, la compacité est plus grande et la roche est blanchâtre avec nombreuses petites taches rouges ; quelques bancs sont finement oolitiques ; mais la couleur redevient bientôt sombre, jaune verdâtre généralement. A ces calcaires est superposée une assise marneuse jaunâtre avec taches rouges de 1 mètre environ d'épaisseur, quelquefois plus, contenant un très grand nombre de fossiles assez bien conservés : ammonites, huitres, pholadomyes, térébratules ; l'ostrœa macroptera, particulièrement, est abondante. Cette assise est assez difficile à observer parce qu'elle est généralement recouverte par la végétation. On peut l'étudier facilement, sur une dizaine de mètres, près du moulin du Mas-Bertin, commune de Villereversure.

A la partie moyenne, le néocomien se compose d'un calcaire d'un beau jaune d'or, quelquefois jaune brun, pétri d'échinodermes qui le rendent miroitant. Les bancs sont minces, de 5 à 10 centimètres d'épaisseur. Ils alternent avec des bancs jaunes, mais non miroitants ou rosâtres, ou grisâtres, contenant de nombreuses petites huitres. Ils sont recouverts par des calcaires jaunes, avec taches brunes très foncées, très miroitants, entremêlés de couches marneuses peu épaisses et dont la couleur est tantôt jaune, tantôt presque rouge. Les derniers bancs, toujours jaunes, miroitants ou non, renferment des chailles siliceuses blanchâtres ; parfois on trouve des bancs entiers formés d'un silex analogue à celui de la craie blanche, mais plus brun, plus grossier, et surtout plus opaque.

Le néocomien supérieur tranche sur le précédent par la couleur de ses calcaires qui sont, généralement, d'un blanc jaunâtre, ou même très blancs; quelques-uns sont compactes, d'autres sont grossiers et oolitiques. Dans le Haut-Bugey, l'étage débute par des calcaires rougeâtres, faiblement oolitiques, qui prennent une teinte de plus en plus claire et passent à des calcaires blanchâtres, rosâtres, ordinairement très oolitiques, quelques-uns plus compactes. Ils sont recouverts par des bancs minces, brisés, à texture oolitique très prononcée, blanchâtres et tachés de violet, ou jaunâtres, supportant 2 à 3 mètres d'un beau calcaire compacte jaune pâle ou blanc rayé de violet. Au-dessus, reparaissent des calcaires brisés, à texture grossière, à oolites violacées, qui sont surmontés de bancs compactes, de 2 à 3 mètres d'épaisseur, d'un blanc légèrement jaunâtre, avec veines sinueuses d'une belle couleur violette. Le néocomien se termine par des calcaires grisâtres, à perforations nombreuses, et où on trouve, par intervalles, de fortes taches verdâtres.

Dans les derniers bancs on rencontre assez de fossiles : térébratules, ptérocères et requienia.

Quelques-uns des calcaires du néocomien inférieur et du néocomien moyen sont exploités pour pierre à bâtir ; ces derniers surtout, quand ils ont subi quelque temps l'action de l'air, donnent d'excellents matériaux. En certains endroits, on s'en sert dans les construction des fours à pain : Villereversure, Napt, Sonthonnax-la-Montagne, etc.

C'est aux bancs de la partie supérieure qu'appartiennent les calcaires exploités comme marbres, à Charix et aux environs. Ils sont susceptibles de prendre un très beau poli ; les veines jaunes ou violettes qui les parcourent en tous sens, les taches blanches qu'ils renferment, les rendent agréables à l'œil ; malheureusement ils contiennent de nombreuses veines cristallisées qui s'altèrent et se creusent sous l'influence des agents atmosphériques.

La puissance du néocomien est de 90 mètres environ dans le Revermont ; elle atteint 150 mètres dans le Haut-Bugey.

Le néocomien inférieur et le néocomien moyen se trouvent surtout dans les chaines occidentales : Villereversure, Racouse, Napt, Sonthonnax, Poncin, Hautecour, etc.; le néocomien supérieur, dans les chaines orientales : Charix, Saint-Germain-de-Joux, Châtillon-de-Michaille, Bellegarde, Cerin, Ambléon, etc.

II.— Gault.

Cette partie du terrain crétacé se trouve surtout dans la partie orientale du département et notamment à la perte du Rhône. Elle se compose de calcaires d'un jaune verdâtre, de marnes argileuses jaunâtres, verdâtres ou bleuâtres, renfermant une immense quantité de petits fossiles lenticulaires (*orbitolina lenticularis*), pétrissant la roche et caractérisant les couches, désignées quelquefois sous le nom de couches à orbitolines. Elles sont surmontées de sables verts ou bleu verdâtre alter nant avec des grès assez durs de couleur jaune verdâtre, les sables dominant. Plus haut, au-dessus d'une couche de 60 centimètres de sable vert bleuâtre, se trouve une assise d'égale épaisseur de gris vert jaunâtre, peu dur et très riche en fossiles phosphatés, la plupart noirâtres. Ce sont des hamites, des inocérames, des ammonites et de nombreux gastéropodes. C'est la couche exploitée à Bellegarde, il y a quelques années et qui a été abandonnée depuis peu. Enfin, sur cette couche, reposent environ 60 centimètres de sables verts que surmontent des grès verdâtres peu consistants et panachés de rouge et de violet.

III. — Cénomanien.

Cette division du terrain crétacé a fort peu d'épaisseur. Je ne la connais qu'à Solonniat, où elle présente une puissance de 7 à 8 mètres. Elle se compose de sables verts ou plutôt d'un jaune verdâtre, parsemés de parties charbonneuses, contenant de nombreux petits silex, et, dans le haut, des rognons ferrugineux, d'un jaune d'or à l'extérieur et noirs ou bruns très foncés à l'intérieur. Elle repose sur le néocomien supérieur en stratification concordante. Je n'y ai trouvé aucun fossile, et c'est à cause de sa position stratigraphique que je la place dans le cénomanien.

IV. — Craie blanche.

Au-dessus de ces sables se trouve une couche de calcaire blanc, peu dur, avec silex bruns ou blanchâtres, renfermant des rognons ferrugineux analogues aux précédents. Elle est surmontée de calcaire blanchâtre, taché de petits points verts très nombreux et rayé de bandes jaunâtres ou verdâtres. Elle supporte une assise de calcaires blancs, tendres généralement, et en bancs plus épais à la base que vers le haut où ils sont feuilletés ; quelques-uns renferment de nombreuses et belles géodes de carbonate de chaux. Dans d'autres on trouve des chailles siliceuses ; quelquefois des bancs en sont entièrement formés. Ces silex sont bruns ou blanchâtres. Le calcaire est traçant, mais pas assez pour qu'on le puisse employer à écrire sur un tableau noir. L'assise est incomplète. On ne peut donc dire quelle était la puissance de la craie blanche dans cette région. L'épaisseur de la couche à Solomiat est supérieure à 40 mètres. La ferme Gaudet, près du lac Genin, au nord de Charix, est la deuxième localité où l'on trouve également la craie blanche. Mais il n'est pas possible, comme à Solomiat, de se rendre compte de sa composition, parce qu'elle est recouverte par la végétation, tandis qu'à Solomiat, où les couches ont une inclinaison de 40° sur l'horizon, elles ont été mises à nu dans le tracé de la route de Bourg à Nantua.

Le terrain crétacé clôt la période secondaire.

Terrain tertiaire

Le terrain tertiaire, représenté en partie dans les chaines orientales du département, l'est en totalité dans la Bresse et la Dombes. Mais par suite du peu d'accidents du sol et de la presque horizontalité des couches, qui fait que celles-ci sont généralement masquées par les précédentes, il est difficile de trouver les coupes nécessaires pour étudier les diverses parties de ce terrain, et les classer même stratigraphiquement. Ceci explique pourquoi les différents observateurs qui se sont occupés de la Bresse et de la Dombes ne sont pas toujours d'accord sur la place qu'il faut donner, dans la série tertiaire, à telle ou telle formation.

Le terrain tertiaire comprend trois étages : l'inférieur ou éocène ; le moyen ou miocène, et le supérieur ou pliocène. La formation miocène est en majeure partie marine ; et la pliocène est lacustre ou terrestre.

I. — Eocène.

Le terrain éocène ne présente que de rares affleurements ; il est représenté, selon M. Benoît, par des sables siliceux et des argiles bigarrées blanches, jaunes, vertes, rouges, grises, brunes. Ces argiles éocéniques se trouvent surtout dans les petites vallées où le Sevron prend sa source, près de Treffort ou de Meillonnas, où plusieurs de ces couches sont pures et plastiques, et servent à faire une poterie excellente. Dans un sondage fait à Bourg en 1845, on a trouvé ces couches argileuses à 40 mètres au-dessous des graviers ; leur puissance et de 28 mètres. Elles sont superposées à des sables siliceux, mélangés quelquefois d'argile bleuâtre et dont l'épaisseur parait être assez considérable, puisque le sondage s'est arrêté dans ces sables, après en avoir traversé plus de 25 mètres. Pas de fossiles.

II. — Miocène.

La partie inférieure de ce terrain est peu connue. MM. Vézian et Falsan y placent le calcaire lacustre observé à Coligny par M. Benoit. Ce calcaire est blanc, crayeux, avec quelques vagues rognons siliceux, confusément stratifié, intercalé d'argile plastique. Il contient un grand nombre de petites coquilles qu'on ne peut obtenir qu'à l'état d'empreintes et parmi lesquelles Deshayes a reconnu le *Cerithium Lamarkii*. C'est aussi au miocène inférieur, et plus bas que le calcaire de Coligny, qu'il faut rapporter les conglomérats de cailloux jurassiques de Sanciat.

Le miocène supérieur est mieux connu. Cette formation marine est formée exclusivement de roches indiquant qu'elles se sont déposées dans des eaux agitées et peu profondes. A la base, on trouve des poudingues et des conglomérats dont les éléments sont de grosseurs diverses, ordinairement calcaires, et dont les roches jurassiques et néocomiennes ont formé les matériaux. Les débris de ces roches sont, les uns roulés et arrondis; tandis que les autres ont conservé leurs angles et leurs arêtes. Au-dessus se trouvent des grès et des sables quartzeux à texture très grossière ; les éléments, à grains verdâtres, sont réunis par un ciment argilo-calcaire. Cette roche ordinairement peu consistante, forme ce qu'on appelle communément mollasse. En quelques endroits, dans la vallée de la Reyssouze surtout, elle est recouverte par une assise, d'épaisseur variable, de sables et de graviers. Voici la description que M. Benoit fait de la mollasse de Saint-Martin-de-Bavel : A la base se trouve un conglomérat de 1 à 3 mètres d'épaisseur, formé de galets calcaires, en grande majorité néocomiens, les autres jurassiques, très roulés et de toute grosseur jusqu'à 30 centimètres. Au-dessus est la mollasse inférieure, de composition variable. Apparaît, en dernier lieu, un grès grossier avec lits de charriage subordonnés. Ces grès forment un banc solide, à texture grossière, parsemé de paillettes de mica. La stratification est confuse, marquée quelquefois par de petits lits de galets de provenance alpine et jurassique. Toute la masse est pétrie de grandes huitres, souvent brisées, et de fragments de coquilles ; on y trouve aussi des dents de Lamna.

On trouve les poudingues et la mollasse marine à Oussiat, près de Pont-d'Ain, à Lagnieu, à Poncin, Bellegarde, etc.

En se reportant à ce qui a été dit précédemment, il est facile de se faire une idée de ce qu'était le Jura à ces époques reculées. Nous avons vu, en effet, que les terrains diminuaient d'ancienneté et augmentaient de puissance, de l'ouest à l'est. La profondeur de la mer augmentait donc dans cette direction, à mesure que les siècles s'écoulaient, et il est probable même que dès la fin de l'époque crétacée, nos chaînes occidentales étaient déjà émergées, sinon totalement, au moins partiellement. Le Jura formait donc un plan incliné de l'ouest à l'est, c'est-à-dire qu'il avait alors une inclinaison précisément inverse de celle qu'il a aujourd'hui.

A la fin de l'époque miocène, un mouvement ascensionnel du sol chassa les eaux marines. Ce mouvement s'accentuant davantage amena le soulèvement général du Jura ; mais la partie orientale fut portée à une altitude supérieure à celle de la partie occidentale. C'est de cet âge que datent les dénivellations des failles et les soulèvements en voûte ; car, partout où on le trouve, le terrain miocène, en concordance de stratification avec les terrains antérieurs, a subi leur mouvement d'exhaussement. C'est ainsi qu'il se trouve à la Combe d'Evoaz, près du crêt de Chalam, à la cote de 1235 mètres.

On peut donc considérer l'apparition de la zône orientale du Jura comme datant de la fin du miocène, et le Jura comme esquissé dès lors dans ses traits principaux.

III. — Pliocène.

Cette formation d'eau douce se compose d'assises plus ou moins épaisses de marnes noires, d'argiles bleues, quelquefois de marnes blanches ou jaunes, intercalées de sables. Les argiles noires ou bleues renferment des lignites qu'on a exploités en certains endroits : Douvres, Soblay, par exemple.

Plus haut, les marnes deviennent plus rares et les sables dominent ; ils sont ordinairement limoneux, colorés en jaune et tachés de fer ; leur épaisseur est variable ; en général ils alternent avec des lits de marnes ou de tufs peu épais ou des dépôts de chailles jurassiques. Ils sont surmontés de sables bleus et de marnes blanches, grises ou bleuâtres, ces dernières renferment souvent des lignites. La puissance de ces couches est variable ; quelquefois telle ou telle fait défaut.

Quelle est l'origine de ces lignites ? Il est probable, selon MM. Falsan et Chantre, que dans certaines localités, les arbres des grandes forêts dont la végétation était favorisée par l'humidité du sol et la douceur du climat, tombaient sur place et finissaient par constituer des amas puissants qui devaient se transformer en lignites. Mais souvent ces plaines basses, marécageuses, étaient inondées par les rivières qui descendaient des Alpes ou de leurs contreforts, et ces eaux tumultueuses entrainaient, avec une grande quantité de limon, des masses d'arbres arrachés aux forêts qu'elles traversaient. Ces arbres allaient s'entasser sur quelques points, puis finissaient par être ensevelis sous d'autres couches de sédiments terreux. De nouvelles inondations charriaient d'autres arbres, les abandonnaient tantôt sur les anciens dépôts, tantôt sur des bas-fonds nouvellement creusés où ils allaient disparaître à leur tour sous des sédiments marneux plus récents. Ces arbres et les débris végétaux qui les accompagnaient se transformèrent lentement en lignites, et sans doute les substances bitumineuses qui s'échappèrent de ces amas de substances organiques décomposées contribuèrent à donner à ces marnes une teinte grisâtre ; mais cette action chimique ne suffirait pas pour expliquer une coloration si uniforme, affectant un terrain occupant de vastes surfaces. Les causes de ce phénomène doivent être multiples, et on pourrait peut-être en trouver une autre dans la teinte grisâtre des sédiments que devaient déjà déposer les rivières ou les fleuves qui descendaient des Alpes et qui devaient être identiques à ceux que le Rhône charrie dans le lac de Genève, à sa sortie du Valais, ou qu'entrainent aujourd'hui l'Arve et l'Isère.

Les couches lignitifères inférieures se trouvent à Mollon, Priay, Douvres, Soblay, Coligny, etc... Elles renferment d'assez nombreux fossiles : Clausilies, Hélices, Planorbes, Mélanopsides et surtout Paludines. Dans les couches de Soblay, on a trouvé, outre les fossiles précédents, des débris de mammifères : Mastodon insignis, longirostris, Hipparion gracile, Sus Erymanthius, etc.. Les couches supérieures renferment des Clausilies, des Hélices, la Paludina ventricosa, la Paludina Tardyana, la Paludina bressana, etc... Les sables renferment l'Hélix Colonjoni, et le Mastodon arvernensis ou dissimilis, qui est commun dans les sables de Trévoux, et qui se trouve aussi, mais plus rarement, dans les couches inférieures à lignites.

Toutes ces couches forment le pliocène inférieur. Au-dessus se placent les tufs de Meximieux, célèbres par les nombreuses empreintes végétales qu'ils ont fournies. Au-dessus de ces tufs, ou, quand ils manquent, au-dessus des dernières couches de marnes grises ou blanches, on trouve une masse puissante de sables et de graviers roulés qui constituent le pliocène supérieur.

Terrain quaternaire.

Ces sables et graviers sont recouverts, en maints endroits, par des cailloux striés, emballés dans une espèce de boue argileuse, et par des blocs plus ou moins volumineux venus des Alpes. Le tout est surmonté par le lehm ou limon jaune. Nous rattachons au terrain quaternaire les alluvions caillouteuses de la plaine de l'Ain et de la vallée du Rhône, qui se trouvent à une dizaine de mètres au-dessus du niveau actuel de ces cours d'eau.

Les autres, avec la terre végétale, forment les terrains modernes.

LE CLIMAT ET LA FAUNE DU JURA

Pendant les périodes secondaire, tertiaire et quaternaire

Après avoir indiqué la constitution du sol, il nous reste, pour compléter, à dire ce qu'étaient le climat et la faune du Jura aux âges géologiques.

Le climat du Jura, pendant l'époque jurassique, était chaud, comme le montrent la faune et notamment la présence des polypiers ; d'un autre côté il était sec, ce qui résulte de la rareté des roches détritiques. La faune des vertébrés, dit M. Vézian, se composait surtout de reptiles dont quelques-uns atteignaient une taille colossale. Le mégalosaure mesurait 40 pieds, le pélorosaure 70. Les ptérodactyles, organisés pour le vol, peuplaient l'atmosphère ; le soir ils sortaient de leur retraite et allaient pourvoir à leur alimentation. La faune marine était caractérisée par l'abondance des ammonites et des bélemnites dont les nombreuses légions voguaient dans toutes les directions et servaient peut-être à la nourriture des ichthyosaures vivant par troupeaux le long du littoral. Pendant les époques correspondant aux terrains calcaires, les céphalopodes devenaient moins abondants ; les polypiers édifiaient leurs récifs, et sur les points plus profonds se développaient les prairies animées formées par les encrines. Pendant la période oolitique supérieure, la faune marine avait conservé toute sa richesse ; pourtant les céphalopodes et les polypiers étaient devenus moins nombreux et cédaient la place aux acéphales et aux gastéropodes. Les ichthyosaures et les plésiosaures continuaient à animer la scène de la vie, mais la fin de leur règne approchait, « Bientôt les récifs de polypiers, « de coraux, furent recouverts par des sédiments « très fins, déposés régulièrement dans des golfes « tranquilles. De nombreuses sources chargées de « carbure d'hydrogène, répandirent sur plusieurs « points une espèce de bitume qui se combina avec « les sédiments terreux pour produire les schistes « d'Orbagnoux, d'Armailles, de Parves, etc... Peut-« être doit-on attribuer à ces émanations méphitiques « la mort de ces nombreux poissons qui ont laissé « leurs superbes empreintes sur les pierres litho-« graphiques de Cerin. De grandes terres émergées « entouraient cette mer kimméridienne et se cou-« vraient de végétation. Des cours d'eau entraînaient « dans la mer des débris de végétaux : c'étaient des « Algues, des Fougères, des Cycadées, des Conifères « et des Zamias. » (Falsan).

L'aspect d'alors était celui du Cap ou de l'Australie.

« Pendant l'époque crétacée, le climat était « peut-être un peu moins chaud que précédem-« ment, comme le montre le moindre développe-« ment des polypiers. La faune conservait la « majeure partie des caractères de l'époque juras-« sique, mais elle comprenait certaines formes « indiquant déjà une tendance vers les types « actuels. Les mammifères et les oiseaux ne comp-« taient pas encore au nombre des habitants de « notre planète. Les ptérodactyles, les reptiles à « taille gigantesque, peuplaient les airs, les eaux « et le sol émergé ; mais leurs diverses espèces

« allaient s'éteignant les unes après les autres. « Les ammonites et les bélemnites vivaient encore, « mais allaient bientôt disparaître. » (Vézian).

D'un autre côté la flore s'était transformée. « Ce « n'était plus cette végétation à l'aspect étrange, « si dépourvue d'ombrage et de massifs de feuil- « lages, entremêlée de tiges épaisses, de troncs « courts, couronnés de frondes coriaces et de « maigres fougères. L'aspect était celui qu'on « aurait à l'île Maurice, dans certains parages de « l'Amérique du Sud ou vers le midi de la Chine. « Les conifères et les fougères étaient relégués « au deuxième plan. Des Sequoias peu différents « des nôtres dressaient leurs grandes pyramides; « et des Légumineuses, des Magnolias, des Lauri- « nées, représentaient les principales dicotylé- « dones de cette époque. Lorsque finit la période « crétacée, l'espace continental se trouva agrandi. « Les dicotylédones en profitèrent pour s'étendre « et se compléter; une foule de types qui survi- « vaient comme des épaves d'un passé très reculé, « ou qui jouaient un rôle prépondérant, s'amoin- « drirent ou disparurent » (De Saporta).

Tout fait croire qu'au début de l'époque tertiaire, l'Europe a dû jouir d'une température modérée, d'un climat égal, à la fois humide et tiède sans excès. C'est par comparaison avec les régions voisines que nous pouvons nous faire idée de ce qui se passait chez nous au commencement de cette époque. Au milieu de l'éocène le climat européen se modifia; il devint à la fois plus sec, plus chaud et plus inégal, et ces conditions favorisèrent le développement des palmiers, des bananiers, etc... Cette température tropicale se maintint pendant une partie du miocène et c'est grâce à elle que pouvaient vivre alors, dans nos régions, des proboscidiens gigantesques, de terribles carnassiers et des ruminants agiles, comme des Rhinocéros, des Dinotherium, des Dicrocerus, etc... Un peu plus tard, la température s'abaissa et M. Heer évalue à 20° la température de la Suisse vers la fin de la mer mollassique. Il y avait alors en Suisse et probablement chez nous, des Camphriers, des Cannelliers, des Palmiers associés à des Peupliers, à des Bouleaux, à des Ormeaux, etc. Nous avons déjà dit quelques mots de la faune du pliocène inférieur. Les tufs de Meximieux vont nous apprendre la flore et le climat de cette époque. On a trouvé dans ces tufs de nombreuses empreintes végétales, des feuilles, des fruits et des boutons à fleurs avant leur épanouissement. L'exhumation de ces débris fossiles et leur description nous ont révélé les merveilles de cette ancienne végétation.

« La forêt de Meximieux, dit M. de Saporta, « ressemblait à celles qui font l'admiration des « voyageurs, dans l'archipel des Canaries. Ce sont, « en partie au moins, les mêmes essences qui « reparaissent, en tenant compte de la richesse « plus grande dont la localité pliocène avait le pri- « vilège. Pour émettre à son égard une juste « appréciation, il faut joindre aux Canaries l'Amé- « rique du Nord, à l'Europe moderne l'Asie cau- « casienne et orientale. C'est être modéré que

« d'évaluer à une moyenne de 17 à 18° centigra-« des, avec une moyenne hibernale de 12°, la tem-« pérature nécessaire pour permettre aux *Persea*, « aux *Oreodaphne*, aux *Apollonias* de Meximieux « d'évoluer leurs fleurs et de développer leurs « fruits pendant la saison froide. Si les hivers « étaient certainement doux, la chaleur de l'été « devait être supérieure à 20° pour amener la « floraison des *nerium*, faire pousser les bambous « et mûrir les fruits du grenardier. D'un autre « côté l'humidité ne pouvait être absente d'aucune « saison ; non seulement les laurinées la deman-« dent ainsi que les Tilleuls, les Magnolias, mais « la diffusion du Hêtre, à cette même époque, le « prouve surabondamment.

« Il n'est pas besoin de prouver qu'à partir des « premiers temps pliocènes la température s'est « graduellement abaissée. De nos jours, la moyenne « annuelle n'est plus que de 11°,8 auprès de « Meximieux, et il faut descendre jusqu'à Palerme « pour en trouver une (17°) qui soit l'équivalente « de celle que l'étude des plantes fossiles nous a « conduit à attribuer au Meximieux pliocène. Mais « l'abaissement de température est loin de tout « expliquer et comme en se plaçant à la latitude « de Palerme, on ne trouve à l'état spontané « qu'une partie des espèces qui croissaient vers « Lyon et que pour d'autres il est nécessaire « d'aller à Madère et aux Canaries, on est conduit « à admettre d'autres changements qu'un abaisse-« ment graduel et régulier de chaleur. Un de ces « changements ne peut-être qu'une diminution « dans l'humidité. » La scène devait changer.

L'abaissement de température dont nous avons parlé tout à l'heure, se continuant insensiblement, la neige couvre bientôt les sommités des Alpes. De grands glaciers prennent naissance et les eaux provenant de leur fonte forment des torrents qui se précipitent dans les dépressions ouvertes devant eux, inondant la Bresse et la Dombes et ravinant les couches antérieurement déposées. Ils charrient d'énormes quantités de galets, de graviers et de sables qui s'amoncellent au-dessus des dépôts du pliocène inférieur. Ces graviers et ces galets sont roulés, d'assez faibles dimensions, et entassés pêle-mêle ; les uns sont calcaires, les autres ont été arrachés aux diverses roches des Alpes. On y trouve, outre des fossiles marins et d'eau douce enlevés aux terrains pliocène inférieur ou miocène, l'Elephas antiquus, l'Elephas meridionalis, le Rhinoceros megarhinus, l'Hippopotamus major, etc., qui indiquent qu'une température assez douce existait alors. Mais la température décroît toujours ; les glaciers avancent ; leurs alluvions montent comme une immense marée ; ils couvrent les vallées de la Suisse, et progressant lentement, viennent enfin s'épanouir jusque sur nos collines et dans nos plaines.

C'est le commencement de l'époque quaternaire.

Les changements apportés dans la climatologie entraînent des changements dans la faune. Alors le Rhinocéros, l'Hippopotame sont remplacés par le Mammouth, le Renne et la Marmotte. Alors d'énormes blocs détachés des rochers des Alpes arrivent jusqu'à nous sur le dos des glaciers. On peut les suivre à la piste depuis Bourg, à travers le Bugey, jusqu'à leur lieu d'origine, au fond du Valais, à plus de 400 kilomètres de distance. On les rencontre partout, dans le fond des vallées, au sommet ou sur le flanc des montagnes, au milieu d'un amas de sables, de boue, de graviers, de cailloux, formant ce qu'on appelle des *moraines*, et leur volume est d'autant plus considérable qu'ils sont plus rapprochés de leur point de départ.

Si la vie se retirait à l'approche des glaciers, elle n'était pas du moins anéantie, et les travaux de M. de Saporta nous ont appris qu'en France, à l'époque glaciaire, vivaient des plantes des climats tempérés, des vignes, des figuiers, etc. Pour avoir une idée exacte du climat et du paysage d'alors, il faudrait peut-être aller à la Nouvelle-Zélande, où de grands glaciers descendent jusqu'à la mer, laissant tomber leurs blocs erratiques au milieu des fuchsias, des fougères arborescentes, des hêtres, à une latitude pareille à la nôtre.

Combien de temps dura l'envahissement de nos montagnes et de nos plaines par les neiges et les glaces? Il serait difficile de le dire. — Mais un jour la température se releva, le climat s'adoucit et les glaciers reculèrent vers les Alpes. Leur rétrogradation se fit lentement et même il est probable que, dans la période de retrait, il y eut des phases de réavancement. Les glaces, en fondant, engendrèrent des torrents qui entamèrent les moraines frontales et les terrains existant déjà, et leurs eaux allèrent déposer dans des lacs les éléments dont elles étaient chargées. Telle est l'origine du limon jaune de la Dombes. On y trouve l'Elephas primigenius, l'Ursus spelœus, l'Equus caballus, le Bison priscus, etc. Sur le sol laissé libre par les glaces, il s'élevait donc des forêts qui fournissaient des aliments à l'auroch, au bison, au mammouth, etc. Les troupeaux de chevaux devaient paître dans de vastes prairies, et, d'après les nombreux débris de rennes, il est probable qu'il se trouvait à côté des forêts, des bruyères, des terrains rocailleux, couverts de lichen et des marécages.

A mesure que les glaciers rétrogradaient, les fleuves sous-glaciaires ravinaient le sol et en remaniaient les éléments ; le lit de l'Ain, du Rhône et de la Saône se creusèrent de plus en plus. Alors la vallée du Rhône, à partir de Lagnieu, et celle de l'Ain se couvrirent d'alluvions caillouteuses, tandis que d'un autre côté se formaient les dernières couches limoneuses de la Bresse.

Puis les cours d'eau diminuèrent de volume, leur niveau s'abaissa jusqu'aux limites actuelles, en même temps que l'homme arrivait sur les bords de la Saône, que sous l'influence des conditions climatologiques nouvelles l'Elephas primigenius, le Bos primigenius, l'Hyœna spelœa, le Cervus tarandus, l'Equus caballus, etc., disparaissaient les uns après les autres, et que la faune, ainsi modifiée lentement, devenait ce que nous la voyons aujourd'hui.

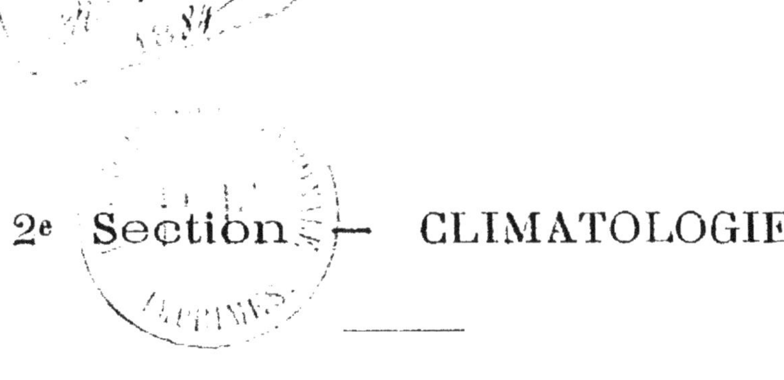

2e Section — CLIMATOLOGIE

Premières recherches.

Le premier qui se soit occupé, chez nous, de météorologie, est *Jérôme Lalande*. Dans les *Anecdotes de Bresse* (manuscrites), on trouvera une série de notes brèves sur les principaux faits météorologiques qui se sont succédé chez nous, de 1755 à 1790. Le premier de ces faits est un tremblement de terre au 9 décembre 1755.

Dans ces mêmes *Anecdotes*, si ma mémoire est fidèle, mais certainement dans la préface de son *Abrégé d'astronomie*, Lalande affirme que « la météorologie, c'est-à-dire la connaissance des variations de l'atmosphère, a un rapport bien essentiel et bien immédiat avec la santé du corps humain. » Tous les valétudinaires capables d'attention et de réflexion reconnaîtront la justesse de cette idée qui fera un jour la fortune d'un physiologiste.

La Société fondée par l'astronome en 1756, ressuscitée en 1783, non sans son aide, s'occupa, dès cette résurrection, de l'étude de notre climat. On trouverait dans ses archives un travail de son vice-président, M. Dandelin, sur ce sujet, dès 1784 : C'est une description de notre année météorologique sans bases assez précises : quelques faits notés ont de l'intérêt. — Dandelin, officier de l'ancienne armée, de ceux qui organisèrent et conduisirent la nouvelle, est mort au service de la Révolution.

Un peu plus tard, un des fondateurs de l'Ecole d'horlogerie de Bourg, Goyffon, continua des observations dont je ne sais rien de précis que ces mots des *Anecdotes de Bresse :* « 1788, le froid est si fort que le thermomètre de M. Goyffon et celui de M. Dandelin sont tombés à 17° 3/4 (Réaumur) » — et « 1791 : Goyffon fait assidûment des observations météréologiques. » Il n'en reste que ces deux lignes.

On dégoûte ici du travail ceux qui y sont disposés, en refusant à ce travail son salaire légitime. J'ai cru devoir cette mention brève à mes devanciers : elle ne les dédommagera pas de notre indifférence.

L'éminent agronome, M. A. Puvis, convaincu de l'utilité pratique de la météorologie dans un pays agricole, recommença des notations que ses voyages incessants l'empêchèrent de suivre avec régularité. Il confia la tâche à un géomètre, M. Jarrin, à qui la Société d'Emulation donna les instruments nécessaires. Mon père remplit cette tâche de 1844 à 1852. Je lui succédai malgré mon peu d'aptitude de 1852 à 1864.

Les chiffres recueillis par la Société étaient envoyés à Lyon où la Commission hydrométrique du Rhône en imprimait une partie. Plus tard le *Journal d'Agriculture pratique* de M. Barral en reproduisit quelques-uns. L'*Annuaire de la Société météréologique de France* inséra les résumés annuels. A Bourg nous ne pûmes obtenir une reproduction intégrale jugée coûteuse et peu d'intérêt.

En 1864, un gouvernement qui ne laissait rien faire en dehors de lui revendiqua la tâche pour ses écoles normales. En disant adieu à cette étude peu attrayante pour moi, j'indiquai (dans les *Annales de la Société d'Emulation*, t. II. p. 61, année 1869) les résultats acquis. Je reprends ici ce petit travail en l'abrégeant un peu.

Météorologie empirique.

Les sciences expérimentales débutent de même. Avant de pouvoir créer, elles ont à détruire. Elles détruisent les sciences empiriques qui ont si longtemps usurpé leur place. La météorologie, la dernière venue, ne procédera pas autrement. Si un fait ressort pour moi avec évidence des colonnes de chiffres que j'ai dressées, c'est que l'ancienne météorologie conservée (par certains almanachs et journaux vivant de la bêtise humaine) sous forme de proverbes, dictons, rimés ou non, est sans valeur scientifique.

De ces proverbes les uns sont controuvés. En exemple je prends le plus accrédité, celui qui fait de la Saint-Médard (8 juin), un sujet d'épouvante dans nos campagnes. 1° En vingt ans, le 8 juin, sec ou pluvieux, n'a pas été suivi une seule fois des *quarante* jours de pluie sacramentels. — 2° Une seule fois, sur les quarante jours qui suivent le 8 juin, il y a eu *vingt* jours arrosés ; savoir, en

1854 : mais précisément, cette année-là, la Saint-Médard avait été sèche. — 3° En ces vingt ans, le 8 juin ayant été sec dix fois, arrosé dix fois, les quarante jours suivant les 8 juin *secs* ont versé en tout cent quarante-un millimètres d'eau ; les quarante jours suivant les 8 juin *arrosés* n'en ont versé que cent trente-neuf. — 4° Si les quarante jours les plus *humides* qui aient suivi le 8 juin arrivent après un 8 juin *pluvieux*, celui de 1852 ; les quarante jours les plus *secs* qui tombent après le 8 juin arrivent après une Saint-Médard *pluvieuse*, celle de 1859. La croyance rustique sur la Saint-Médard est donc pour moi démontrée fausse quatre fois.

Avec elle tombe son corollaire : saint Barnabé, ne « raccommode pas ce que saint Médard a gâté, » puisque saint Médard ne gâte rien. Les fonctions météorologiques attribuées au disciple de saint Paul, ne seraient-elles pas fondées sur le sens de son nom ? Barnabé signifie, en hébreu, le fils de la consolation. Je n'ai garde de savoir l'hébreu, c'est Tillemont qui m'apprend cela.

J'ai pris aussi en flagrant délit d'inexactitude le proverbe rimé contant que si on fête Noël *aux buissons*, on fêtera Pâques *aux tisons*. En vingt ans nous avons fêté Noël aux buissons quatre fois. Or, une fois sur quatre, le printemps a été froid et tardif ; deux fois il est arrivé en son temps dans des conditions de température ordinaire ; une fois il a été notablement plus chaud que d'habitude. Quelle peut bien être la valeur scientifique d'une remarque fausse trois fois sur quatre ?

Le proverbe sur les *saints de glace* conserve une indication utile, mais vague. Ces saints redoutés tombent en avril et mai ; ils auraient le pouvoir de nous amener les gelées tardives, un des fléaux de notre agriculture. Il faut faire à cette indication les trois amendements suivants : 1° En vingt ans, les saints de glace ont totalement manqué aux fonctions à eux dévolues par la crédulité populaire, *six fois*. 2° Ils y ont manqué quatre autres années en avril et neuf années en mai. 3° Ils ont fréquemment délégué leurs fonctions à leurs proches voisins, titulaires de la veille ou du lendemain. Il y a lieu, ce semble, à désintéresser les saints et à formuler la loi comme suit : Aux approches du 20 avril, il gèle ici une année sur deux. Vers le 10 mai, il gèle plus faiblement une année sur quatre.

Enfin, certaines croyances perpétuées par la tradition peuvent être fondées sur l'expérience des lointaines contrées où notre almanach a été fait ; mais ces croyances sont, par cela même, sans valeur pratique dans un pays autre, sous un climat différent. Exemple : les bains de rivière, la canicule arrivée, sont réputés dans nos campagnes plus nuisibles qu'utiles. Cette opinion m'est démontrée fausse. Elle est fâcheuse dans un pays où les chaleurs viennent quelquefois tard, car elle rend alors impossibles des ablutions auxquelles nos paysans sont déjà peu enclins. Elle vient, je crois, d'Egypte, avec d'autres croyances concernant la canicule. Elle peut là être fondée en raison, les eaux du Nil, au moment des extrêmes chaleurs, devenant insalubres. Or, c'est en Egypte que notre almanach est allé emprunter quelques-uns des hiéroglyphes dont il abuse. Voyez plutôt le dictionnaire de Champollion ; le signe dont nos *Dieu-soit-béni* usent pour indiquer les jours sans nuages, est celui même qui se lit *Ra*, soleil ; il a servi cinquante siècles à « l'Enfant du ciel, père des Dieux... »

Je ne dis rien de la croyance aux influences lunaires ; pour les gens de bon sens, Arago a vidé la question. Ces gens sont peu nombreux, il est vrai. Et ce qui a la vie la plus dure, c'est une vieille erreur. Celle-ci est aussi ancienne que les cultes lunaires dont elle est l'inepte débris.

Faits constants

La comparaison des chiffres amassés ici avec ceux recueillis à Nantua, à Saint-Rambert et à la Saulsaie établissait pour moi, dès 1869, un premier fait de quelque intérêt, de quelque importance même. Notre climat est, d'un de ces lieux à l'autre, bien plus variable qu'on n'eut osé le supposer.

La principale différence est dans le régime des pluies.

Les arrosements dans le bassin du Rhône, celui de son grand affluent la Saône y compris, vont augmentant du fond du bassin aux montagnes qui le délimitent à l'est. Ainsi les bords de la Saône sont la région la moins pluvieuse du département. La terrasse sur laquelle Bourg est situé est déjà notablement plus arrosée. Et les pluies des gorges du Bugey sont comparables aux énormes averses d'eau du midi de la France.

La plus forte pluie reçue ici en vingt ans a distribué cent trois millimètres d'eau dans les vingt-quatre heures. Il en a été constaté une de quatre cents millimètres (par M. Sauvaneau), dans le voisinage de Saint-Rambert.

Mais les immenses progrès des moyens de communication, les ressources aussi de la centralisation administrative ont, depuis 1869, rapidement complété ce qu'avaient pu faire les efforts partiels de quelques observateurs isolés. Le *Bulletin* de la Commission de Météorologie qui fonctionne à Bourg depuis quatre ans, sous la direction de M. l'Ingénieur en chef des Ponts et Chaussées, apporte, à nos indications et vues, une confirmation précieuse. Voici comment dans l'Ain se sont distribuées les pluies de 1879 à 1882 inclusivement :

Trévoux.......	a reçu en quatre ans	3295	millimètres d'eau, soit par an	824
Montluel	—	3681	—	920
Pont-de-Vaux..	—	3911	—	977
Bourg.........	—	3950	—	987
Belley.........	—	3956	—	989
Nantua........	—	4219	—	1054
Ambérieu......	—	4329	—	1082
Gex...........	—	5253	—	1313
Hauteville.....	—	6130	—	1532

Devant des chiffres pareils il faut reconnaitre une loi.

De cette loi du régime des pluies chez nous, deux leçons ressortent.

La première assez pratique. Dans notre Bugey des trombes brusques ou des arrosements lents et continus entraînent souvent les terrains en pente, emportent les routes, renversent les ponts, et n'ont rien qui doive étonner. Les ingénieurs qui construisent nos voies de communication, les propriétaires de certaines terres et vignes peuvent les attendre. Et en plus d'un canton il serait prudent de leur préparer un lit et une issue.

Vôici la seconde : si la météorologie parvient, par de longues, patientes et ingrates études, à prévoir le temps ; une étude faite ici ne pourra servir ni aux bords de la Saône, ni dans les gorges du Bugey. Et il n'y a pas lieu davantage de prendre au sérieux les almanachs prétendant pouvoir prédire, le temps qu'il fera pour toute la France.

M. le cardinal Mathieu, archevêque de Chambéry, qui voulait bien consacrer ses loisirs à la météorologie, a constaté qu'en Savoie, d'une vallée à l'autre, le climat diffère.

Il faudrait ici pouvoir comparer la distribution de la lumière et de la chaleur dans les deux moitiés inégales de notre département. Les éléments de cette comparaison me font défaut. Les jours couverts et surtout les jours brumeux, sont les plus nombreux en Bresse ; les jours d'orage (avec tonnerre), plus nombreux en Bugey. Les froids sont plus vifs, la neige est plus précoce et plus durable entre l'Ain et le Rhône. En tout, le climat de nos montagnes est plus excessif que celui du plateau bressan. Je ne puis pourtant appuyer cette assertion finale de chiffres par moi garantis.

J. Thurmann, auteur généralement exact d'une *phytostatique du Jura et des contrées voisines*, divise notre pays en zones. La plus basse (les bords du Rhône), aurait une température moyenne de 11 à 12 — la vallée de la Saône aurait de 10 à 11 — le plateau bressan de 9 à 10 — les gradins inférieurs de nos montagnes de 8 à 9 — les sommets moins de 8. — Je crois ces moyennes de Thurmann un peu trop basses.

Dans un traité de météorologie je chercherais à préciser les différences existant entre notre climat et ceux du nord et de l'ouest de la France. Ici, je crois pouvoir me borner à dire que si nous avons plus de neige et de pluie, moins de chaleur que nos voisins les Lyonnais, nous avons moins de brouillards (et moins de phtisiques)...

Et ajouter que si nos pluies totalisées donnent deux fois la quantité d'eau que Paris reçoit de son ciel grisâtre, nous avons beaucoup moins de jours pluvieux que cette Lutèce dont le nom signifie la boueuse.

Depuis un demi-siècle les expéditions scientifiques sont à la mode. Si c'était du luxe, se serait le luxe le plus digne d'une grande nation. Il n'est pas sûr, d'ailleurs, que la connaissance de notre planète soit de luxe pour nous.

Il reste bizarre, toutefois, que nous ayons fait la carte d'Egypte avant la carte de France, que nous ayons commencé par étudier le climat de la Perse, la faune du Brésil, la flore de la Nouvelle-Zélande.

Tout est bien qui finit bien. La carte de France est faite. On a introduit, il y a quelques années, l'enseignement de notre botanique et de notre zoologie dans nos plus humbles écoles. Si on les tourne à l'utile, la première science apprendra au paysan de quels légumes, de quels arbres il doit ensemencer son courtil, planter son verger. La seconde apprendra à ses enfants à respecter les nids de certains oiseaux. Les Ecoles normales avaient reçu, en 1865, du ministre, la tâche d'étudier simultanément le climat de nos départements. Espérons que ces études, qui durent depuis 18 ans, feront connaître de façon plus complète les lois propres à notre bassin.

Ces lois au point de vue de la spéculation pure ont bien déjà quelque intérêt. Elles deviendront d'une utilité pratique le jour où l'agriculture, si routinière encore, sera raisonnée. Telle culture devra être abandonnée là où il sera constaté que les gelées tardives sont habituelles : telle, là où la chaleur moyenne n'atteint pas un certain chiffre ; telle, là où l'humidité sera reconnue trop grande. On renoncera à acclimater certaines races d'animaux, certaines plantes dans un climat différent de celui qui les a produites... Et quand on voudra proportionner les lits de nos cours d'eau, non seulement à leur débit régulier, mais à la quotité des pluies que les bassins qu'ils égoutent reçoivent à certains moments, c'est la météorologie qui déterminera les dimensions à leur donner. Quand les ingénieurs du Rhône ont voulu faire avec plus de sûreté les travaux qui défendent Lyon contre l'invasion quasi-périodique de ses deux fleuves, ils l'ont consultée utilement.

Si loin que nous soyons du but, si peu que nous ayons fait pour l'atteindre, je ne pense pas que la Société d'Emulation de l'Ain ait à se repentir d'avoir continué une tâche dont Lalande, son fondateur, n'avait pas trouvé indigne de l'occuper : cette tâche ne parait stérile qu'aux gens qui oublient que le seul moyen de savoir qu'on ait inventé jusqu'ici, c'est d'apprendre.

Ne pouvant reproduire ici le tableau accompagnant cette esquisse dans les *Annales,* j'en retiens quelques chiffres principaux.

La moyenne de l'eau tombée à Bourg de 1844 à 1864 inclusivement, est 1004 millim. — La chaleur moyenne est 10,82. — La hauteur moyenne du baromètre 742,7. — Le vent qui a dominé seize ans sur vingt-un est le nord. — Le chiffre moyen des jours de tonnerre est de 24 — de pluie 127 — nuageux 103 — sereins 115 — brumeux 48. — La hauteur moyenne de la neige est 226,5 — le nombre moyen des gelées est 63 — la chaleur maxima est 36 — le plus grand froid 18.

Le chiffre de 9 à 10 décimètres d'eau reçue à Bourg annuellement se répartit assez inégalement entre les douze mois. Celui qu'il faudrait nommer *pluviose* ici, c'est avril. Après lui vient octobre. Toutefois la période où la pluie, abondante ou non, est le plus à craindre, ce sont les 15 premiers jours de juin : celle où le beau temps fixe est relativement certain, ce sont les 20 premiers jours de juillet.

Depuis 1864, a-t-on constaté ici des froids de 22, 23 ? Je ne pourrais l'affirmer que sur ouï-dire.

Le thermomètre qui me renseigne n'en reste pas d'accord. J'engage les observateurs à se défendre d'un travers de ce temps-ci. On veut étonner. Celui qui apporte un gros chiffre, une doctrine excessive en humilie son voisin et pour un peu l'accuserait de *modérantisme.* Dans les sciences conjecturales cela réussit. Les sciences exactes veulent de l'exactitude d'abord.

Ces pages n'enseigneront la météorologie à personne : elles auront rempli leur but si elles montrent son utilité : donnent envie d'aider à finir cette science peu avancée ; si elles substituent deux ou trois notions exactes aux billevesées des almanachs anciens et nouveaux. Ce sont les pires ennemis de la météorologie. Et les nouveaux qui ne croient pas aux sottisses qu'ils débitent sont plus reprochables que les anciens qui y croyaient.

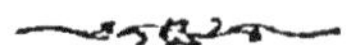

3e Section — BOTANIQUE

Sous ce titre, on ne peut donner ici une *Flore de l'Ain,* c'est-à-dire la description de toutes les plantes qui croissent dans le département, l'indication de leurs stations et des diverses localités où on les trouve ; renvoyant pour ces renseignements à l'*Étude des fleurs* de Cariot et aux autres ouvrages énumérés dans une note complémentaire à la fin de cet ouvrage, nous nous bornerons à présenter :

1° Le tableau de la végétation des trois régions botaniques qui se partagent le département : — région des vallées et des coteaux du Rhône et de la Saône; — région à étangs du plateau bressan ; — région montagneuse ;

2° Les particularités qui distinguent la Flore de l'Ain de celle des départements voisins et de l'ensemble de la végétation rhodanienne ;

§ 1er. — Division du département en régions botaniques naturelles et description de leur végétation.

L'étude complète de la végétation d'une contrée devrait être précédée de l'examen préliminaire de toutes les influences qui interviennent dans la distribution des plantes, latitude, température, exposition, nature du sol, etc., en d'autres termes, de l'examen des conditions topographiques, hydrographiques, géologiques et climatologiques de la contrée, considérées spécialement dans leurs rapports avec la composition et les variations du tapis végétal.

Or, les chapitres précédents de cet ouvrage ayant été consacrés à l'exposé général de ces questions, il nous suffira d'en rappeler les principaux points, en insistant sur quelques faits particuliers à chacune des trois régions botaniques.

Expliquons cependant tout de suite pourquoi la division du département en *plaine* et en *montagne* (voy. précédemment p. 16) ne nous suffit pas au point de vue botanique : c'est que les vallées de la Saône et du Rhône, ainsi que les coteaux (bords du plateau bressan) qui les dominent, les plaines alluviales de la Valbonne et du Bas-Bugey (p. 28), diffèrent complètement de la Dombes et de la Bresse, aussi bien par leur aspect topographique, leur constitution géologique (surtout la nature du sol superficiel), le climat, que par leur végétation. Il en est de même du bassin ou cirque de Belley, dans la région montagneuse.

Tenant compte de ces particularités et des caractères de la végétation des diverses parties du département, nous le divisons en trois régions naturelles qui sont :

1° La *région des vallées et coteaux* de la Saône et du Rhône, caractérisée par son climat *chaud*, la prédominance des espèces *xérophiles* et souvent *calcicoles* et la présence d'espèces méridionales ou plutôt *thermophiles* qui ne remontent pas plus haut dans le bassin du Rhône ;

2° Le *plateau bressan* ou *région à étangs*, caractérisée par un climat plus *froid* et une végétation *hygrophile* et *silicicole* spéciale ;

3° La *région montagneuse* comprenant les trois sous-régions suivantes :

a. Les *vallées chaudes* du Bugey méridional, dont la flore se rapproche de celle des coteaux et des vallées du Rhône ;

b. Le *bassin de Belley*, dont une partie (zone molassique et glaciaire) possède une végétation analogue à celle du plateau bressan ;

c. La *montagne* proprement dite, se rattachant au Jura par tous ses caractères topographiques, géologiques et botaniques, sa végétation *xérophile* et *calcicole*, et dans laquelle on doit aussi distinguer trois zônes d'altitude :

I. Zône inférieure ou des cultures, de 350 à 700 mètres ;

II. Zône moyenne ou des sapins, de 700 à 1,300 mètres ;

III. Zône alpestre ou des hauts pâturages, de 1,300 à 1,720 mètres.

1° RÉGION DES VALLÉES ET DES COTEAUX DE LA SAONE ET DU RHONE

Cette région, qui forme une sorte de lisière autour de la partie la plus méridionale du département, comprend :

1° Les coteaux qui forment le bord occidental

du plateau de la Dombes, de la Chalaronne à Lyon, par Saint-Didier, Mogneneins, Bauregard, Trévoux, Sathonay, — et les alluvions modernes des bords de la Saône ;

2° La cotière méridionale de la Dombes, de Lyon à Varambon, par La Pape, Neyron, Montluel, Meximieux, Loyes, Priay, etc.;

3° La plaine alluviale de la Valbonne qui, à partir de Miribel, s'étend entre la cotière, l'Ain et le Rhône, ainsi que les terrasses alluviales de Beynost, Balan, et les collines de Saint-Maurice-de-Gourdans qui s'en détachent ;

4° La plaine alluviale du Bas-Bugey située, de Pont-d'Ain à Loyettes, entre l'Ain, le Rhône et le pied des monts du Bugey.

On doit étudier séparément les coteaux et les plaines alluviales qui s'étendent à leurs pieds.

Coteaux de la Saône et du Rhône.

Résumons d'abord les diverses particularités topographiques, géologiques et climatologiques qui les caractérisent.

Topographie : 1° Direction générale N.-S. de la partie occidentale (sauf vers Trévoux), mais échancrures transversales nombreuses à versants exposés au midi (Genay, Sathonay, etc.) ; — 2° Direction O.-E. du rebord méridional, d'où expositions chaudes protégées contre le vent du nord ; — 3° Disposition en falaise plus ou moins escarpée, principalement au voisinage de Lyon ; — 4° Echancrures nombreuses, profondes, la plupart étroites (vallons ou torrents), quelques-unes larges, pour les rivières et ruisseaux de la Chalaronne, du Formans, des Echets, de Sathonay, dans la cotière occidentale ; de la Sereine, du Cotey, du Longevavre, etc., dans la cotière méridionale ;

Géologie : *sols* formés le plus souvent par : 1° le *lehm* ou limon jaune, à la partie supérieure des coteaux, depuis leur bord (quelquefois à leur base) jusqu'à la limite de la région à étangs, donnant un sol perméable, ordinairement calcaire, quelquefois siliceux par place ; — 2° les *alluvions glaciaires* (conglomérat) apparaissant sur le flanc de la cotière et de ses échancrures, constituant aussi les collines de la Valbonne, — soit en place, ou en éboulis recouvrant les terrains sous-jacents, — soit meubles ou agglomérées en poudingues par un ciment calcaire, — donnant un sol très perméable, calcaire ou siliceux suivant la nature des galets (quartzites, calcaires roux ou noirs, diorites, etc.). Les autres terrains, boue glaciaire, sables et marnes pliocènes et miocènes n'apparaissent ici que sur de petites surfaces et n'ont par conséquent que peu d'influence sur la végétation ; cependant, sables molassiques à Trévoux, Reyrieux, Fontaines, le Vernay (Rhône), Miribel, etc.

Climatologie : climat chaud de la vallée du Rhône, largement ouverte aux vents du midi ; altitudes variant de 160 à 325 mètres, mais à exposition méridionale dans les parties les plus élevées ; température moyenne de Lyon = 12°49 ; moissons du 1er au 8 juillet; culture de la vigne, des arbres fruitiers, des céréales, etc.

Description de la végétation. — Les principales stations des coteaux sont :

1° Des *pelouses* sèches, broussailles, taillis, dans les parties de la cotière en falaise, non cultivées, reposant sur le lehm ou les alluvions glaciaires, à végétation xérophile et calcicole représentée par :

Helleborus fœtidus (1), Aquilegia vulgaris, Berberis vulgaris, Helianthemum vulgare *Gærtn.*, H. obscurum *Pers.*, H. procumbens *Dun.*, H. pulverulentum *D. C.*, Polygala vulgaris, Geranium sanguineum, Trifolium medium, T. alpestre, T. rubens, Hippocrepis comosa, Coronilla Emerus, Anthyllis vulneraria, Cerasus Mahaleb, Fragaria collina *D. C.*, Peucedanum Oreoselinum, P. Cervaria, Rubia peregrina, Globularia vulgaris, Aster Amellus, Inula hirta, Campanula persicifolia, Primula grandiflora *Lamk.*, Vincetoxicum officinale, Brunella alba *Pallas*, B. grandiflora *Mœnch.*, Teucrium Chamædrys, Lithospermum purpureo-cœruleum, Limodorum abortivum, Ruscus aculeatus, Phalangium Liliago, Orchis militaris, O. Morio, O. Simia, O. ustulatus, Carex nitida *Host.*, C. Halleriana *Asso*, Aira caryophyllea, etc.

Les espèces suivantes ne se rencontrent que dans les points ou le lehm est devenu siliceux ou s'est mélangé à la boue glaciaire :

Hieracium umbellatum, Cytisus capitatus, Teesdalia nudicaulis, Ornithopus perpusillus, Vicia lathyroides, Malva moschata, Andryala sinuata, Arnoseris pusilla, Anarrhinum bellidifolium, Veronica verna, etc.

Les gravières établies dans les alluvions glaciaires ou leurs éboulis, ont une végétation encore plus xérophile :

(1) Les espèces qui ne sont pas suivies de noms d'auteurs sont ou des espèces linnéennes ou des plantes bien définies.

Eruscastrum Pollichii *Schimp.*, E. obtusangulum *Rchb.*, Diplotaxis tenuifolia *D. C.*, Dianthus prolifer, Alyssum calycinum, Linum tenuifolium, Asperula cynanchica, Scrufularia canina, Stachys recta, etc.

Les coteaux situés au voisinage de Lyon, à la Pape, Neyron, Miribel, etc., possèdent en plus des espèces précédentes, et à cause de leur exposition tout à fait méridionale, une série de plantes spéciales, la plupart à caractère thermophile marqué :

Ranunculus Chærophyllos, Pulsatilla rubra *Jord.*, Helianthemum salicifolium *Pers.*, Silene italica, Linum gallicum, Ononis Columnæ, Coronilla minima, Trigonella monspeliaca. Potentilla rupestris, Seseli coloratum *Ehrh.*, Bupleurum aristatum *Bartl.*, Trinia vulgaris *D. C.*, Galium corrudæfolium *Vill.*, Campanula Medium, Convolvulus cantabricus, Odontites lutea, Veronica prostrata, Thesium divaricatum *Jan*, Teucrium montanum, Phelipœa arenaria, Orchis purpureus *Huds.*, O. pyramidalis, O. tridentatus *Scop.*, Ophrys anthropophora, O. aranifera *Huds.*, Carex humilis *Leyss.*, Bromus madritensis..., dans les pelouses, les taillis ; — Gypsophila saxifraga, Silene otites, S. conica, Ononis natrix, Epilobium rosmarinifolium, Torilis nodosa, Bupleurum aristatum, Centaurea paniculata, Helychrysum Stœchas, Chondrilla juncea, Plantago Cynops, Tragus racemosus..., dans les éboulis, les graviers; Barbula membranifolia, Hypnum rugosum, Psoroma fulgens, etc., sur les poudingues.

Cette riche florule se retrouve au moins en partie, dans d'autres points bien exposés, par exemple dans la cotière occidentale, à Sathonay, et même à Reyrieux et à Trévoux, et pour la cotière méridionale, à Beynost, Montluel et dans les environs de Meximieux.

Beaucoup de ces espèces croissent aussi : 1° sur les terrasses alluviales qui s'étendent de Saint-Maurice à Beynost, de La Boisse à Balan et au-delà;

2° sur les collines d'alluvions anciennes de Saint-Jean-de-Niost et Saint-Maurice-de-Gourdans; 3° sur les balmes de la Valbonne et des deux rives de la rivière d'Ain (Charnoz, Chazey-sur-Ain, etc.).

Quelques espèces tout-à-fait rares méritent d'être signalées d'une façon spéciale : *Centranthus Calcitrapa*, à Beauregard, Saint-Bernard ; *Stipa pennata*, *Ajuga pyramidalis*, à Sathonay, La Pape; *Lilium Martagon* à Fontaine, au Vernay; *Bromus maximus*, *Scabiosa gramuntia*, *Centaurea Crupina*, à La Pape ; *Dianthus collivagus* Jord., *Chrysocoma Linosyris*, *Rhamnus Villarsii*, *Cytisus biflorus*, *Centaurea lugdunensis* Jord., *Orchis rubra* Jacq., *Cistus salviæfolius*, *Aphyllanthes monspeliensis*, à Neyron; *Hieracium staticifolium*, à Neyron, Beynost, Balan; *Pulsatillà propera* Jord., de Montluel à Meximieux; *Orchis rubra*, à Saint-Maurice-de-Gourdans; *Artemisia virgata* Jord., de Charnoz à Meximieux, etc.

Il importe de remarquer que plusieurs de ces plantes sont des espèces thermophiles qui arrivent jusque dans la partie méridionale du département, où elles se maintiennent grâce à la nature du sol et à l'exposition favorable des stations dans lesquelles on les observe; certaines d'entre elles, les *Cistus salviæfolius*, *Orchis rubra (papilionacea)*, *Aphyllanthes*, *Bromus madritensis*, etc., trouvent même ici la limite septentrionale de leur dispersion dans le bassin du Rhône.

2° Les *bois frais*, les parties ombragées des vallons, vallées et autres échancrures des coteaux, à Saint-Didier, Frans, Reyrieux, Sathonay, La Cadette (sous Rillieux), Neyron, Saint-Maurice, Beynost, etc., renferment :

Anemone nemorosa, Viola silvestris, Oxalis Acetosella, Cerasus Padus, Sanicula europæa, Epilobium hirsutum, Circæa lutetiana, Asperula odorata, Phyteuma spicatum, Primula grandiflora *Lamk.*, Melittis Melissophyllum, Pulmonaria tuberosa *Schk.*, Paris quadrifolia, Tamus communis, Scirpus silvaticus, Festuca heterophylla, de nombreuses Fougères ; — et plus rares : Anemone ranunculoides, Actæa spicata, Corydalis solida, Scilla bifolia, Carex pallescens, C. ornithopoda *Willd.*, etc.

Notons particulièrement : *Adoxa moschatellina*, *Lychnis sylvestris*, *Veronica urticæfolia*, à Thoissey, Mogneneins ; *Isopyrum thalictroides*, à Reyrieux, Meximieux ; *Dipsacus pilosus*, à Thoissey, Trévoux, Reyrieux, Neyron ; *Maianthemum bifolium*, à Sathonay, Reyrieux ; *Veronica montana*, à Sathonay, Meximieux ; le *Lathyrus latifolius*, au niveau des marnes, à Reyrieux, Sathonay, Miribel, etc.

3° Les cultures, moissons, décombres, etc., qui ont la même végétation spontanée que celle indiquée plus bas pour les stations identiques des plaines alluviales.

Plaines alluviales de la Saône, du Rhône et de l'Ain.

Ces plaines d'*alluvions récentes*, sont surtout développées : 1° dans la partie supérieure de la vallée de la Saône, où elles constituent *la Prairie*, s'étendant de la Seille à la Chalaronne (voy. p. 105), souvent marécageuse et se rattachant par sa flore hygrophile à la Bresse qui l'avoisine ; 2° sur les bords du Rhône, à partir de Miribel, jusqu'au confluent de l'Ain, où les alluvions récentes, plus ou moins mélangées aux alluvions anciennes, forment les vastes plaines stériles de la Valbonne et celles du Bas-Bugey au-delà. Ailleurs, c'est-à-dire de Thoissey à Lyon, et de Lyon à Miribel, ces alluvions sont généralement peu développées (sauf sous Reyrieux).

On y observe comme stations principales:

1° Des cultures, moissons, graviers, et autres stations sèches, à :

Delphinium Consolida, Erucastrum Pollichii, E. obtusangulum, Diplotaxis tenuifolia, D. muralis, Gypsophila saxifraga, Herniaria hirsuta, Portulaca oleracea, Sedum anopetalum, Filago arvensis, F. gallica, Ajuga chamæpitys, Euphorbia falcata, etc., — et plus rarement : Barkhausia setosa, Centaurea solstitialis, Pterotheca nemausensis, Kentrophyllum lanatum, Veronica præcox, etc.

2° Des graviers, sables, plus ou moins humides, sur le bord des eaux :

Genista tinctoria, Œnothera biennis, Solidago glabra, Aster Novi-Belgii, Xanthium strumarium, Salix incana, S. purpurea, S rubra, S. viminalis, Agrostis alba, Tragus racemosus, Equisetum Telmateja, E. palustre, E. limosum ;

3° Des prairies, saulaies et autres lieux humides, à flore hygrophile caractérisée par :

Thalictrum laserpitifolium, Th. flavum, Spergula nodosa, Lotus uliginosus, Potentilla Anserina, Lythrum Salicaria, Œnanthe fistulosa, Œ. peucedanifolia, Inula Britanica, Lysimachia vulgaris, Mentha rotundifolia, M. aquatica, M. silvestris, Alopecurus pratensis, A. geniculatus.

4° Des stations aquatiques, mares, lônes, etc. :

Nymphæa alba, Nuphar luteum, Hottonia palustris, Villarsia nymphoides, Scirpus Pollichii, Phalaris arundinacea, Phragmites communis, Potamogeton densus, P. perfoliatus, P. crispus, etc.

Nous signalerons particulièrement :

I. Dans *la vallée de la Saône*, la présence des espèces suivantes habitant de préférence :

Les graviers, sables, prairies, saulaies, au bord des eaux ou dans l'eau :

Tanacetum vulgare, Aristolochia clematitis, Althæa officinalis, Erysimum cheiranthoides, Verbascum australe *Schrad.*, Sedum Fabaria *Koch*, Euphorbia Esula, Carex Schreberi *Schkr.*, Crypsis alopecuroides, Eragrostis pilosa ; — Vallisneria spiralis, Elodea canadensis *Mich.*, Butomus umbellatus, Najas major *Roth.*, N. minor *All.*, etc. ; — et spécialement dans les prairies ou sur les bords de la Saône, sous Pont-de-Vaux, Thoissey, Trévoux, Reyrieux : Viola elatior *Fr.*, Braya supina *Koch*, Sisymbrium Sophia, Peucedanum palustre, Scutellaria hastifolia, Teucrium Scordium, Rumex maritimus, Fritillaria Meleagris, Cyperus longus, Scirpus maritimus, Sc. Michelianus, etc.

Les moissons, les cultures, les décombres, principalement dans les environs de Thoissey, Trévoux, Reyrieux, Ars, etc. :

Adonis autumnalis, Papaver hybridum, Lathyrus Nissolia, Asperula galioides, Galium tricorne, Physalis Alkekengi, Gagea arvensis, Tulipa præcox, Ornithogalum nutans, Poa eragrostis ; — Solanum ochroleucum, Silybum Marianum, Leonurus Cardiaca, Amarantus deflexus, etc.

II. Pour *la vallée du Rhône*, la fréquence des plantes caractéristiques suivantes, se trouvant principalement dans :

Les sables, graviers, pâturages des bords et des nombreuses îles du Rhône :

Diplotaxis, et Erucastrum cités plus haut, Rapistrum rugosum *All.*, Gypsophila saxifraga, Linum marginatum, Ononix natrix, Melilotus macrorhiza *Pers.*, Tetragonolobus siliquosus, Epilobium rosmarinifolium *Hæng.*, Helichrysum Stœchas *D. C.*, Myricaria germanica, Chlora perfoliata, Onosma arenarium *W. et K.*, Plantago cynops,

Hippophae rhamnoides, Euphorbia Gerardiana, Calamagrostis lanceolata *Roth.*, C. littorea *D. C.*, C. epigeios *Roth.*, etc.

Dans les mares, lônes et autres stations aquatiques :

Nymphæa, Nuphar, Alisma, Potamogeton, Carex nombreux, les Typha Schuttelworthii, latifolia, angustifolia, lugdunensis *Chab.*, minima *Hoppe*, gracilis *Jord.*, Cyperus fuscus, C. flavescens, etc.

Notons spécialement : *Centaurea aspera* et *Pouzzini* à Miribel, *Cyperus Monti*, de Miribel à Thil, *Scabiosa australis* Wullf., à Niévroz, et les espèces suivantes descendues des montagnes, qu'on retrouve presque tout le long du Rhône, sous La Pape, Miribel, Balan, etc. :

Hutchinsia petræa *R. Br.*, Gypsophila repens, Alsine Jacquini *Koch*, Heliasthemum canum *Don.*, Astragalus Cicer, Lathyrus palustris, Inula Vaillantii *Vill.*, Hieracium staticifolium, Linaria alpina, Teucrium montanum, Sideritis hyssopifolia, Juncus alpinus *Vill.*, etc.

Dans les moissons, les cultures, les décombres de la plaine, les espèces suivantes dont quelques-unes sont seulement adventices :

Caucalis daucoides, Neslia paniculata *Desv.*, Barkhausia setosa, Pterotheca nemausensis, Centaurea solstitialis, Kentrophyllum lanatum, Helminthia echioides, Veronica Buxbaumii, Chaiturus Marrubiastrum, Nepeta Cataria, etc.

La *Valbonne*, cette vaste plaine formée par les alluvions anciennes de l'Ain et du Rhône, au sol caillouteux, rougeâtre, stérile, possède, ainsi que la plaine du Bas-Bugey dont elle est séparée par la rivière d'Ain, une flore très riche en espèces xérophiles ou thermophiles et en plantes descendues des montagnes du Bugey.

Certaines parties, surtout celles colorées en rouge, sont manifestement siliceuses, comme le montre l'abondance des *Trifolium arvense*, *Thrincia hirta*, *Jasione montana*, etc., qui les couvrent ; — dans les lieux arides, les rocailles bien exposées, on trouve de plus : *Geranium sanguineum*, *Trifolium glomeratum*, *Torilis nodosa*, *Bupleurum aristatum*, *Galium corrudæfolium*, *Centaurea paniculata*, *Convolvulus cantabricus*, *Nardurus tenellus*, et autres espèces des coteaux secs méridionaux.

Dans les cultures, les moissons, croissent : *Ranunculus chærophyllos*, *Neslia paniculata*, *Vicia peregrina*, *Crucianella angustifolia*, *Valerianella coronata*, *Linaria simplex*, *Gagea arvensis*, etc., et sur les bords des chemins : *Kentrophyllum lanatum*, *Stachys germanica*, *Chaiturus Marrubiastrum*, etc.

Mais ce sont surtout les balmes, les terrasses alluviales, les collines, ainsi que les pâturages et les graviers qui s'étendent sur les bords du Rhône, de Balan au confluent, et sur les bords de la rivière d'Ain, à Port-Galland, Charnoz, Giron (lieu dit *les Peupliers*), Pont-de-Chazey et Loyes, qui possèdent la végétation la plus intéressante ; analogue à celle des coteaux et des bords du Rhône, déjà étudiée, pages 363 et 364, elle renferme de plus une abondance remarquable de plantes méridionales et montagnardes. On y trouve, en effet, plus ou moins abondamment :

Ranunculus gramineus, R. parviflorus, *var.* apetalus, Alsine hybrida, Helianthemum pilosum *Pers.*, H. apenninum *Gaud.*, H. canum, Polygala exilis *D. C.*, Rhamnus saxatilis, Genista pilosa, Cytisus argenteus, Spiræa Filipendula, Scabiosa suaveolens

Desf., Inula montana, Helichrysum Stœchas, Xeranthemum inapertum, Micropus erectus, Scorzonera hirsuta, Leontodon crispus, Allium pulchellum, A. Schœnoprasum, Herminium clandestinum *G. G.*, Orchis fragrans *Poll.*, Neottia autumnalis *D. C.*, N. æstivalis, Carex montana, Phleum arenarium, etc.

La *plaine du Bas-Bugey*, c'est-à-dire les alluvions anciennes de l'Ain, de l'Albarine et du Rhône, situées sur les territoires de Pont-d'Ain, Ambronay, Château-Gaillard, Ambérieu, Lagnieu, etc., présente beaucoup d'analogie avec la Valbonne.

Les moissons, les cultures et les décombres renferment aussi : *Neslia*, *Kentrophyllum*, *Stachys*, *Chaiturus*, *Gagea*, et de plus les *Adonis autumnalis*, *A. æstivalis*, *A. flammea*, *Rapistrum rugosum*, *Lathyrus tuberosus*, *Euphorbia falcata*, etc.

Dans les lieux incultes : *Sinapis alba*, *S. incana*, *Alyssum incanum*, *Cerastium arvense*, *Ononis Columnæ Centaurea solstitialis*, *Teucrium montanum*, *Scilla autumnalis*, etc., et particulièrement : *Alyssum montanum*, *Seseli glaucescens* Jord., *Linaria supina*, etc.

Enfin, sur les bords de la rivière d'Ain, dans les prairies, les pâturages, les graviers de Loyettes au Pont-de-Chazey et à Saint-Maurice-de-Rémens, la plaine d'Ambronay, on rencontre aussi la plupart des espèces indiquées sur la rive droite de l'Ain, telles que *Polygala exilis*, *Rhamnus saxatilis*, *Cytisus argenteus*, *Inula montana*, *Scorzonera hirsuta*, les *Allium*, *Neottia*, etc. ; — notons spécialement : *Alsine Bauhinorum* Gay, *Biscutella lævigata*, *Dipsacus pilosus*, *Senecio paludosus*, *Scorzonera plantaginea*, *Sideritis hyssopifolia*, *Gentiana germa-*

nica, *Allium fallax*, *Orchis odoratissima*, pour la plupart descendues des montagnes, et à Loyettes, le rare *Daphne Cneorum*.

2° RÉGION DE LA DOMBES D'ÉTANGS ET DE LA BRESSE

La partie du plateau bressan s'étendant, dans le nord du département, entre la *Prairie*, sur les bords de la Saône (voy. précédemment p. p. 105 et 365) et le pied de la falaise du Revermont, limitée au sud par les coteaux qui composent la région précédente, constitue une région bien caractérisée par les particularités suivantes :

Topographie : Surface légèrement ondulée dans la partie méridionale (Dombes), plus mouvementée dans la Bresse (1), mais à relief sans importance sur la distribution de la végétation ; — sillonnée, dans la Bresse, par des vallées et des rivières (Veyle, Reyssouze, Solnan, etc.) à bords souvent garnis de prairies marécageuses ; — parsemée, dans la Dombes, d'étangs alternativement cultivés en eau et en assec (voy. p. 26 et 126) : prairies et étangs à flore *hygrophile* spéciale ;

Géologie : Boue glaciaire, imperméable (et rendant possible la formation des étangs), recouvrant la plus grande partie de la Dombes ; marnes et sables pliocènes dominant au contraire dans la Bresse et donnant des terrains soit imperméables, soit perméables par place, au moins à la surface,

(1) Pour la division en Dombes et Bresse, voy. p. 19.

avec sous-sol imperméable; quelles que soient ces différences, partout le sol est riche en silice, presque complètement dépourvu de chaux et constitue ces terrains jaune-pâle ou gris-clair, peu fertiles (*terrains blancs* de la Dombes), dans lesquels se développent les espèces *silicicoles* caractéristiques, les Sagines, Spergules, Genêt-à-Balai, *Myosurus*, *Arenaria*, *Filago*, *Corrigiola*, *Montia*, *Peplis*, *Radiola linoides*, *Illecebrum verticillatum*, etc.

Climat : Avec une altitude cependant plus faible que celle des coteaux de la région précédente (elle oscille entre 220 et 280 mètres), la température moyenne reste basse et n'atteint pas 12° ; on a, en effet, 11° 65 dans la Bresse jurassienne (Ogérien), 10° 82 à Bourg (Jarrin), 10° 26 à la Saulsaie (Pouriau) ; noter cette diminution en allant du nord au sud, vers la partie la plus riche en étangs, la plus humide du plateau ; si on y ajoute la fréquence des jours pluvieux et brumeux, on ne sera pas étonné que sous ce climat humide et froid, les moissons soient plus tardives (8 au 15 juillet), la culture de la vigne et des arbres fruitiers rare (on y cultive cependant toutes les céréales, le maïs, etc.) et que des espèces habituellement montagnardes, comme *Ranunculus hederaceus*, *R. lanuginosus*, *Cardamine amara*, *Lychnis silvestris*, *Sedum hirsutum*, *Galium silvaticum*, *Lycopodium clavatum*, etc., puissent y végéter.

Description de la végétation. — La végétation de la région à étangs est donc caractérisée par la prédominance de deux catégories de plantes, les espèces *hygrophiles* habitant les étangs, les marais et les autres stations humides de la région, et les espèces *silicicoles* qui se trouvent soit dans ces stations humides, soit dans les bois, les bruyères ou les cultures.

Les espèces caractéristiques des régions siliceuses constituent, en effet, la majeure partie de la végétation des stations sèches suivantes :

1° Bois et taillis où dominent l'écorce blanche des Bouleaux *(Betula alba)*, le sombre feuillage des Aulnes (*Alnus glutinosa)*, le Tremble *(Populus tremula)*, le Chêne *(Quercus sessiliflora)*, puis les Coudrier, Charme, Viorne, Bourdaine, etc., et sous bois :

Cardamine silvatica, Hypericum pulchrum, Cytisus capitatus, Orobus tuberosus, Trifolium elegans *Savi*, Potentilla procumbens *Sibthp.*, Laserpitium pruthenicum, Centaurea nemoralis *Jord.*, Gnaphalium silvaticum, Senecio silvaticus, Erythræa Centaurium, Teucrium Scorodonia, Stachys silvatica, Melampyrum pratense, Aira flexuosa, A. cæspitosa, Festuca heterophylla, Pteris aquilina, etc.

Et plus particulièrement dans les pâturages, les lieux incultes, les bruyères à *Erica vulgaris*, *Sarothamnus vulgaris*, *Pteris aquilina :*

Dianthus Armeria, Malva alcea, M. moschata, Ulex europæus, Genista anglica, Lotus diffusus *Sm.*, Agrimonia odorata *Mill.*, Bupleurum tenuissimum, Myosotis versicolor, Euphrasia nemorosa, Nardus stricta, etc.

2° Champs argilo-siliceux, cultures, à plantes silicicoles encore plus caractéristiques :

Myosurus minimus, Gypsophila muralis, Spergula arvensis, Sp. pentandra, Alsine segetalis, A. rubra *Wahl.*, Hypericum humifusum, Ornithopus perpusillus, Lotus diffusus *Sm.*, Filago minima

Fr., F. arvensis, F. gallica, F. lutescens et canescens *Jord.*, Hypochœris glabra, Arnoseris pusilla *Gœrtn.*, Rumex Acetosella, Galeopsis dubia, Alopecurus agrestis, Holcus mollis, etc.

Les plantes hygrophiles, dont un grand nombre préfèrent aussi les sols siliceux, s'observent dans les diverses stations suivantes :

3° Lieux argileux, mouillés au moins de temps à autre, ou sableux sur un sous-sol imperméable, chaintres, douves près des étangs, etc. :

Ranunculus Philonotis, les Sagines, Stellaria uliginosa, Radiola linoides *Gmel.*, Lotus uliginosus *Bchst.*, Lythrum hyssopifolium, Corrigiola littoralis, Illecebrum verticillatum, Montia minor *Gmel.*, Peplis Portula, Gnaphalium luteo-album, Gn. uliginosum, Centunculus minimus, Cicendia filiformis *Rchb.*, Agrostis alba, Juncus tenageia, etc.

4° Marais, prairies humides des bords des rivières, *queues* des étangs, renfermant un grand nombre d'espèces dont voici les plus intéressantes :

Ranunculus Flammula, Roripa nasturtioides *Spach.*, Stellaria glauca *With.*, Œnanthe fistulosa, Œ. peucedanifolia, Œ. Phellandrium, Peucedanum palustre, Galium palustre, G. uliginosum, Bidens cernua, B. radiata *Thuill.*, Senecio erraticus *Bert.*, S. erucifolius, S. aquaticus, Scorzonera plantaginea *Schleich.*, Myosotis palustris, Mentha Pulegium, M. aquatica, Scutellaria galericulata, Sc. minor, Symphytum officinale, Gratiola officinalis, Limosella aquatica, Pedicularis palustris, Veronica scutellata, Stachys palustris, St. ambigua, Rumex palustris *Sm.*, R. maritimus, Polygonum minus, P. mite, P. hydropiper, P. lapathifolium, etc., Salix cinerea, Anthoxanthum odoratum, Alopecurus pratensis, A. geniculatus, A. utriculatus, Juncus acutiflorus, J. pygmæus, J. supinus, Scirpus setaceus, Sc. mucronatus, Carex disticha, C. panicea, C. brizoides, C. vesicaria, C. nutans, etc.

5° Enfin, dans les eaux plus ou moins profondes des étangs, couvertes par les feuilles des *Glyceria fluitans* (Brouille), *Potamogeton natans*, *P. fluitans*, *Nuphar luteum*, etc., les nombreuses espèces de :

Elatine Alsinastrum, E. hexandra *D C.*, E. major *Br.*, Isnardia palustris, Trapa natans, Myriophyllum verticillatum, M. spicatum, Callitriche vernalis *Kutz.*, C. stagnalis *Scop.*, C. tenuifolia *Pers.*, Ceratophyllum demersum, C. submersum, Hippuris vulgaris, Hydrocotyle vulgaris, Helosciadium inundatum, Hottonia palustris, Villarsia nymphoides, Utricularia vulgaris, Littorella lacustris, Hydrocharis morsus-ranæ, Butomus umbellatus, Sagittaria sagittæfolia, Alisma Plantago, A. lanceolatum, A. Damasonium, A. natans, Sparganium ramosum, Sp. simplex, Scirpus acicularis, Sc. ovatus *Roth.*, Sc. fluitans, Sc. Michelianus, Sc. supinus, Marsilia quadrifolia, Pilularia globulifera, Lemna trisulca, L. gibba, Chara fragilis *Desv.*, Ch. flexilis *Vill.*, Ch. syncarpa *Thuill.*, etc.

Il faut noter ici les modifications périodiques remarquables qu'on observe dans la végétation des sols à étangs, par suite de l'alternance de leur culture en eau et en assec ; indépendamment de la disparition pendant l'assec des plantes aquatiques (*Villarsia*, *Potamogeton*, *Chara*, etc.), on remarque que certaines espèces hygrophiles ne se montrent qu'à des intervalles plus ou moins éloignés ; certaines espèces, par exemple, apparaissent seulement l'année qui suit le retrait des eaux (*Rumex maritimus*, *Scirpus Michelianus*, *Carex cyperoides*, etc.)

Divisions et localités principales. — Bien que la plupart des stations que nous venons d'énumérer et les espèces qu'elles renferment se retrouvent dans toute l'étendue du plateau bressan, cependant on observe quelques modifications dans la flore dues à l'abondance ou à la rareté des étangs, à la prédominance des bois ou des prairies marécageuses, etc., dans les différentes parties de la région.

C'est surtout dans la *zône centrale* ou région à étangs proprement dite (Saint-André-de-Corcy, Montribloud, Saint-Marcel, Birieux, Bouligneux, le Plantay, Marlieux, etc.), que la végétation hygrophile indiquée plus haut est la mieux représentée. Signalons seulement, comme plus rares : *Elatine major* Br., *Peplis Timeroyi* Jord., *P. Boræi* Guep., *Scirpus pauciflorus* Lightf., *Alisma arcuatum* Mich., *Pilularia globulifera*, à Montribloud, au Plantay, etc.

Le bord oriental, les environs de Bourg-en-Bresse n'ont presque pas d'étangs, mais, des cultures, des prairies marécageuses (bords de la Reyssouze, du Jugnon, de la Veyle, sous Saint-Denis et Corgenon), où l'on trouve comme plantes intéressantes :

Elatine major Br., *Comarum palustre*, *Hottonia*, *Rhynchospora alba* Vahl., *Scirpus Michelianus*, *Carex Pseudocyperus* ; *Ranunculus hederaceus*, *Sedum villosum*, *Lycopodium inundatum*, *Osmunda regalis*. — Citons encore la Forêt de Seillon, où l'on peut récolter : *Cardamine amara*, *Ranunc. lanuginosus*, *Galium silvaticum*, *Teucrium Scordium*, *Scutellaria hastifolia*, *Sc. minor*, *Narcissus Pseudonarcissus*, *Carex brizoides*, *Blechnum spicant* Roth, *Lycopodium clavatum*, etc. et l'*Alisma parnassifolium*, dans les étangs sous Seillon et à la Chambrière.

La partie septentrionale — environs de Marboz, de Saint-Trivier-de-Courtes, etc., — est surtout caractérisée par des bois frais, des vallées (Solnan, Reyssouze, etc.) à prairies marécageuses, dont la végétation se rapproche de celle de la Bresse louhannaise et jurassienne : indiquons seulement à Marboz : *Alopecurus utriculatus*, *Osmunda regalis*.

Polystichum oreopteris D C., *Lycopodium clavatum*, etc.

Sur son bord occidental, nous nous bornerons à signaler les étangs de Vescours, Chevroux, Genoud, ainsi que les bruyères tourbeuses de Gâché situées au voisinage de ce dernier, où l'on trouve : *Drosera intermedia* Hayn., *Gentiana Pneumonanthe*, *Spiranthes æstivalis* Rich , *Scirpus fluitans*, *Juncus capitatus* Weig., *Sparganium minimum* Fr., *Polystichum Thelipteris*, *Polypodium Phegopteris*, *Osmunda regalis*, *Lycopodium inundatum*, etc.

Enfin, à l'extrémité méridionale de la Dombes, on remarque, s'avançant dans la région des coteaux, les marais de Sainte-Croix (sur les bords de la Sereine, au-dessus de Montluel), et les prairies tourbeuses (*tourbes immergées*) de la cuvette des Echets (voy. p. 28 et 125), qui renferment la plupart des plantes énumérées plus haut et particulièrement :

Viola stagnina Kit., *V. stricta* Horn., *V. elatior*, *Polygala austriaca* Cr., *Drosera longifolia*, *Comarum*, *Hydrocotyle*, *Limosella*, *Liparis*, *Schœnus nigricans*, *Cladium Mariscus*, *Rhinchospora alba*, *Carex paradoxa*, *C. paniculata* Willd., *C. filiformis*, *C. Hornschuchiana* Hoppe, etc. — Notons encore : *Campanula cervicaria*, *Salix ambigua*, *Lycopodium clavatum*, dans le bois des Volières, et le rare *Scabiosa australis* Wulff., à la Saulsaie.

3° RÉGION MONTAGNEUSE

La région montagneuse du département fait partie, comme on l'a vu précédemment (p. 34), du massif du Jura, dont elle représente l'extrémité méridionale : mais, de même que pour l'orographie, la géologie et le climat, la végétation du Jura méridional (bugeysien, bressan et genevois) présente à la fois de nombreuses analogies et de notables différences avec celle du Jura central qui l'avoisine. On peut d'abord résumer ainsi qu'il suit ses particularités topographiques, géologiques et climatologiques.

TOPOGRAPHIE. — Chaines parallèles dirigées en général du N.-N.-E. au S.-S.-O., dans la partie septentrionale (ch. du Reculet, de Chalam, d'Oyonnax, etc.), du N. au S. dans la partie moyenne (ch. du Grand-Colombier, de Mazières, de l'Avocat, du Revermont), du N.-N.-O. au S.-S.-E. dans la partie la plus méridionale, d'Ambérieu à Cordon (ch. de Souclin, du Molard-de-Don, de Tantaine) ; — brisées par des cassures transversales dont les principales sont les vallées de Nantua à Bellegarde, de Cerdon, d'Ambérieu à Rossillon, de Lagnieu à Cordon et Pierre-Châtel. On reconnait, comme conséquence de cette disposition, deux sortes de vallées dont les allures, le climat et la végétation sont très distincts : 1° Des vallées longitudinales, à direction exactement N.-S., dont les deux versants également inclinés, boisés ou cultivés (v. du Rhône de Bellegarde à Culoz, de la Valserine, du Valromey, de Belley, de Hauteville, du Suran, etc.), ou abruptes (v. de l'Ain, etc.), possèdent une exposition et une flore presque identiques ; 2° Des vallées longitudinales dirigées au N.-E. ou au N.-O. (Haut-Jura, Bugey méridional), et des vallées transversales (énumérées plus haut) dont les deux versants contrastent manifestement : sur le versant *nord* (côté de l'envers), les forêts, les plantes montagnardes sont abondantes et descendent plus bas; sur le versant *sud* (côté du droit), les cultures, les arbres fruitiers remontent au contraire plus haut, et des plantes thermophiles, propres aux régions méridionales, peuvent y croitre dans les stations bien exposées.

L'altitude de ces chaines varie de 300m à 1,723m; rappelons qu'elle est d'autant plus grande qu'on se rapproche davantage du bord oriental du massif (voy. p. 36); on a, en effet, de l'O. à l'E., de la plaine bressane au Rhône, d'abord la falaise et les premiers plateaux du Revermont et du Bas-Bugey, avec 500 et 600 mètres d'altitude, soit 300m d'élévation moyenne, au-dessus de la plaine; puis les plateaux ou chaînes de Grand-Corent, des Côtes-de-l'Ain, de Corlier, de Montgriffon, etc., dont l'altitude varie de 600 à 1,000m et sur lesquels se détachent les sommets de Nivigne (771m), Luisandre (809m), Souclin (820m); plus en arrière, les montagnes de Champfromier (1,260m), Mont-d'Ain (1,031m), l'Avocat (1,017m), du Mont-Jargoy (1,084), des Moussières à Planachat (1,237) et Genevray (1,030m), du Molard-de-Don (1,219m); enfin, la chaîne du Grand-Colombier (1,534m), de Retord et de la Michaille, le Crêt-de-Chalam (1,548m), celle du Mont-Jura proprement dit, atteignant 1,691m au Colombier de Gex, 1,720m et 1,723m au Reculet et au Crêt-de-la-Neige. Les différences dans la température, dans la somme de chaleur moyenne qui va toujours en diminuant à mesure qu'on s'élève au-dessus du niveau de la mer, déterminent des différences correspondantes dans la végétation et nous font admettre avec la majorité des botanistes jurassiens (Thurmann, Grenier, etc.) *trois zones d'altitude*, ainsi caractérisées ;

I. *Zone inférieure*, de 300 à 800m, pouvant se subdiviser en :

A. *Z. du vignoble* ou des coteaux, au-dessous de 400m, rappelant la végétation de coteaux méridionaux des vallées du Rhône et de la Saône ; culture de la Vigne, de toutes les céréales, du Maïs, des arbres fruitiers ; abondance des Noyers, Chênes, Hêtres ; pas de Sapins ;

B. *Z. moyenne*, des basses-montagnes, ou des premiers plateaux, de 400 à 800m ; culture de toutes les céréales ; mais la Vigne y devient rare ou nulle ; les arbres fruitiers donnent des produits souvent incertains ; Noyers, Chênes, Hêtres ; Sapins disséminés à la partie supérieure.

II. *Zone montagneuse* ou des *Sapins* (deuxièmes plateaux), de 800 à 1,500m ; absence du Maïs, de la Vigne ; rareté du Froment, des arbres fruitiers, du Noyer, du Chêne, culture abondante de l'Orge et de l'Avoine ; Hêtres, Sapins, puis Épicéas en *forêts ;* tourbières.

III. *Zone alpestre*, ou des *hauts-pâturages*, de 1,500 à 1,720m ; absence de toute culture ; disparition progressive de toute végétation arborescente.

GÉOLOGIE. — La plus grande partie de la région est constituée par les *terrains jurassiques* représentés depuis le trias jusqu'au crétacé (voy. p. 40, puis 138 et seq.), donnant des sols en général très perméables en grand et par conséquent très secs, à composition presque exclusivement calcaire et dont la végétation est éminemment *xérophile* et *calcicole ;* tels sont les caractères généraux, mais il importe de faire remarquer qu'on observe dans beaucoup de points, sur des surfaces ordinairement restreintes, il est vrai :

1° Des sols siliceux, dus aux chailles de l'oxfordien, aux silex du crétacé, aux dépôts alpins du terrain glaciaire, qui permettent la culture des Châtaigniers et la croissance de plantes *silicicoles*, telles que les Genêts à balai, les Bruyères, la Tormentille, etc., au milieu de la végétation calcicole caractéristique du Jura ;

2° Des sols plus ou moins hygroscopiques ou imperméables, comme les marnes liasiques, oxfordiennes ou kimméridgiennes alternant avec les strates rocheuses, surtout dans les combes, — les sables molassiques du bassin de Belley et de la vallée du Rhône, — la boue glaciaire, les moraines déposées dans les vallées, en travers des cluses, ou en placages sur le flanc des montagnes, jusqu'à l'altitude de 1.200m ; ces divers terrains favorisant la formation de prairies humides, de marais, de lacs (bassin de Belley, etc.), de seignes et marais à *tourbe émergée* (Oyonnax, Colliard, Malbroude, Vély, etc.), dont la flore *hygrophile* contraste avec la végétation ordinairement xérophile de la région.

Climatologie.— Par suite des conditions diverses d'altitude, d'orientation, d'exposition, etc., que présentent les différentes parties de la région montagneuse, son climat se subdivise en climats secondaires qui ont été ainsi établis par Thurmann :

1° Climat *boréal*, à température moyenne annuelle inférieure à 8° ; cultures médiocres ou nulles ; cependant quelques plantes potagères (Choux, Laitues, etc.) peuvent être cultivées autour des chalets ; ce climat est celui de la zone alpestre et de la plus grande partie de la zone des Sapins ;

2° Climat *froid*, à moyenne annuelle de 8° à 9° ; absence de la Vigne ; céréales abondantes. Ce climat correspond à la zone moyenne (basse-montagne et plateaux) ;

3° Climat *moyen :* température de 9° à 10° : culture de la Vigne sur les pentes, de toutes les céréales, etc. C'est le climat de la plus grande partie de la zone inférieure, des collines sèches à Buis, *Coronilla Emerus*, etc., du Revermont et du Bas-Bugey, des vallées moyennes du Haut-Bugey, etc.;

4° Climat *chaud :* tempér. de 10° à 11° ; Vignes, Maïs, etc. Ce climat entoure le massif montagneux d'une ceinture continue depuis Coligny au N. et à l'O., jusqu'à Gex, à l'E., en suivant les pentes des collines sèches à *Cytisus Laburnum, Acer opulifolium, Saponaria ocimoides*, etc., du Revermont, du Bas-Bugey, etc.;

5° Climat *austral :* temp. de 11° à 12° ; Vignes, Châtaigniers, Mûriers ; ce dernier climat, caractérisé par la présence de plantes thermophiles (*Pistacia Terebinthus, Rhus Cotinus, Osyris alba*, etc.) s'observe dans la partie la plus méridionale du Bugey, principalement dans la gorge du Rhône (de Saint-Sorlin, Villebois à Pierre-Châtel, et même au Fort-de-l'Ecluse), dans la vallée de l'Ain, jusqu'à Cerdon ; on le retrouve aussi dans les expositions chaudes du bassin de Belley (Muzin, etc.), et des vallées transversales de Saint-Rambert à Tenay, de Nantua, etc.

Caractère et distribution de la végétation. — Tenant compte des diverses particularités topographiques, géologiques et climatologiques que nous venons de résumer brièvement, nous étudierons dans la région montagneuse la végétation particulière de chacune des *trois zones d'altitude,* en distinguant dans la zone inférieure les deux sous-régions des *vallées chaudes* du Bugey méridional et du *bassin de Belley,* bien distinctes par le climat et par la flore.

I. *Zone inférieure : vignoble et premiers plateaux.*

La végétation jurassique diffère complètement, dans l'ensemble de sa composition, de celle des deux régions que nous avons étudiées jusqu'à présent dans le département, et particulièrement de la flore de la Bresse ; aussi, dès qu'on quitte la plaine pour atteindre les premiers gradins de la montagne, observe-t-on un contraste frappant, reconnu du reste par le dicton populaire que les *Genettes ne montent pas et que les Bois-de-Chèvre ne descendent pas ;* ce contraste est dû, en effet, à la disparition des *Sarothamnus vulgaris* (Genettes), *Hypericum pulchrum, Aira flexuosa,* etc., si communs sur les terrains siliceux de la Bresse et à l'apparition des *Cytisus Laburnum* (Bois-de-Chèvre), *Coronilla Emerus, Cerasus Mahaleb, Sesleria,* etc., et autres caractéristiques de la végétation jurassique.

Ce sont surtout les *Crêts rocheux*, — formés par les affleurements abruptes de l'Oolithe, du Corallien ou du Portlandien dans le Revermont (environs de Coligny, Treffort, Drom, Ceyzériat, Saint-Martin-du-Mont, etc.), et dans le Bas-Bugey (Jujurieux, Ambronay, Ambérieu, Saint-Sorlin, etc.), constitués plus particulièrement par le Valangien et le Néocomien, lorsqu'on pénètre plus avant dans l'intérieur du massif (bassin de Belley, Valromey, etc.), — ainsi que les *pelouses* les recouvrant et les *éboulis* s'étendant à leur base, qui possèdent cette végétation caractéristique, éminemment *xérophile* et *calcicole*.

On observe, en effet, sur les rochers couronnés par *Cytisus Laburnum*, *Coronilla Emerus*, *Amelanchier vulgaris*, *Sorbus Aria*, *Acer opulifolium*, *Buxus sempervirens*, *Cerasus Mahaleb*, *Cytisus capitatus*, etc., dans leurs fentes, dans les éboulis, dans les taillis :

Saponaria ocimoides, Rumex scutatus, Sedum dasyphyllum, Melica glauca *Schult.*, Dianthus saxicola *Jord.*, Arabis alpina, Sesleria cærulea, Ceterach officinarum, Asplenium Halleri, Polypodium calcareum.... dans les fentes des rochers, les rocailles; — Helleborus fœtidus, Ruscus aculeatus, Aster Amellus, Campanula persicifolia, C. rapunculoides, Lithospermum purpureo-cæruleum, Geranium pyrenaicum, Fragaria collina, Digitalis grandiflora, D. lutea, Arabis Turrita, Orobus vernus, Lactuca perennis, L. muralis, Daphne Laureola, D. Mezereum, Lilium Martagon, Mercurialis perennis, Scilla bifolia, Bromus asper, B. giganteus, Carex digitata.... dans les bois taillis; — Linum tenuifolium, Gypsophila saxifraga, Sedum reflexum, S. sexangulare, Genista pilosa, Epilobium rosmarinifolium, Galium myrianthum *Jord.*,

Carlina acaulis, Artemisia campestris, Pyrethrum corymbosum, Chondrilla juncea, Lactuca saligna, Digitalis lutea, Scrofularia canina, Teucrium montanum, Carex humilis, C. gynobasis.... dans les lieux arides, les graviers, les éboulis, et moins répandues, Centranthus angustifolius, Erysimum ochroleucum, Silene glareosa *Jord.*, Scrofularia Hoppii *Koch*, Sideritis hyssopifolia, Hieracium staticifolium, Ononis natrix, etc.

Les *pelouses* arides qui garnissent les lieux incultes des premiers plateaux sont constituées principalement par les espèces suivantes :

Fumana procumbens, Helianthemum vulgare, H. obscurum, H. pulverulentum, Cerastium arvense, Polygala comosa, Geranium sanguineum, Anthyllis vulneraria, Trifolium medium, T. alpestre, T. rubens, Peucedanum Cervaria, Seseli montanum, Trinia vulgaris, Globularia vulgaris, Cirsium acaule, Antennaria dioica, Inula salicina, Chlora perfoliata, Gentiana Cruciata, G. germanica, G. ciliata, Echinospermum Lappula, Odontites lutea, Veronica spicata, V. prostrata, Brunella grandiflora, B. alba, Thesium humifusum, Phalangium Liliago, Ph. ramosum, Orchis hircinus, O. militaris, O. Simia, O. pyramidalis, O. purpureus, Ophrys Anthropophora, O. aranifera, O. arachnites, O. apifera, O. muscifera, Carex montana, Festuca glauca, etc.

Citons encore dans les cultures, moissons, vignes, etc.

Caucalis daucoides, Scandix Pecten, Crassula rubens, Bupleurum rotundifolium, Geranium lucidum, Asperula arvensis, Galium tricorne, Valerianella carinata et autres, Centaurea solstitialis (erratique), Lactuca saligna, Physalis Alkekengi, Euphorbia falcata, etc., et dans les haies : Cucubalus bacciferus, Sedum Cepæa, Rosa agrestis, Iris fœtidissima.

Les stations fraiches sont représentées par des *bois* occupant les flancs des vallées, les combes marneuses ; on y trouve, sous l'ombrage des Chênes, Érables, Frênes, etc., des Hêtres (dans les parties supérieures), qui en constituent les essences principales :

Anemone ranunculoides, Aconitum lycoctonum, Actæa spicata, Cardamine impatiens, Dentaria pinnata, Hypericum montanum, H. hirsutum, Orobus niger, Spiræa Aruncus, Circæa lutetiana, Chærophyllum aureum, Sanicula europæa, Adoxa, Galium silvaticum, Lactuca muralis, Calamintha officinalis, Stachys alpina, Veronica montana, Atropa Belladonna, Maianthemum bifolium, Paris quadrifolia, Epipactis ovata, E. lancifolia, E. rubra, E. latifolia, Luzula maxima, L. nivea, Aspidium aculeatum, Cystopteris fragilis, et, plus disséminées, se trouvent surtout dans le Bugey : Salvia glutinosa, Doronicum Pardalianches, Erythronium Dens-Canis ; enfin dans les rochers humides, sur le bord des ruisseaux : Mœhringia muscosa, Dipsacus pilosus, Cirsium oleraceum, Hieracium prœaltum, Epilobium spicatum, Molinia cœrulea, etc.

La flore des *prairies* ne présente rien de caractéristique dans cette zone, si ce n'est l'apparition, dans les parties humides, de quelques espèces de la zone montagnarde : *Parnassia palustris, Cirsium bulbosum, Fritillaria Meleagris, Narcissus poeticus*, etc.

Du reste, à mesure qu'on s'élève sur les premiers plateaux et qu'on approche de la zone des Sapins, certaines plantes abondantes dans cette dernière région commencent à se montrer plus ou moins bas ; ce sont, par exemple :

Erinus alpinus, Kernera saxatilis (auriculata), Draba aizoides, Cytisus alpinus, Saxifraga Aizoon, Hieracium amplexicaule, H. pulmonarioides, H. Jacquini, etc., dans les rochers ; — Artemisia Absinthium, Arabis alpestris, A. auriculata, Senecio viscosus, Rubus saxatilis, etc..., dans les éboulis ; — Polygonatum verticillatum, Sambucus racemosa, Senecio flosculosus, Chrysanthemum maximum, C. montanum, Buphthalmum salicifolium, Laserpitium latifolium, L. Siler, Lychnis silvestris, Prenanthes purpurea, Asarum europæum, etc., avec les bois de Hêtres ; — Alchemilla vulgaris, Athamantha cretensis, Erigeron alpinus, Euphrasia salisburgensis, dans les pelouses.

Cette dernière énumération caractérise la végétation qui domine dans tous les points des vallées et des plateaux situés entre le Revermont, les rivières d'Ain et de l'Ange (environs d'Izernore, d'Oyonnax, de Volognat, etc.), aux altitudes de 500 à 800 mètres; sur les plateaux de Corlier, Montgriffon, Evosges, dans les vallées de Charabottes, Hauteville, Thézillieu, dans tout le massif compris entre Ambérieu, Lagnieu, le Rhône, Ambléon et Rossillon et les basses montagnes du bassin de Belley, aux altitudes de 500 à 1,000 mètres.

Quelques espèces rares, disséminées dans un petit nombre de stations ou spéciales à certaines parties du département, demandent une mention particulière ; citons :

Primula grandiflora Lamk., abondant dans le Bugey méridional, jusqu'à Pont-d'Ain, manquant dans le nord du département et dans celui du Jura ; *Orobus niger*, *Potentilla caulescens*, *Cornus mas*, *Chrysanthemum corymbosum*, propre aussi au Bugey méridional (env. de Belley, Tenay, Lhuis, etc.) ; *Isopyrum thalictroides*, vallées des env. de Belley, Saint-Rambert, etc.; *Sisymbrium Sophia*, disséminé dans les champs sablonneux du Revermont, des env. de Tenay, Nantua, *Senebiera Coronopus* dans les lieux pierreux du Bugey ; *Asarum europæum* dans les bois du bassin de Belley, du Valromey, des env. de Hauteville, Gex ; *Erythronium Dens-Canis* dans les bois secs, et *Leucoium vernum* dans les bois marécageux du Bugey (env. de Belley, Tenay, Saint-Rambert, Ambérieu, etc), du Valromey, des env. de Nantua (Mont-d'Ain, Neyrolles, Maillat), du Revermont (Drom, Ramasse, etc)., du pays de Gex ; *Fritillaria Meleagris*, dans les prés humides, sur les bords de l'Albarine (Brénod, Champdor, Hauteville, Chaley, Saint-Rambert), dans les env. de Nantua (Le Mont, La Tour, La Cluse) ;

— Plus rares encore : *Doronicum Pardalianches*, dans les bois des env. de Thoiry et de Belley (Lit-au-Roi, Errefontaine, Lavours) ; *Thalictrum majus*, lacs des Hôpitaux, Artemare ; *Thlaspi silvestre* Jord., Nantua, Gex ; *Helianthemum apenninum* Gaud., *Hieracium ligusticum* Fr., *Salix Pontederana* Gaud., au Fort de l'Ecluse ; *Valeriana sambucifolia* Mich., bords du Gland, à Saint-Benoît ; *Carlina acanthifolia* Bor., sous la roche aux Penthières, près de Treffort ; *Inula Helenium*, à Saint-Martin-du-Mont ; *Hieracium cymosum*, de Tenay à Hostiaz, *H. Liottardi* Vill., à Culez, *H. rupestre* All., à Innimont ; *Scrofularia Ehrharti* Stev., dans la v. de la Valserine et à Thoiry ; *Ajuga pyramidalis*, à Muzin près Belley ; *Muscari botryoides*, sur les bords de l'Albarine, à Vaux et Saint-Denis ; *Carex brevicollis* D. C., au-dessus de Coron, près Belley et au-dessus de Tenay.

Dans beaucoup d'endroits de la zone inférieure, les roches jurassiques sont recouvertes par des placages de terrains glaciaires ; lorsque les éléments siliceux (quartzites, roches feldspathiques de l'erratique alpin) prédominent dans ces dépôts, la végétation qu'ils supportent contraste vivement avec la flore normale de la région ; on voit, en effet, apparaître au voisinage des *Cerasus Mahaleb*, *Buxus*, *Coronilla Emerus*, *Cytisus Laburnum*, les espèces caractéristiques de la plaine, Sarothamnes, Bruyères, les Grandes Fougères (*Pteris*) les *Luzula silvatica*, *Danthonia decumbens* et plus rarement : *Genista anglica*, *Lathyrus silvestris*, *Hypericum pulchrum*, *H. Androsæmum*, *Senecio silvaticus*, *Hieracium umbellatum*, etc.

Ces modifications du sol, et la végétation qui les caractérisent, s'observent généralement sur des surfaces de peu d'étendue (*contrastes* en petit), dans beaucoup de points du Revermont et des premiers plateaux (Saint-Amour, Ceyzériat, déjà cités par Thurmann ; collines d'Ambronay etc.), dans le massif de la Chartreuse de Portes (surtout dans ses parties inférieures, Saint-Sorlin, Lagnieu, Saint-Rambert, etc.), dans tout le bassin de Belley, dans le Valromey, le pays de Gex, etc.; souvent, l'erratique alpin est réduit à des *blocs* épars (phyllades, gneiss etc.), qui se distinguent au milieu des rochers calcaires par leur végétation lichénique spéciale (*Lecidea geographica*, etc.) et même par la présence de l'*Asplenium septentrionale*, Fougère des régions granitiques (à Inimont, par exemple). Ajoutons que l'erratique peut être local, c'est-à-dire formé par des rochers calcaires de la région, et que, dans ce cas, sa végétation ne diffère de celle des terrains autochtones que par l'abondance des espéces pélo-psammophiles, *Scrofularia canina*, *Ononis natrix*, etc.

Sous-région des vallées chaudes du Bugey méridional. — Comme on l'a vu dans les particularités topographiques et climatologiques de la région montagneuse, les vallées suivantes : — v. transversale du Rhône, de Lagnieu à Pierre-Châtel par Saint-Sorlin, Villebois, Serrières, Briord, Lhuis, Groslée, Saint-Benoît ; v. transversale de l'Albarine et du Furens, d'Ambérieu à Rossillon ; les coteaux et les flancs bien exposés au midi des montagnes du bassin de Belley (de Virieu-le-Grand à Artemare et Culoz, de la roche de Muzin, du Lit-au-Roi, de la montagne de Parves), — possèdent, grâce à leur exposition méridionale et aux parois qui les protègent contre le vent du nord, un climat chaud particulier (Observations de

De Saussure, Sauvaneau, Fournet, Thurmann), qui permet à des colonies de plantes thermophiles de s'établir en pleine montagne.

Celles de ces plantes qu'on rencontre dans presque toutes les localités chaudes qui viennent d'être énumérées sont :

Hutchinsia petræa *R. Br.*, Arabis auriculata, Draba muralis, Æthionema saxatile *R. Br.*, Acer monspessulanum, Rhamnus saxatilis, Ononis Columnæ, Potentilla rupestris, Ptychotis heterophylla *Koch*, Galium corrudæfolium *Vill.*, G. myrianthum *Jord.*, Knautia Timeroyi *Jord.*, Kentrophyllum lanatum *Duby*, Chrysocoma Linosyris, Artemisia virgata *Jord.*, Micropus erectus, Carpesium cernuum, Inula squarrosa, Anchusa italica, Osyris alba, Limodorum abortivum, Stipa pennata, etc., sans compter les Helianthemum pulverulentum, Dianthus silvestris (saxicola *Jord.*), Silene italica, Scrofularia canina, Orchis purpureus, Carex pilosa, etc., remontant jusque dans le Revermont et le Jura.

Les autres espèces ont une extension géographique moins grande ou n'ont été trouvées (jusqu'à présent et pour la région), que dans les localités qui suivent :

Dans la *vallée du Rhône*, à Serrières, Lhuis, Cordon, etc., ce sont :

Helianthemum velutinum, Iberis umbellata (collina *Jord.*), Pistacia Terebinthus, Rhus Cotinus, Cytisus argenteus, Bupleurum junceum, Laserpitium gallicum, Inula montana, Lactuca viminea *Link*, — et plus spécialement à *Serrières :* Clypeola Jonthlaspi, Biscutella chicoriifolia *Lois.*, B. lævigata, Geranium minutiflorum *Jord*, Pulsatilla nigella *Jord.*, Leontodon crispus ; — à *Saint-Sorlin* : Centaurea Crupina ; — à *Glandieu :* Adiantum Capillus-Veneris ; — à *Pierre-Châtel :* outre les Hutchinsia, Æthionema, Acer monspessulanum, Chrysocoma, Carpesium, etc., les Pistacia Terebinthus, Sedum altissimum, Tordylium maximum, Trinia vulgaris, Linaria arvensis, Asperugo procumbens, Stipa capillata, Adiantum.

Dans le *Bassin de Belley*, particulièrement à la montagne de Parves, au Lit-au-Roi, etc. :

Pistacia Terebinthus, Potentilla rupestris, Seseli coloratum *Ehrh.*, Bupleurum junceum, Lonicera etrusca *Santi*, Kentrophyllum lanatum, Inula squarrosa, I. montana, Osyris, Quercus apennina, Thesium divaricatum, Festuca serotina, Nardurus tenellus, Limodorum, etc.; — et spécialement à *Muzin* : outre les Draba muralis, Æthionema, Acer, Pistacia, Chrysocoma, etc., Pulsatilla rubra, Clypeola Jonthlaspi, Linum gallicum, Hysopus officinalis, Satureia montana, Lavandula vera, etc.; — Adiantum, à Bons; Tulipa silvestris, à Saint-Germain.

Dans la gorge d'Ambérieu à Rossillon, citons comme exemple : *Clypeola Jonthlaspi, Helianth. velutinum*, à la Craz-du-Reclus, près Tenay ; *Lonicera etrusca*, au Mont-Jargoy ; *Festuca serotina*, de Tenay à Chaley ; *Erysimum australe* Gay, *Lactuca viminea*, de Tenay à la Burbanche ; et plus loin, à Virieu-le-Grand : *Trinia vulgaris, Campanula Medium, Hyssopus, Glaucium luteum, Iberis umbellata (Lamottei* Jord.), *Nardurus tenellus*, etc.; l'*Adiantum* à Cerveyrieu et au Groin ; les *Limodorum, Ruta graveolens*, de Béon à Talissieu ; enfin, au-dessus de Culoz : *Biscutella chicoriifolia, Asperula taurina, Centaurea Crupina.*

Plusieurs des plantes thermophiles que nous venons d'énumérer peuvent du reste s'avancer plus au nord dans le Jura, en suivant les coteaux secs du Revermont, les vallées de l'Ain et du Rhône ou en profitant des expositions favorables que renferment les vallées transversales du Haut-Bugey. C'est ainsi qu'on rencontre encore à Ambronay, Pont-d'Ain : *Biscutella lævigata, Sedum anopetalum, Trinia vulgaris*, etc.; le *Centaurea col-*

lina, dans le vallon d'Oussiat; les *Ranunculus chærophyllos, Bupleurum aristatum*, au-dessus de Treffort; à Neuville-sur-Ain, l'*Orlaya grandiflora;* à Cerdon, le *Laserpitium gallicum*; à Thoirette, les *Glaucium luteum, Ptychotis heterophylla, Anchusa italica*, etc.; — dans les environs de Nantua, le Mont, Sylans : *Pulsatilla propera* Jord., *Iberis umbellata* (*Violetti* Jord.), *Sedum anopetalum, Galium myrianthum, Inula squarrosa;* à Oyonnax et Dortan, les *Rhamnus saxatilis, Asperula tinctoria;* à Saint-Germain-de-Joux, le *Crepis nicæensis* Balb.; — enfin au Fort de l'Ecluse : *Erysimum perfoliatum, Æthionema saxatile, Acer monspessulanum, Trinia vulgaris, Micropus erectus*, etc.

Les grèves des bords de l'Ain et du Rhône renferment, de plus, des associations de plantes spéciales qui se maintiennent jusqu'aux limites du département ; parmi les espèces qui suivent ainsi la rivière d'Ain jusqu'à Thoirette, on peut citer : *Thalictrum majus, Th. medium, Reseda Phyteuma, Rhamnus saxatilis, Coronilla minima, Ononis natrix, Hierniara glabra, H. hirsuta, Peucedanum Oreoselinum, Scabiosa suaveolens, Scrofularia canina, Anchusa italica, Thesium divaricatum, Euphorbia Gerardiana, Plantago Cynops, Alnus incana, Salix incana*, etc. — De même sur les bords du Rhône, on rencontre : *Hutchinsia petræa, Erucastrum, Ononis natrix, Sedum anopetalum, Scrofularia canina, Anchusa italica, Ptychotis heterophylla, Plantago serpentina, Pl. cynops, Hippophae rhamnoides, Euphorbia Gerardiana, Alnus incana*, etc. Notons particulièrement l'*Hepatica triloba*, descendu sous le Fort de Pierre-Châtel.

Bassin ou cirque de Belley. — Limité par les hautes montagnes du Grand-Colombier, de Virieu et d'Armix au nord, par le Molard-de-Don et Tantaine à l'ouest, par le Rhône et le Mont-du-Chat au sud et à l'est, le cirque de Belley possède une végétation remarquablement riche et variée, grâce au voisinage des montagnes qui l'entourent, au climat chaud, à l'exposition méridionale de ses collines, et à la présence, dans sa partie centrale, de dépôts tertiaires, sables molassiques et terrains erratiques, sur lesquels croissent de nombreuses espèces silicicoles ou hygrophiles qu'on ne rencontre pas habituellement dans le reste du Jura. On peut y distinguer : une ceinture extérieure de collines jurassiques ; un bassin molassique central ; les alluvions des marais de Lavours et des bords du Rhône.

I. La ceinture de chaines calcaires parallèles qui entourent le bassin molassique, comprend : 1° Au pied du Molard-de-Don et de Tantaine, les ch. de Contrevoz à Saint-Bois par Saint-Germain-les-Paroisses, Thoys, Arbignieu ; 2° les ch. qui s'étendent de Virieu-le-Grand à Pierre-Châtel, de Pugieu à Magnieu, de Vongnes à Saint-Champ, Muzin et Parves.

Leurs escarpements (coralliens, portlandiens, valangiens et néocomiens), leurs éboulis, les pelouses, ont la flore caractéristique de la zone inférieure, à *Cytisus Laburnum*, *Amelanchier*, *Saponaria ocimoides*, *Rumex scutatus*, étudiée plus haut (p. 399). Notons l'abondance des *Orchis*, *Ophrys*, *Cornus mas*, *Chysanthemum corymbosum*,

Gentiana Cruciata, *Erythronium Dens-Canis*, *Carex pilosa*, *Polypodium calcareum* ; — la présence du *Carex brevicollis*, au-dessus de Coron, de l'*Ajuga pyramidalis* à Muzin, des *Helianthemum canum*, *Potentilla caulescens*, *Hieracium staticifolium*, *Melampyrum cristatum*, *Narcissus incomparabilis*, à Pierre-Châtel.

Dans les bois frais des vallons (oxfordien, erratique, etc.), surtout dans les environs de Saint-Germain (Praillon, Errefontaine, Thoys), du Lit-au-Roi, etc., on retrouve aussi l'association d'espèces indiquées plus haut (p. 401), pour les bois de la zone inférieure; signalons cependant la fréquence des *Aconitum lycoctonum*, *Anemone ranunculoides*, *Spiræa Aruncus*, *Adoxa*, *Dipsacus pilosus*, *Salvia glutinosa*, *Doronicum pardalianches*, *Asarum*, etc., et, dans les parties marécageuses, des *Parnassia*, *Leucoium vernum*, *Carex maxima*.

On y remarque, de plus, les particularités suivantes :

De nombreux *lacs*, installés dans les dépressions des vallées, sur un sous-sol imperméable de boue glaciaire (lacs d'Armaille, de la Cuve, de Collomieu, Chavolay, Cressieu, Saint-Champ, de Bar), dont les eaux ou les marais à tourbes immergées, délaissés sur leurs bords, renferment une flore hygrophile semblable à celle des marais de la zone molassique, indiquée plus bas, *Spergula nodosa*, *Samolus Valerandi*, *Polygonum amphibium*, *Alisma ranunculoides*, *Spiranthes æstivalis*, etc.;

Des dépôts *glaciaires alpins*, plaqués sur les

flancs des montagnes, notamment au-dessus de Contrevoz, près de Parves, etc., sur lesquels croissent des espèces silicicoles caractéristiques, Bruyères, Tormentilles, Châtaigniers, et même les *Asplenium septentrionale* et *Breynii* (sur les blocs erratiques);

Enfin les expositions chaudes de Muzin, Lit-au-Roi, Pierre-Châtel, dont la flore caractérisée par le Pistachier, le Rouvet, etc., vient d'être étudiée dans le paragraphe précédent.

II. Le bassin tertiaire central, constitué par des sables molassiques que recouvre le terrain erratique, forme tout le plateau (de Belley) qui s'étend entre les vallées du Furens, de l'Oussons et la base de la montagne de Parves.

L'imperméabilité du sous-sol détermine sur les bords de ces deux rivières (au Pont-d'Andert, à la Croze, aux Ecassaz) et dans les dépressions du plateau (à Charignin, au Bac, à Magnieu), la formation de marais tourbeux dont la riche végétation est montrée par l'énumération suivante :

Ranunculus Lingua, Drosera longifolia, Epilobium palustre, Hippuris, Hydrocotyle, Isnardia, Peucedanum palustre, Peuc. carvifolia *Vill.*, Œnanthe, Senecio paludosus, Crepis paludosa, Samolus Valerandi, Menyanthes, Pedicularis palustris, Gratiola, Utricularia, Scutellaria, Orchis et Epipactis palustris, Liparis Lœselii, Schœnus nigricans, Cladium Mariscus, Scirpus compressus, Carex disticha, panicea, paniculata, Cyperus monti, C. longus, Sparganium minimum, Ophioglossum, Polystichum Thelipteris, etc.

De frais vallons, creusés dans les sables molassiques (l'Echoi, la Cervoise, etc.), sont garnis de bois à *Cardamine impaticus*, *Spirœa arnuncus*, *Dipsacus pilosus*, *Salvia glutinosa*, etc.

Enfin, la nature siliceuse des dépôts glaciaires alpins qui constituent le sol du bois de Chazey, de la forêt de Rothones, principalement, explique la présence, dans cette partie du Bugey, des plantes silicoles qui suivent :

Hyperium pulchrum, H. humifusum, Lathyrus silvestris, Lotus uliginosus, Cerasus Padus, Epilobium lanceolatum, Laserpitium pruthenicum, Filago minima, Gnaphalium silvaticum, Inula pulicaria, Hieracium umbellatum, Lysimachia nemorum, Erythræa pulchella, Veronica acinifolia, Stachys arvensis, Polygonum nodosum, Luzula silvatica, Aira elegans, Danthonia decumbens, etc.

Il est superflu d'insister sur l'analogie de cette végétation avec celle du plateau bressan.

III. Les marais de Lavours et les alluvions qui s'étendent de Culoz à Cressin et de Ceyzérieu au Rhône, possèdent la flore hygrophile et énumérée déjà plusieurs fois ; nous nous bornerons à indiquer : *Samolus Valerandi*, *Alisma ranunculoides*, *Triglochin palustre*, *Typha minima*, *Rhynchospora alba*, etc. et *Crepis paludosa*, *Pinguicula vulgaris*, descendus des montagnes.

Valromey et *Pays de Gex*. — La molasse et les dépôts glaciaires alpins s'observent encore sur des surfaces assez étendues dans les environs d'Artemare et dans le Valromey, le long du Rhône, de Seyssel à Châtillon-de-Michaille, et dans tout le pays de Gex, depuis le Rhône jusqu'à une ligne passant au-dessus de Collonges, Peron, Thoiry, Crozet et Gex, à l'altitude de 600 mètres.

Dans ces diverses localités, ces terrains sont accompagnés des plantes que nous avons déjà signalées dans les dépôts analogues (*Dipsacus pilosus*, dans les vallons boisés des environs d'Artemare ; *Ononis natrix*, *Hieracium staticefolium*, sur les alluvions glaciaires depuis Musset jusqu'à Hotonnes, etc.). Mais c'est surtout dans le pays de Gex que le terrain glaciaire, par son développement, son allure (moraines) et sa végétation, présente des analogies remarquables avec celui du bassin de Belley et de la cotière méridionale de la Dombes.

On trouve d'abord, dans les environs de Collonges, Peron, Thoiry, Ferney, Gex, etc., principalement sur les parties calcaires (erratique local et sols jurassiques), et grâce aussi à l'exposition et au climat : *Arabis muralis*, *Trinia vulgaris*, *Sedum Cepæa*, *Scabiosa Gramuntia*, *Anchusa italica*, *Scrofularia canina*, *Euphorbia falcata*, plantes méridionales remontant la vallée du Rhône ; l'*Hieracium staticifolium* dans les éboulis ; les *Trifolium rubens*, *T. alpestre*, *Orobus niger*, *Chlora perfoliata*, *Odontites lutea*, sur les coteaux secs (c. s. coteaux de la Pape, etc.). Notons encore *Actæa spicata*, *Dipsacus pilosus*, *Asarum europæum*, *Doronicum Pardalianches*, *Erythronium Dens-Canis* et autres plantes caractéristiques du Bugey.

C'est, de plus, à la nature siliceuse de certaines parties de dépôts glaciaires (erratique alpin), à leur imperméabilité ou à la molasse, qu'on doit de pouvoir récolter dans cette région, les *Lythrum Hyssopifolia*, *Lotus uliginosus*, *Senecio erraticus*, ainsi que les espèces suivantes indiquées dans les *marais de Divonnes :*

Peucedanum carvifolia *Vill.*, Laserpitium pruthenicum, Epilobium palustre, Peucedanum palustre, Cirsium oleraceum *Scop.*, C. tartaricum *D. C.*, Crepis paludosa, Rhinanthus *Gmel.*, Utricularia vulgaris, U. minor, Spiranthes æstivalis, Schœnus ferrugineus, Leeerzia orizoides, Palystichum Thelipteris.

Parmi les espèces rares, spéciales au pays de Gex ou qui y sont répandues, citons en dehors des *Rubus*, du *Scrofularia Ehrharti* Stev., déjà mentionné, et autres espèces de la région montagneuse, comme *Epilobium roseum*, *Pulmonaria saccharata* Mill., etc., les *Rosa dumosa* Puget, *Galium anglicum* Huds., *Verbascum crassifolium* D. C., *Mentha Ayassei* Desegl., *M. Weiheana* Op., dans les environs de Thoiry; *Thlaspi silvestre,* à Gex; *Rosa gallica*, à Ferney; et principalement le *Cyclanum europœum*, *Corydalis cava*, *Astragalus cicer*, qu'on doit au voisinage de la Suisse et de la Savoie.

II. ZONE DE LA MONTAGNE OU DES SAPINS.

Lorsqu'on s'avance dans l'intérieur du massif montagneux ou qu'on s'élève sur le flanc des hautes chaînes, à mesure qu'on approche de 700 à 800 mètres d'altitude, les Sapins (*Abies pectinata*), disséminés d'abord dans les bois de Hêtres, deviennent de plus en plus fréquents et constituent, partout où l'homme ne les a pas détruits et remplacés par des cultures, de vastes *forêts* abritant une nombreuse phalange de plantes spéciales à ces hauteurs. La végétation de cette zone se compose en effet :

1° Des plantes montagnardes que nous avons

déjà vu apparaitre à la partie supérieure de la zone précédente (p...) et qui peuvent du reste descendre, par les vallées et les cluses, à des altitudes très basses (vallées de Tenay à Charabottes, de Nantua, Silans, la Valserine, etc.): *Kernera saxatilis* Rchb., *Draba aizoides*, *Mœhringia muscosa*, *Cytisus alpisus*, *Cotoneaster vulgaris* et *tomentosa*, *Saxifraga Aizoon*, *Laserpitium Siler*, *Atamantha cretensis*, *Sambuens racemosa*, *Campanula pusilla* Hæncke, *Polypodium calcareum*, *Asplenium viridé*, etc.; de même que les espèces suivantes qui se trouvent aussi presque à toutes les hauteurs, depuis le vignoble jusqu'aux pâturages alpestres, principalement dans les rocailles bien exposées: *Erysimum ochroleneum* D. C., *Arabis saxatilis* All., *A. auriculata* Lamk., *Silene gloreosa* Jord., *Dianthur saxicola* Jord., *Centranthus augustifolius* D. C., *Hieracium glancum* All., *H. amplexicaule*, *H. Jacquini* Vill., *H. pulmonarioides* Vill., *Scrophularia Hoppii* Koch, *Sideritis hyssopifolia*, *Rumex scutatus*, etc., et celles qui, fréquentes dans la région basse, remontent jusque dans les sapins, comme *Anemone ranunculoides*, *Arabis alp na*, *Cardamine amara*, *Reseda phyteuma*, *Buphthalmum salicifolium*, *Hieracium staticifolium*, *Salvia glutinosa*, *Stachys alpina*, *Calamintha grandiflora*, etc.

2° Des plantes suivantes, plus caractéristiques de la zone des Sapins, croissant de préférence sous leur ombrage, dans l'humus des forêts ou les fentes des rochers couverts :

Ranunculus lanuginosus, R. montanus *Willd.*, Aconitum Anthora, Arabis brassicœformis *Vallr.*, A. alpestris, Dentaria digitata, Chlaspi

Gaudinianum *Jord.*, Stellaria nemorum, Rubus idæus, R. saxatilis, Rosa alpina, R. pimpinellifolia, R. rubriflora *Vill.*, Sorbus Aucuparia, Ribes alpinum, Saxifraga rotundifolia, Laserpitium latifolium, Astrantia major, Lonicera nigra, L. alpigena, Galium rotundifolium, Sempervivum tectorum, Centaurea montana, Bellidiastrum Michelii, Chrysanthemum montanum, Hypochæris maculata, Phyteuma orbiculare, Campanula rhomboidalis, Vaccinium Vitis idæa, Pirola rotundifolia, P. minor, P. secunda, Lysimachia nemorum, Myosotis silvatica, Melampyrum silvaticum, Convallaria verticillata, Orchis globosa, O. odoratissima, Luzula flavescens, Carex alba, Festuca silvatica, Elymus europæus, Equisetum silvaticum, Aspidium Lonchitis, Asplenium viride ;

Et particulièrement dans les pâturages :

Helianthemum alpestre *D. C.*, Anthyllis montana, alchemilla alpina, A. hybrida *Uffus.*, Atamantha cretensis, Seseli Libanotis, Galium boreale, Erigeron alpinus, Gentiana lutea, G. Kochiana *Per. et Song.*, G. verna, Polygonum Bistorta, Thesium pratense, Ch. alpinum, Crocus vernus, Veratrum album, nigritella angustifolia, Poa sudetica, Botrychium Lunaria, etc ;

Dans les parties humides des forêts, les prairies, les bords des ruisseaux :

Ramusculus aconitifolius, R. platanifolius, Trollius europæus, Hesperis matronalis, Cardamine silvatica, Lunaria rediviva, Dianthus superbus, Hypericum quadrangulum, Geranium silvaticum, G. nodosum, Geum rivale, Circœa intermedia, Saxifraga rotundifolia, Chrysosplenium alternifolium, Ch. oppositifolium, Chærophyllum aureum, Ch. Cicutaria *Vill.*, Lonicera cærulea, Valeriana montana, Scabiosa dipsacifolia *Host.*, Cirsium bulbosum *D. C.*, Cacalia Petasites *Lamk.*, C. alpina, Tussilago alba *D. C.*, Senecio Fuchsii *Gmel.*, Crepis succisæfolia *Tausch.*, Veronica montana, V. urticæfolia, Calamagrostis montana, etc.

Limites. — Cette végétation s'observe dans tous les points de la montagne situés au-dessus de 700 et 800 mètres, et au-dessous de 1,300 mètres d'altitude, principalement dans le nord du département; bien que la zône des *forêts de Sapins* occupe une surface moins étendue. En effet, par suite de l'influence de la latitude, la limite inférieure des Sapins s'élevant à mesure qu'on s'avance du nord au sud du département, cette essence ne forme plus de véritables forêts qu'au-dessus de 900 mètres dans la partie moyenne du département et seulement au-dessus de 1,000 et même 1,200 mètres dans la partie la plus méridionale; aussi manquent-ils, ou ne les observe-t-on qu'isolés et en groupe de peu d'importance, dans tout le massif compris entre Rossillon, Ambérieu, Lagnieu, le Rhône et Belley, où s'élèvent cependant des sommets de 1,219 mètres (Molard-de-Don), 1,020m (Mont-de-Tantaine), 1,050m (Crêt-de-Pont, sur Souclin), couverts de bois dont le Hêtre (*Fagus silvatica*) est l'essence dominante (1); il en est de même dans la partie occidentale de la région montagneuse, en dehors d'une ligne passant par Armix, les forêts de Failloux, des Fattes et de la Ramondière, au-dessus de Tenay, — de Dergit, près d'Hauteville, — de Meyriat, des Monts-d'Ain et de Montréal.

Aussi indépendamment du massif de la Chartreuse de Portes, cette ligne laisse, en dehors de la zone des Sapins, les sommets du Fargoy, au-dessus de Tenay, — de l'Avocat, au-dessus de Cerdon, qui atteignent 1,084 et 1,017 mètres d'altitude, et les montagnes voisines dont la hauteur varie de 800 à 900 mètres; mais, malgré l'absence des Sapins, la

(1) Un petit bois de Sapins s'étend au-dessus de la Chartreuse de Portes.

végétation de ces localités appartient bien à la flore montagneuse; on trouve, en effet, au Molard-de-Don, ou dans les environs d'Innimond, de Portes, etc.: *Hypericum quadrangulum*, *Trifolium aureum* Poll., *Sorbus Aucuparia*, *Lonicera alpigena*, *Erigeron alpinus*, *Gentiana lutea*, *Veronica urticæfolia*, *crocus vernus*, *Gagea lutea*, *Orchis odoratissima*, *O. Sambucina*, *Polypodium Phegopteris*, et autres espèces caractéristiques.

Le Sapin ordinaire (S. argenté, *Abies pectinata*) ne constitue pas seul les forêts de la zone montagneuse; il est souvent associé au Hètre, surtout dans la partie inférieure de cette zone, et vers 1,100 et 1,200 mètres à l'Epicéa (*Abies excelsa*), qui le remplace complètement vers 1,300 mètres, en devenant buissonnant aux approches de la zone alpestre; plusieurs espèces accompagnent de préférence ces diverses essences, mais il ne nous est pas possible d'entrer dans trop de détail à ce sujet; du reste, ces limites altitudinales varient non seulement du nord au sud du département, mais encore suivant que les versants sont dirigés vers l'intérieur ou vers l'extérieur du massif montagneux; c'est ainsi que les Sapins et la végétation qui les accompagne descendent plus bas sur le flanc occidental du colombier du Bugey que sur le flanc oriental, etc.

Divisions. — C'est surtout dans les limites de la zone des forêts que les plantes caractéristiques énumérées plus haut se rencontrent en abondance; nous citerons parmi les localités les plus riches:

Dans la partie septentrionale du département:

— Les forêts qui couvrent les flancs des monts Jura, du Sorgiaz à la Faucille (700-1,300m), dans lesquelles on trouve : *Aquilegia atrata*, Koch, *Thlaspi Lereschii*, Reut., *Dianthus superbus*, *Circœa intermedia*, *Lonicera alpigena*, etc., et de plus : *Dentaria digitata*, *Campanula latifolia*, *Streptopus amplexifolius* (à La Vatay) ; — et dans la vallée de la Valserine : *Hieracium glaucum* All., *Astragalus aristatus* l'Hérit., *Globularia cordifolia*, *Cirsium erisithales*, *Tussilago nivea* Vill., *Arbutus uva-ursi* ; — les forêts de Champfromier (1,262m), d'Echallon (1,000m), d'Apremont et enfin celle de Montréal et du Mont (904m), au-dessus de Nantua, qui renferme : *Thlaspi gaudinianum*, *Heliantemum canum*, *Rhamnus alpina*, *Charophyllum aureum*, *Ch. Cicutaria*, *Galium boreale*, *Arbutus uva-ursi*, *Narcissus Bernardi* Hénon, et dans les lieux humides : *Lonic ra cœrulea*, *Gladiolus palustris* (abondant).

Dans la partie moyenne : les monts d'Ain (800-1,031m), où l'on trouve : *Cardamine amara*, *Dentaria digitata*, *Helianth. canum*, *Rosa rubrifolia*, *Circœa alpina*, *Lonicera alpigena*, *Galium boreale*, *Centaurea lugdunensis*, Jord., *Chrysanthemum montanum*, *Hieracium glaucum*, *H. villosum*, *Veronica urticœfolia*, *Daphne eneorum*, *Botrychium Lunaria* ; — la forêt de Meyriat (700-947m) avec *Campanula latifolia*, *Spiranthes autumnalis*, *Herminium clandestinum* ; — les forêts des Moussières se continuant par celles de Valors, de Mazières (1,000m), du Signal de Cormaranche (ou Planachat, 1,237m) et de la Bourbelière (1,050m) renfermant : *Aconitum Napellus*, *Cardamine amara*, *C. silvatica*, *Thlaspi*

Gaudinianum, *Trifolium aureum*, *Rosa rubrifolia*, *Galium boreale*, *Thesium pratense*, *Crocus vernus*, *Orchis globosa*, *Gagea lutea*, *Allium fallax*, *Equisetum silvaticum* et particulièrement les *Gentiana alpina*, *Nigritella augustifolia*, *Herminium* au Vély (près Mazières), le *Geum intermedium* Ehrh., vers la chapelle de Mazières, le rare *Heracleum alpinum* à Planachat, Mazières et le Golet de la Rochette, et enfin l'*Eryngium alpinum*, au-dessus de Lompnieu ; — les forêts de Jailloux (800-1,087m), du Dergit (800-997m) où les *Aconitum Anthora*, *Valeriana augustifolia*, *V. tripteris*, *Hieracium bupleuroides*, *H. pseudo-cerinthe*, *Campanula pusilla*, *Pirola rotundifolia*, *Ulusus montana*, *Salix grandifolia* Ser., *S. Seringeana* Gaud., arrivent jusqu'à Nantuy (740m), au Golet-du-Thou et pour quelques-unes dans la gorge de Charabotte.

Les forêts qui garnissent les flancs du Grand-Colombier, surtout du côté du Valromey, depuis celle d'Arvières jusqu'à Retord, le Poizat et l'Halleyriat, renferment une flore très riche, représentée par :

Ranunculus aconitifolius, R. montanus, R. lanuginosus, Thalictrum aquilegifolium, Aconitum Napellus, A. Anthora, Draba aizoides, Thlaspi gaudinianum, Hypericum quadrangulum, Rhamnus alpina, Cytisus alpinus, Rosa rubriflora, Alchemilla alpina, Ribes alpinum, Circœa intermedia, Chœrophyllum aureum, C. Cicutaria, Lonicera alpigena, Erigeron alpinus, Hieracium villosum, Campanula rhomboidalis, C. pusilla, Globularia cordifolia, Pirola rotundifolia, Gentiana Kochiana, G. campestris, Veronica urticæfolia, Narcissus Bernardi, Nigritella augustifolia, Orchis globosa, Corallorhiza innata, Lycopodium selaginoides.

Notons spécialement à Arvières (1,226m) et au

Grand-Colombier (900 à 1,400^{m}), avec les espèces précédentes : *Ranunc. platanifolius*, *Arabis brassicæformis*, *Myrrhis odorata*, *Astrantia major*, *A. minor ?*, *Asperula rupicola* Jord., *Aronicum scorpioides*, *Arbutus uva-ursi*, *Melampyrum nemorosum*. *Cynoglossum montanum*, *Cypripedium Calceolus*, *Allium fallax*, *Goodiera repens* ; — à Retord, au Poizat et à l'Halleyriat : *Alsine Bauhinorum*, *Potentilla alpestris*, *Centaurea lugdunensis* Jord., *Hieracium villosum*, *Daphne Cneorum*, *Orchis sambucina*, et autres espèces plus spéciales à la zone alpestre.

Une station particulièrement intéressante de cette région sont les prairies marécageuses, les tourbières *émergées*, reposant dans les dépressions des hautes montagnes, le plus souvent sur un sous-sol imperméable de boue glaciaire ; ce qui explique pourquoi on les observe au-dessous de 1,200 mètres, extrême limite altitudinale de l'extension des glaciers dans nos montagnes. Les principales de ces stations sont dans la partie septentrionale du département, les tourbières de Viry, d'Oyonnax, du Mont (au-dessus de Nantua) ; — dans la partie moyenne, les marais de Malbroude et de Colliard (900^{m}) au-dessus des Neyrolles, ceux de Retord (1,100^{m}), du Vély (1,050^{m}), au nord de Mazières, de Cormaranche (770^{m}), au sud d'Hauteville. On y trouve, croissant dans les Sphaignes :

Viola palustris, Parnassia palustris, Drosera rotundifolia, Comarum palustre, Menyontes trifoliata, Swertia perennis, Pinguicula grandiflora, Vaccinium uliginosum, V. oxycoccos, Salix repens, S. cinerea, Juncus squarrosus, Eriophorum alpinum, E. vaginatum, Carex davalliana, C. dioica, etc.

Et particulièrement dans les marais tourbeux des environs d'Oyonnax : *Thalictrum galioides, Drosera longifolia, Spergula nodosa, Salix ambigua* ; à Lélex, *Tofieldia calyculata, Epipactis palustris, Schœnus nigricans, Carex canescens* ; le *Gladiolus palustris* à Montréal, au Sorgiaz, à Colliard, etc. ; — à Malbroude : *Saxifraga hirculus, Swertia perennis, Carex tenuis* ; — à Colliard : *Viola stricta, Polygala aurora*, les *Vaccinium, Lonicera cœrulea, Gladiolus palustris, Erioph. vaginatum, Scirpus cœspitosus, Rhynchospora alba* ; — à Retord : *Spergula saginoides, Pinguicula vulg., Erioph. vaginatum* ; — au Vély : les *Vaccinium*, les *Eriophorum, Betula pubescens, Carex fulva, C. Hornschuchiana*, etc. ; — à Cormaranche : *Polygala austriaca, Crepis paludosa, Swertia perennis*, etc.

Aux variations de composition du sol se rattache aussi la présence dans la végétation de la zone des Sapins de plantes de la plaine bressanne, habituellement silicicoles, soit que l'ombrage des forêts fasse contrepoids au climat plus chaud des sols calcaires, soit plutôt à cause de la composition chimique, remarquablement pauvre en calcaire, de l'humus des forêts et, dans quelques points, du terrain erratique alpin. Sur l'humus des forêts de Sapins croissent, en effet, *Sorbus aucuparia, Rubus idœus, Sambucus racemosa, Lysimachia nemorum, Vaccinium Myrtillus, Veronica montana, Senecio silvaticus, Luzula silvatica, Carex maxima*, etc., qu'on retrouve abondamment dans les régions granitiques ou tertiaires du Lyonnais et de la Bresse.

C'est enfin, probablement aussi à la nature spéciale du sol de certaines stations (erratique, sol tourbeux, chailles oxfordiennes, terrain sidérolithique, etc.) qu'il faut attribuer la présence du *Thlaspi silvestre* Jord., à Nantua, Gex ; — *Polygala depressa* au Colombier-du-Bugey ; — de l'*Arnica montana*, à Retord ; — des *Scorzonera plantaginea, Danthonia decumbens,* au Vély, à Colliard ; — du *Luzula albida*, à Hauteville et Cormaranche ; — du *Trifolium aureum*, au Molard-de-Don, à Hauteville, au Vély, au Reculet, etc.

III. *Zone alpestre.*

Les hauts pâturages n'occupent qu'une petite surface du département : seules, les sommités du Colombier-du-Bugey, du Crêt-du-Nû, du Crêt-de-Chalam et celles de la chaîne des monts Jura (Sorgiaz, Reculet, Crêt-de-la-Neige, Colombier de Gex, Noirmont) dépassent l'altitude de 1,500 mètres, limite supérieure des Sapins dans le Jura méridional, — la limite inférieure de la zone alpestre pouvant du reste s'abaisser dans certains points à 1,300 mètres et au-dessous. Cependant, malgré son peu d'étendue, cette zone possède une flore alpestre d'une richesse exceptionnelle, surtout dans la chaîne des monts Jura, où se trouvent les sommets les plus élevés.

Dans cette dernière région, la végétation arborescente n'est plus représentée que par l'Epicéa (*Abies excelsa*), le Hêtre, à l'état buissonnant, le Tilleul, les *Acer platanoides, Cytisus alpinus, Sorbus*

Chamæmespilus, *S. Mougeotii*, Soy.-Will., *Salix grandifolia* Ser., *Pinus uncinata* Ram., et par des arbrisseaux comme les *Rosa alpina*, *R. rubrifolia* Vill., *Salix retusa*, *S. reticulata*, *Juniperus nana* Willd., et le *Rhododendrum ferrugineum* ; les plantes herbacées caractéristiques pour toute la chaine des monts Jura, sont :

Anemone alpina, A. narcissiflora, Ranunculus Thora, Dentaria digitata, Viola calcarata, V. biflora, Dianthus monspessulanus, Alsine Bouhinorum, Linum montanum, Polygala alpestris, Hypericum Richeri, Trifolium Thalii, Coronilla vaginalis, Oxytropis montana, Dryas octopetala, Potentilla alpestris, P. aurea, Alchemilla pyrenaica, Epilobium alsinæfolium, E. trigonum, E. Duriæi, Saxifraga aizoides, S. oppositifolia, Sedum atratum, Angelica montana, Heracleum panaces, Bupleurum longifolium, B. ranunculoides, Ligusticum ferulaceum, Eryngium alpinum, Cephalaria alpina, Galium anisophyllum, Globularia cordifolia, Gnaphalium norwegicum, Solidago monticola *Jord.*, Homogyne alpina, Erigeron alinpus, E. glabratus, Aster alpinus, Senecio Doronicum, Cirsium erisithales, Souchus alpinus, Crepis blattarioides, Hieracium villosum, H. vogesiacum, H. juranum *Fr.*, H. elongatum *Vill.*, H. scorzoneræfolium, Campanula thyrsoidea, Soldanella alpina, Myosotis alpestris, Linaria alpina, Arbutus uva-ursi, Veronica aphylla, V. fruticulosa, Bartsia alpina, Tozzia alpina, Calamintha alpina, Plantago montana, Polygonum viviparum, Allium victoriale, Phalangium Liliastrum, Gagea lutea, Orchis albida, Nigritella angustifolia, Listera cordata, Luzula spicata, Carex sempervirens, Phleum alpinum, Poa alpina, P. hybrida, Festuca nigrescens, F. Scheuchzeri, F. pumila, Agrostis Schleicheri *Jord.*, Polypodium rhæticum, Polystichum oreopteris, Cystopteris alpina, Lycopodium selaginoides.

On peut indiquer particulièrement d'abord, à l'extrémité méridionale de la chaine, au Sorgiaz (1,243m) et au Grand-Crédo (1,608m) : *Aconitum paniculatum*, *Hieracium aurantiacum*, *Campanula thyrsidea*, *Dryas*, *Dentaria*, *Sedum atratum*, *Angelica*,

Bupleurum longifolium, Veronica fruticulosa, V. alpina, V. saxatilis, Juniperus nana, etc.

Plus au nord, au Reculet, sur Allemogne et Thoiry (1,720m) : *Draba carinthiaca, Hutchinsia alpina, Viola alpestris, Helianth. grandiflorum, H. œlandicum, Dianthus cæsius, Silene quadrifida, Potentilla minima, Sibbaldia procumbens, Saxifraga muscoides, Galium tenue, G. hypnoides, Hieracium porrectum, H. aurantiacum, Crepis montana, Gnaphalium supinum, Gentiana Clusii, Veronica alpina, Pedicularis foliosa, Pinguicula alpina, Salix reticulata, Pinus uncinata, Polystichum rigidum, Lycopodium Selago*, et surtout : *Eryngium alpinum, Leontopodium alpinum, Arbutus alpina, Empetrum nigrum*, et peut-être : *Rhododendrum hirsutum?*

Dans le vallon d'Ardran : *Arabis brassicæformis, Viola sciaphylla, Silene quadrifida, Heracleum Panaces, Ligusticum ferulaceum, Centaurea alpestris* Hegetsch., *Hieracium dentatum, H. porrectum, H. elongatum, Picris Villarsii, Orobus luteus, Pedicularis foliosa, Carex tenuis*, etc.

Au Colombier de Gex (1,691m) : *Aconit. paniculatum, Arenaria cenisia* Reut., *A. ciliata, Orobus luteus, Onobrychis montana, Lathyrus heterophyllus, Geum montanum, Saxifraga aizoides, Tussilago nivea, Picris Villarsii*, etc., et enfin autour de la Faucille : *Hutchinsia alpina, Campanula latifolia, Pinguicula grandiflora, Orobanche* pl. sp., *Epipogium Gmelini*, etc.

Le Crêt-de-Chalam, situé à l'ouest de la chaîne précédente, indépendamment de la ceinture de forêts de Sapins qui l'entoure, possède, dans ses parties les plus élevées (1,548^{m}), une végétation alpestre dans laquelle on remarque : *Viola calcarata*, *Aconit. paniculatum*, *Epilobium Duriæi*, *Gnaphalium norwegicum*, *Sonchus alpinus*, *Hieracium prenanthoides*, *Myosotis alpestris*, *Juniperus nana*, *Gagea lutea*, *Epipactis cordata*, *Polystichum rhæticum*, *P. Oreopteris*.

Plusieurs de ces espèces descendent, du reste, assez bas dans la vallée de la Valserine (Mijoux, Lélex, Chézery), au niveau de la zone des Sapins, ainsi que nous l'avons déjà indiqué.

Quant aux sommets de la chaîne du Grand-Colombier, bien qu'ils atteignent 1,446 mètres, au Signal de Cuerne (au-dessus de Culoz), 1,534 mètres au point culminant, 1,442 mètres au-dessus d'Arvières, etc., ils ne renferment, à cause de leur situation beaucoup plus méridionale, que quelques espèces véritablement alpestres ; ce sont :

Polygala alpestris, Sagina Linnæi, Trifolium Thalii, Alchemilla alpina, Potentilla aurea, Bupleurum longifolium, Homogyne alpina, Galium tenue, Globularia cordifolia, Hieracium villosum, Veronica aphylla, V. alpina, V. saxatilis, Calamintha alpina, Allium fallax, Orchis alba, O. sambucina, Luzula sudetica, Carex sempervirens, Poa hybrida, Festuca nigrescens, Botrychium Lunaria, Lycopodium selaginoides ; — ajoutons, comme espèce rare, le *Tulipa Celsiana*, au sommet du Grand-Colombier.

La plupart de ces plantes se retrouvent plus au nord, dans les environs de Retord (Crêt-du-Nû, 1,555 mètres ; Signal de Retord, 1,322 mètres) ; on voit de plus s'y ajouter des espèces caractéristiques de la flore alpestre des monts Jura, comme *Myosotis alpestris*, *Potentilla alpestris*, *Bartsia alpina*, *Festuca pumila*, etc., qui manquent aux parties plus méridionales de la chaîne.

§ 2. — Caractères et particularités de la végétation du département.

Les parties septentrionales et moyennes du Bassin du Rhône appartiennent au *Domaine forestier du Continent oriental*, cette portion de l'immense ceinture de forêts qui occupe les régions tempérées de l'hémisphère du Nord. Grisebach le divise en trois climats : le climat du *Hêtre*, qui comprend la plus grande partie de l'Europe, et ceux du Chêne et de la Pesse ; il divise à son tour le climat du Hêtre en trois zones de végétation : zone occidentale (Châtaigniers, *Arbustes* à feuilles toujours vertes, Buis, Houx, Fragon), renfermant la plus grande partie de la France ; zone centrale (Picéa) composée du Dauphiné, de la Suisse et de l'Allemagne ; et zone hongroise. Quant à la partie méridionale du bassin du Rhône, elle appartient au *Domaine méditerranéen*, caractérisé par l'abondance des Cistinées, des *Arbres* à feuilles toujours vertes, etc. (1).

Le département de l'Ain se trouve placé dans le Bassin du Rhône, à la limite des zones occidentale et centrale du climat du Hêtre (dans le Domaine forestier), et au voisinage du Domaine méditerranéen ; du reste, sa surface comme celle

(1) Dans la division de la France en cinq climats, de M. Ch. Martins, le département de l'Ain appartient au deuxième climat, ou *Climat du Rhône*, caractérisé par une température moyenne nnuelle de 11°.

de la plupart des circonscriptions purement administratives, ne forme pas une région naturelle, mais appartient à trois régions distinctes : ses montagnes font partie des chaines du Jura, dont elles constituent l'extrémité méridionale ; sa plaine n'est qu'une dépendance de la région bressanne ; enfin, les vallées de la Saône, du Rhône, et celles de l'Ain et du Bugey, au moins en partie, peuvent être considérées comme un prolongement de la région méridionale ou méditerranéenne.

Grâce à la variété des terrains et des stations, au voisinage des Alpes de la Savoie et du Dauphiné, grâce aussi à la situation d'une partie du département, sous le climat chaud de la vallée du Rhône, sa flore renferme un nombre d'espèces plus considérable que la plupart des départements voisins.

Si l'on excepte, en effet, les départements de la Haute-Savoie, de la Savoie et de l'Isère, dont les sommets plus élevés sont tapissés par cette belle végétation *alpine* qui manque aux chaines jurassiques, tous les autres départements limitrophes ou circonvoisins, Jura, Doubs, Saône-et-Loire, Rhône, Loire, etc., possèdent une flore incomparablement moins riche que celle de l'Ain. Pour Saône-et-Loire et le Rhône, en particulier, l'absence de végétation alpestre, la pauvreté (relative) de la flore des montagnes, dont les sommets atteignent à peine la zone des Sapins (Roche d'Ajoux, 1,012 mètres; Boucivre, 1,004 mètres), ne sont nullement compensées par la présence d'espèces occidentales ou propres au plateau central qui caractérise leur végétation.

C'est le département du Jura qui se rapproche le plus de celui de l'Ain, aussi bien par ses caractères topographiques (division en Bresse et Montagne), sa constitution géologique, son climat, que par sa végétation. Cependant, malgré ces nombreuses analogies, la flore de l'Ain l'emporte encore de 300 à 350 espèces sur celle du Jura, cette dernière possédant, à son tour, un millier d'espèces de plus que la flore du département voisin, le Doubs (1).

Cette différence est due principalement à la richesse de la partie méridionale du département de l'Ain, en plantes *thermophiles*, spéciales à la vallée du Rhône. Nous avons déjà vu que plusieurs de ces espèces arrivent jusqu'aux limites du département du Jura, par les collines du Revermont et de la rivière d'Ain ; telles sont : *Thalictrum medium*, *Ononis natrix*, *Coronilla minima*, *Trinia vulgaris*, *Orlaya grandiflora*, *Scabiosa suaveolens*, *Plantago cynops*, etc. ; d'autres remontent même

(1) Si l'on fait le relevé des espèces croissant dans le département de l'Ain, d'après la *Flore* de Cariot et notre *Enumération* (sous presse), en laissant de côté la plupart des formes ou espèces critiques de *Rubus*, *Rosa*, *Galium*, *Hieracium*, on arrive au chiffre de 1,887 espèces, se décomposant en 1,834 Phanérogames, 46 Cryptogames vasculaires et 7 Characées. Si l'on retranche les 7 Characées et une trentaine d'espèces critiques des genres *Rosa* et *Hieracium*, pour rendre cette Enumération comparable à celle dressée par Michalet pour le département du Jura, on obtient, pour l'Ain, un chiffre rond de 1,850 espèces, contre 1,520 attribuées au Jura par ce botaniste (*Enum.*, p. 29 ; et même, 1,500 seulement, p. 77.) Ajoutons, de plus, que, dans ce nombre, Michalet comprend plusieurs plantes du Reculet et d'autres localités des monts Jura, appartenant, en réalité, au département de l'Ain.

dans la partie méridionale du département du Jura, en suivant la falaise du premier plateau, ou les vallées de l'Ain, de la Bienne, etc. ; citons : *Arabis muralis, Sedum anopetalum, Thalictrum angustifolium, Th. galioides, Bupleurum aristatum, Ptychotis heterop ylla, Aster Amellus, Odontites lutea, Echinospermum Lappula*, etc. On peut aussi compter, parmi les caractéristiques de la flore de l'Ain, les espèces *montagnardes* suivantes qui, fréquentes dans le Bugey, sont rares ou très rares dans le Jura : *Isopyrum thalictroides, Orobus niger, Doronicum Pardalianches, Chrysanthemum corymbosum, Salvia glutinosa, Erythronium Dens-Canis, Luzula nivea*, etc. Mais les nombreuses espèces de l'énumération suivante, qui habitent les coteaux secs de La Pape à Meximieux, les graviers du Rhône et de l'Ain, ou les expositions chaudes du Bugey, manquent complètement dans le Jura :

Ranunculus gramineus, R. Chærophyllos, Papaver hybridum, Fumaria Capreolata, Erucastrum obtusangulum, les deux Diplotaxis, Clypeola Jonthlaspi, Draba muralis, Æthionema saxatile, Iberis umbellata, Bunias Erucago, Lepidium graminifolium, Rapistrum rugosum, Cistus salviæfolius, Gypsophila saxifraga, Silene Otites, S. conica, S. italica, Linum gallicum, Helianthemum guttatum, H. salicifolium, Polygala exilis, Rhamnus saxatilis, Pistacia Terebinthus, Rhus Cotinus, Ononis Columnæ, Potentilla rupestris, Myricaria germanica, Sedum altissimum, Torilis nodosa, Tordylium maximum, Crucianella angustifolia, Rubia peregrina, Galium corrudæfolium, G. myrianthum, G. Vaillantii, Scabiosa Gramuntia, Centaurea Crupina, C. paniculata, Xeranthemum inapertum, Helichrysum Stœchas, Chrysocoma Linosyris, Artemisia virgata, Carpesium cernuum, Inula montana, I. hirta, I. squarrosa, Calendula arvensis, Leontodon crispus, Campanula Medium, Convolvulus cantabricus, Onosma arenarium, Linaria supina, L. arvensis, Calamintha Nepeta, Plantago arenaria, Primula grandiflora,

Echinospermum Lappula, Orchis purpureus, O. ruber, O. Simia, Arum italicum, Bromus madritensis, etc. (1).

Parmi ces plantes, qu'on retrouve du reste dans toute la partie du bassin du Rhône située au-dessous de Lyon, plusieurs remontent la vallée de la Saône sur les calcaires de Saône-et-Loire, de la Côte-d'Or, du Doubs, etc. ; nous citerons : *Silene Otites, Ononis Columnæ, Lathyrus latifolius, Coronilla minima, Torilis nodosa, Chrysocoma, Inula squarrosa, Convolvulus cantabricus, Orlaya, Tordylium*, etc.

Mais d'autres, plus caractéristiques, ne dépassent pas notre région et forment ces *colonies* de plantes *méridionales* établies dans les expositions chaudes des environs de Grenoble, de Belley, du lac du Bourget et de Chambéry, dont voici les principaux représentants : *Pistacia Terebinthus, Rhus Cotinus, Osyris alba, Acer monspessulanum, Rhamnus saxatilis, Lonicera etrusca, Helichrysum Stœchas, Sedum altissimum, Campanula Medium*, etc. Une florule méridionale analogue s'observe aussi dans le voisinage de Lyon (Mont-d'Or lyonnais, Couzon ; La Pape, etc.) ; nous avons déjà énuméré ceux de ses représentants qui se trouvent sur le territoire de l'Ain, à propos de la flore de la Cotière méridionale de la Dombes ; rappelons seulement que plusieurs d'entre eux (*Cistus, Silene conica, Helianlemum salicifolium, H. guttatum, Aphyllanthes*,

(1) Le botaniste éprouve une vive surprise en ne retrouvant plus, dans le Jura, les *Lepidium graminifolium, Calamintha Nepeta, Primula grandiflora*, etc., si communs le long de tous les chemins ou dans les bois d'une grande partie du département de l'Ain.

Bromus madritensis) ne remontent pas plus haut dans le bassin du Rhône.

Le voisinage du Dauphiné et de la Savoie, la similitude des terrains et de l'exposition expliquent la présence, dans les vallées du Bugey, de ces espèces intéressantes qui habitent de préférence les fentes des rochers calcaires, quelle que soit leur altitude, telles que : *Potentilla caulescens, Sisymbrium austriacum, Asplenium Halleri*, les *Arabis brassicæformis* Wallr., *A. saxatilis* All., *A. auriculata* Lamk., *A. muralis* Bertol., et ces nombreuses et curieuses formes d'*Hieracium*, dont l'abondance caractérise les rochers de la Savoie, du Dauphiné et du Bugey : *H. cymosum, H. rupestre* All., *H. farinulentum* Jord., *H. lanatum* Vill., *H. pulmonarioides* Vill., fréquents surtout dans les environs de Rossillon, Ordonnaz, Innimont, Portes, Tenay, Saint-Rambert, etc., et celles plus rares d'*H. Liottardi* Vill., à Culoz, *H. bupleuroides* et *pseudo-cerinthe*, à Charabottes, *H. ligusticum* Fr., au Fort-de-l'Ecluse, etc., sans oublier les espèces des vallons du Haut-Jura, énumérées plus haut.

La flore du département renferme encore quelques autres espèces rares, qui méritent une mention spéciale ; c'est d'abord l'*Hepatica triloba* Chaix, plante des bois du Doubs, de la Suisse, de la Savoie et du Dauphiné, qui n'est arrivée jusqu'à nous que dans une seule station, sur les bords du Rhône, sous le fort de Pierre-Châtel ; le *Drosera intermedia* Hayn., des marais de la Haute-Saône et de la Côte-d'Or, descendant à Cuisery (Saône-et-Loire) et à l'étang Genoud, près Bâgé-le-Châtel ;

— le *Scabiosa australis* Wulf., plante autrichienne trouvée seulement à Niévroz et à la Saulsaie, près Montluel ; l'*Eryngium alpinum*, des Alpes vaudoises, valaisannes, savoisiennes et dauphinoises, se retrouvant au Recculet et au-dessus de Lompnieu ; — le *Tulipa Celsiana* D. C., qui croît sur toutes les montagnes du midi de la France et a été découvert, il y a peu d'années, au sommet du Colombier-du-Bugey (Saint-Lager, 1872) ; — des plantes méridionales déjà citées, comme le *Polygala exilis* D. C., des bords de l'Ain, de la Valbonne, et qu'on retrouve aussi sur les bords du Rhône, dans l'Isère (Jonages, Décines), et dans quelques localités de l'Hérault, du Gard et des Bouches-du-Rhône ; le *Cistus salviæfolius*, espèce fréquente sur les coteaux de la Provence et qui remonte par Vienne, Estressin, (dans l'Isère) jusqu'à Néron ; et plus particulièrement, enfin :

Orchis ruber Jacq. (*O. papilionaceus* L.), croissant sur les coteaux de La Pape (où il a été découvert par Baroux, châtelain du Soleil, vers la fin du XVIIIe siècle) et sur ceux de Saint-Maurice-de-Gourdans (Fiard, 1873) ; il ne se retrouve que dans quelques localités des environs de Toulouse, du Var, des Alpes-Maritimes et de la Corse ;

Heracleum alpinum L. (*H. pyrenaicum* Lamk.), espèce du Jura bâlois, bernois et soleurois, ne se retrouvant, de là, que dans les Pyrénées (où il est commun) et qui est remarquablement abondant, au-dessus d'Hauteville (Planachat, Vély et le Golet de la Rochette) ;

Carex brevicollis D. C., qui croît abondamment

sur le flanc occidental de la montagne de Parves, au-dessus de Coron, près Belley (où il a été découvert, vers 1805, par Auger) et près de Tenay, sous les rochers d'Hostiaz (Chenevière, 1874). C'étaient, jusqu'à ces dernières années, les deux seules localités françaises connues, mais on vient de le retrouver dans l'Aveyron et dans les Corbières. Ce *Carex* n'a été observé, du reste, hors de la France, que dans le Banat hongrois, la Transylvanie et la Serbie (1).

Si la végétation du département de l'Ain possède ainsi une série d'espèces qui ne se retrouvent pas dans les départements voisins, on y remarque, d'un autre côté, l'absence d'un certain nombre de plantes fréquentes dans les parties voisines du bassin du Rhône. Laissant de côté les végétaux de la zone alpine et subnivale, qui couronnent les hautes montagnes de la Savoie et du Dauphiné, zone qui n'est pas représentée dans notre département, nous dirons quelques mots des plantes du Jura, de Saône-et-Loire et du Rhône, qui manquent à l'Ain (2).

D'abord, en comparant la végétation de la plaine

(1) On peut encore noter, comme fait intéressant de *Géographie botanique générale*, la présence, dans la partie montagneuse du département, de l'*Hieracium staticifolium*, appartenant au genre monotype *Chlorocrepis* Grisb., genre propre aux Carpathes et au Jura, et des autres genres monotypes *Erinus* et *Tozzia*, spéciaux aux Apennins et aux Alpes méditerranéennes.

(2) Nous devons cependant mentionner l'absence, dans les montagnes du Bugey, de plusieurs plantes alpestres, fréquentes dans la Savoie, à des altitudes moyennes et arrivant jusqu'à nos limites, au Nivolet, au Grand-Revard, et même au Mont-du-Chat,

bressanne de l'Ain avec celle de la Bresse louhannaise, chalonnaise et jurassienne, on constate, dans la première, l'absence des espèces suivantes, particulières aux autres parties de cette région : *Elatine triandra*, *Androsæmum officinale*, *Trifolium filiforme*, *Potentilla supina*, *Senecio adonidifolius*, etc., et plus rares : *Carex Moniezi*, *Potamogeton trichodes*, *Chara Braunii*, etc.

De même, la région montagneuse de l'Ain ne possède pas, bien qu'elles croissent non loin de ses limites, dans le département du Jura, les *Androsace lactea*, *A. carnea*, *Rhamnus pumila*, de la zone alpestre de la Dôle et du Mont-d'Or ; — les *Andromeda polifolia*, *Carex pauciflora*, *C. chordorhiza*, *C. heleonastes*, *Scheuchzeria palustris*, des tourbières, et les *Potamogeton compressus*, *Zizii*, *marinus*, des lacs du Haut-Jura français. Ce dernier manque, du reste, aussi bien que le Jura méridional ou bugeysien, des *Ranunculus alpestris*, *Arenaria grandiflora*, *Betula nana*, *Phleum Micheli*, *Poa cæsia*, propres au Jura neuchâtelois.

Une autre catégorie d'espèces faisant complètement défaut dans la végétation de l'Ain, renferme des plantes, généralement silicicoles, du plateau

dont l'altitude est pourtant inférieure à celle du Grand-Colombier ; telles sont : *Dryas octopetala*, *Androsace carnea*, *A. villosa*, *Soldanella alpina*, etc.

Cependant quelques-unes de ces espèces caractéristiques de la Suisse et de la Savoie pénètrent dans quelques points du département, le *Polygala Chamæbuxus* à Péron, le *Cyclamen europæum*, dans le Haut-Bugey, l'*Arabis saxatilis* All., à Collonges, Fort-de-l'Ecluse et même Saint-Rambert, etc.

central, du Forez et des monts du Lyonnais, qui atteignent cependant presque nos limites sur la lisière du Beaujolais ; on peut citer, comme exemples : *Digitalis purpurea*, *Epilobium collinum*, *Sedum villosum* (1), *Umbilicus pendulinus*, *Angelica pyrenæa*, *Peucedanum parisiense*, *Meum athamanticum*, *Conopodium denudatum*, *Inula graveolens*, etc.

Quelques espèces occidentales, surtout celles des expositions chaudes de la région granitique du Lyonnais arrivent pourtant sur les bords de la Dombes, dans les sols siliceux ; telles sont : *Ranunculus parviflorus*, *Teesdalia nudicaulis*, *Spergula pentandra*, *Ornithopus perpusillus*, *Vicia lathyroides*, *Andryala sinuata*, *Jasione montana*, *Anarrhinum bellidifolium*, etc., de même que les *Genista anglica*, *Ulex europæus*, etc., s'avancent jusque dans l'intérieur de la Dombes, grâce aussi à la nature du sol.

Il nous resterait à dire un mot des variations de la flore, depuis la période historique (*flore adventice*, etc.), et des modifications qu'elle a subies pendant les diverses époques géologiques qui ont laissé des traces dans notre département ; l'espace nous faisant défaut, nous renvoyons le lecteur aux notes spéciales que nous avons publiées ailleurs sur ce sujet.

(1) Indiqués cependant à Bourg ou dans quelques rares localités de la Bresse.

3e Section — ZOOLOGIE

Ce qu'il peut y avoir de bon dans l'esquisse suivante est emprunté à l'*Histoire naturelle du Jura et des départements voisins*, de M. Ogérien. Ce qu'elle a d'incomplet et d'imparfait, sera tout nôtre.

Quelques mots de préliminaires avant la nomenclature qu'on attend ici.

Au point de vue zoologique, l'Ain se divise en trois parties :

La région des montagnes est jurassique à tous égards. Je ne vois qu'un point par où le Bugey diffère du pays qui l'avoisine au Nord. A son versant Sud, le Midi commence, le mûrier apparait, les cigales chantent.

Sur le plateau bressan, le progrès de la culture et de l'élevage va tous les jours multipliant et transformant les races domestiquées, — détruisant ou raréfiant les races sauvages. La génération qui nous précède a vu tuer les derniers cerfs. Peut-être reste-t-il dans nos bois quelques chevreuils?

Il se pose et discute là une question zoologique ayant de l'intérêt. Y a-t-il telle chose qu'une race bovine bressane? On regardera cette question ailleurs, au chapitre agriculture, et on la résoudra si l'on peut.

De même que la Dombes d'étangs a une Flore à elle, elle a à elle une Faune; on le croit bien. Lui est-elle spéciale? La retrouve-t-on dans le Forez ou la Sologne inondés aussi?

Comme les cigales sous les roches rougeâtres de Brénaz, ou sur les moraines des vieux glaciers d'Artemare, quelques tortues terrestres (erratiques) rampant au bord des étangs Dombistes attestent que nous sommes là sur les confins de deux climatures. Le fait m'a été affirmé par le savant naturaliste de Lyon, M. Jourdan, et ce que j'ai pu en savoir d'ailleurs le confirme. Nous verrons plus loin qu'il est connu de M. Ogérien.

Classifions maintenant et énumérons (comme font Cuvier et M. Ogérien).

1° VERTÉBRÉS

MAMMIFÈRES

1° Ordre. *Bimanes.* Homme. Deux races anciennes, primitives ou non, se sont superposées chez nous, et plus ou moins croisées. L'une domine encore dans nos montagnes. Originairement elle était brune de teint, brachycéphale, de taille moyenne ou petite. L'occupation burgonde l'a modifiée. L'autre domine entre l'Ain et la Saône : celle-ci postérieure, dit-on, à l'autre, était blonde, dolicocéphale, de grande taille. Dans le Nord de la Bresse, elle est peu altérée.

Il reste quelque chose de ces différences physiques. Les deux moitiés de notre département ont fourni, en 1881 et 1882, le même nombre de conscrits ajournés pour insuffisance de taille (37); mais la partie occidentale a environ un quart de population de plus que la partie orientale. La taille reste donc dans le Bugey moins élevée que dans la Bresse.

Entre l'homme de la plaine et celui de la montagne, ni chez nous ni ailleurs, le contact n'est très sympathique. C'est là un reste de l'atavisme et des vieilles querelles. Car les différences de tempérament sont aujourd'hui plus apparentes encore que réelles.

Le Bressan n'est pas moins actif que le Bugiste; son activité est moins extérieure ou moins bruyante; il a moins d'initiative, moins d'esprit d'entreprise, moins d'industrie, moins de faconde sûrement, moins d'esprit peut-être; mais plus de patience, plus d'endurance, plus de sobriété, plus de poésie; il est plus calculé, moins passionné.

D'ailleurs, grâce aux frottements et croisements plus fréquents, à l'éducation à peu près la même ici et là, ces différences que nous accusons trop ici vont et iront en diminuant de plus en plus.

2e Ordre. *Chéiroptères.* Huit espèces. Chauves-souris. — Les unes habitant les grottes et carrières; d'autres les greniers; d'autres les arbres creux des forêts. Celles qu'on donne comme les plus communes chez nous sont le vespertillon à moustaches; l'Oreillard commun (greniers); le Rinolophe (grottes).

3e Ordre. *Insectivores.* Hérissons. — Taupes. — Musaraignes de terre, d'eau. — Ces trois espèces abondent encore en Bresse et Dombes. Les progrès de la culture menacent la seconde ; la destruction active des buissons menace les deux autres.

4e Ordre. *Carnivores plantigrades.* — Ours brun des Alpes ; assez commun au Moyen-Age dans le pays de Gex et les forêts des environs de Nantua. Les Chartes, où les Moines souverains se réservent les meilleurs morceaux de la bête, en font foi. Il y avait encore quelques ours dans notre Jura au commencement du siècle.

Blaireau ou tesson, se terre en Bresse et en Dombes, n'est pas encore rare.

Carnivores digitigrades. — Chat sauvage, chasseur de gibier, pelage brun ou fauve zébré. Existait encore dans le Revermont, il y a cinquante ans.

Fouine. — Putois ; ce dernier abonde en Bresse dans les bois. — Belette, plus rare, dans les jardins.

Chien. — Il en existe chez nous une douzaine de races qui, par le croisement, sont la souche d'une multitude de variétés, quelques-unes constantes, un plus grand nombre fugaces.

Loup. — était encore assez commun au commencement du siècle. L'hiver, quand les sources gelaient, il se risquait la nuit dans les villes, buvait aux fontaines, enlevait les chiens. L'empreinte de ses pas dans la neige entretenait la croyance au *loup-garou.* Sa capture ou sa destruction était primée. La prime n'a été touchée qu'une fois depuis dix ans.

Renard. — Encore commun, surtout en Dombes. S'il ravage les poulaillers, il détruit les rongeurs. On a trouvé quarante mulots dans l'estomac d'un renard (Ogérien).

Loutre. — Elle n'est pas rare au bord de nos cours d'eau et de nos étangs dont elle dévore les poissons.

5e Ordre. *Rongeurs.* — Campagnols, ou darbons ou rats de bois et rats d'eau, fouisseurs ; surmulots, mulots, souris, loirs, lérots, infestent les uns nos égouts, les autres nos greniers, nos jardins, nos champs.

Ecureuils. — Une dizaine de variétés. L'écureuil brun abonde dans les forêts de sapins.

Lièvre. — Pullule certaines années, est assez rare en d'autres.

Lapin sauvage, abondait, il y a cinquante ans, dans les failles, boisées alors, du versant ouest du plateau Dombiste.

6e Ordre. *Ruminants.* — Bœuf. L'élève du *gros bétail* a été longtemps prospère en Bresse ; mais, depuis le libre échange, les grands seigneurs du Milanais font sur le marché de Lyon une concurrence écrasante à nos petits producteurs. Le nombre de bêtes bovines est chez nous de 210,547. Le Jura en a 234,986.

Nous n'avons que 26,566 veaux d'élève.

Moutons. — 55,122, quand le Jura en a 68,488. — En revanche, nous avons 19,480 chèvres, quand nos voisins n'en ont que 3,328.

Des trois espéces de ruminants non domestiqués, cerf, daim, chevreuil, les deux premières, encore communes à la fin du XVIIIe siècle, ont disparu; la troisième n'existe plus guère, si elle existe encore.

7e Ordre. *Pachydermes.* — Cheval. Au XVe siècle, et quand cet animal était surtout une machine de guerre, le cheval bressan était grandement estimé. Malgré de récents et louables efforts, on n'en peut dire autant au XIXe. Nous n'avons que 17,602 chevaux. Le Jura en a 26,449.

Ane. — Fort abandonné et dégénéré chez nous; dans le Revermont, il n'est pas bien plus grand qu'un chien. Nous avons 3,096 ânes; nos voisins seulement 696.

Mulets. — 703.

Sanglier. — Il y en a encore dans le massif boisé qui va de Bourg à Pont-d'Ain, et dans les forêts de l'arrondissement de Nantua.

Porc. — Ressource dernière de notre agriculture. Nous n'avons que 51,677 porcs. Le Jura en a 67,823.

ORNITHOLOGIE

1er Ordre. *Rapaces diurnes.* — Vautour griffon, tué à Mijoux en septembre 1874. — Faucon, ou grand tiercelet, niche dans les escarpements du Reculet. — Faucon émerillon, tiercelet, niche sur les arbres dans les rochers. — Aigle fauve. J'en ai vu deux couples sur le plateau de Brénod, en

1855. Ils rasaient la terre pesamment du bout de leur grande aile, ou marchaient avec gaucherie comme des boiteux. — Epervier commun, sédentaire, niche sur les arbres. — Milan, de passage. — Buse, sédentaire. — Busard, niche à terre, vit en partie de poissons, sur les étangs, hyverne dans le Midi. — Busard-Montagu, sédentaire en Bresse, assez rare.

Rapaces nocturnes. — Hibou, de passage. Ne le tuez pas, il détruit plus de rongeurs que les chats. — Grand-duc, sédentaire. Ce superbe oiseau détruit le gibier. On tue des grands-ducs dans le Revermont. — Moyen-duc, sédentaire, vit en famille. — Chouette hulotte, sédentaire, commune dans les bois. — Chouette effraie, habite les clochers, les greniers d'où elle sème la terreur dans les âmes superstitieuses. — Chouette chevèche, niche dans les arbres creux, près des habitations.

2e Ordre. *Passereaux.* — 1re famille, omnivores : Corbeau, sédentaire dans nos montagnes, de passage dans les plaines. — Corneille, sédentaire. — Pie, Geai, sédentaires aussi et fort communs.

2e famille. Insectivores. Nous en avons 23 genres, presque tous sont musiciens. Les uns émigrent aux froids, les autres vivent de baies. On ne peut ici les énumérer. Les plus gros sont les Pies-grièches, Merles, Grives. Le plus petit est le Roitelet. Les plus aimés sont la Fauvette, le Rossignol.

De la 3e famille, les Granivores, même chose. Il

y en a 12 genres. — Alouettes. — Mésanges. — Bouvreuils. — Moineaux. — Pinsons. — Linottes. Chardonnerets.

Même chose encore des Passereaux syndactiles. — Martins-Pêcheurs, Guêpiers, et encore des Fissirostres. — Hirondelles. — Martinets. — Engoulevents, séjournant ceux-ci de mai à septembre.

Même chose du 3e ordre. *Grimpeurs.* Coucou, premier messager du printemps dans nos bois. — Pic-noir, qui les remplit du bruit de son travail. — Pic-vert, ennemi des fourmis sylvestres. — Pic tridactyle à la tête jaune d'or, habitant les bois du Reculet. — Torcol, appelé Ortolan par les chasseurs. — Huppe, etc.

Le 4e ordre, *les Gallinacés*, comprend les Colombes, Ramier et Biset de passage. — Pigeon de volière. — Tourterelle des bois.

Et les Gallinacés proprement. — Le Tétras, tué au crêt de Chalame. — Le Lagopède alpin, tué au Reculet. — la Perdrix bartavelle, de passage et rare. — La Perdrix rouge, la grise sédentaires. — Les Cailles. — Les Faisans, Pintades, Paons plus ou moins naturalisés dans les basses-cours. — Le Dindon, nourri sur notre bord du Rhône de pepins de raisins.

Le Coq enfin, l'oiseau de la Bresse, dont l'élève ne réussit tout à fait et ne donne ses plus glorieux produits que dans le canton circonscrit dont Bény est le centre, sur le *terrain blanc*, disent les éleveurs. Ce terrain *blanc* est *jaune*. C'est celui où la couche calcaire est superposée à un lit de sable pur. Des essais faits ailleurs dans les mêmes conditions de race, d'éducation, de nourriture, ont relativement échoué.

5e Ordre. *Echassiers* avec 8 familles : Outarde. — Echasse. — Pluvier. — Vanneau. — Grue. — Cigogne. — Héron. — Butor. — *Courlis*. — *Bécasse*. — *Râle*. — *Poule-d'eau*, etc.

Et le 6e. *Palmipèdes*. — *Foulque*. — Grèbe. — Mouette. — *Oie*. — Cygne. — *Canard*. — Harle. — Cormoran. — *Plongeon*, etc. Les uns passants, les autres sédentaires. Ils couvrent nos étangs, pèchent dans nos marais, au bord de nos petits cours d'eau. La *Statistique de 1808* divise pratiquement ces oiseaux aquatiques en comestibles et non comestibles. Nous avons souligné les noms des premiers. Ceux des oiseaux d'eau qui sont de passage arrivent en Dombes, les uns en mai, nichent et partent avant l'hiver. — D'autres plus nombreux descendent du Nord à l'automne et vont hyverner dans le Midi.

Toute cette population ailée, dans le combat pour l'existence, nous est auxiliaire, non ennemie; elle anime nos cieux vides, nos champs appauvris; elle les pare et les égaie de ses chants, de ses jeux, de ses caprices charmants. Nous devrions la respecter, la protéger, la nourrir... Il n'en est rien. Elle di-

diminue et diminuera fatalement par le fait des chasseurs d'abord, — puis des dessèchements qui sont un bienfait, — puis des déboisements qui amèneront, dans un temps qu'on pourrait supputer, la ruine de notre agriculture et de notre patrie.

ERPÉTOLOGIE

Chéloniens. — La variété de tortue existant en Dombes a été retrouvée dans les étangs de la Bresse Chalonnaise. Sa tête est noirâtre avec des taches jaunes, sa carapace ovale, plate, d'un brun noirâtre. Elle s'enterre l'hiver. Elle est comestible. C'est la *Cistudo europœa* (Ogérien).

Sauriens. — Le lézard des souches, le lézard des murailles abondent chez nous. Le magnifique lézard vert n'y est pas rare, sauf dans les hautes montagnes.

Ophidiens — L'inoffensif Orvet (Envieux) est partout — de même les serpents non venimeux. La couleuvre tropidonote, d'un gris bleu plombé, peuple nos cours d'eau dormante. — La couleuvre coronelle, d'un brun jaunâtre, vit aux bords de l'Ain, du Suran; il y en a d'un mètre de long. — Le Zaménis, d'un jaune vert, qui atteint 1 mètre 50, se rencontre dans la partie montagneuse de la Bresse (Ogérien).

Notre seul serpent venimeux est la Vipère. La

Statistique de 1808 la dit rare; elle ne l'est pas aujourd'hui, les chasseurs et leurs chiens en savent quelque chose. Ogérien disait, en 1860, que ce dangereux animal se multipliait depuis dix ans chez nos voisins. Il en aura été de même chez nous dans des conditions climatériques assez semblables.

Batraciens. — Nous avons trois espèces de Grenouilles, verte, rousse, ponctuée.

La Rainette verte est commune en plaine, rare sur les hauteurs.

Le Crapaud commun pullule en Bresse, il y atteint le poids d'un kilogramme. Le Crapaud vert, l'Accoucheur, le Sonneur rougeâtre n'y sont pas rares.

La Salamandre commune, d'un noir grisâtre, la Salamandre noire plus petite (êtres innocents et calomniés) vivent la première dans la Bresse, la seconde dans les montagnes.

Et nos rouissoirs, nos mares sont pleins de quatre ou cinq espèces de Tritons et Lisso-Tritons, à crêtes, appelés Garde-fontaines, ayant plus encore que les Salamandres la propriété enviable de reproduire plusieurs fois leurs petits membres mutilés.

POISSONS

Les poissons, abondants jadis, sont devenus rares dans nos eaux courantes. L'Administration fait, depuis quelque temps, de grands et louables efforts pour les défendre et multiplier; mais elle n'est pas beaucoup aidée dans cette tâche par les riverains. La pisciculture, en revanche, est encore pratiquée en grand et avec succès dans la Dombes d'étangs.

Nous ne pouvons ici que nommer les principales espèces qui habitent nos eaux vives et nos eaux dormantes. — Perches, Carpes, Barbeaux, Goujons, Tanches, Brèmes, Vairons, Chevennes, Ablettes, Brochets, Truites saumonées, Truites communes, Ombres (Ain), Lavarets (Rhône), Lottes, Anguilles, Lamproies (Ain).

INSECTES

Nous ne ferons pas davantage, hélas! pour la tribu innombrable des insectes (plus variés dans nos montagnes, parait-il, que dans la région basse). Et la sèche énumération suivante n'est, pas plus que celle qui précède, pour apprendre grand'chose à personne. Mais enfin, ce livre n'est pas un livre d'histoire naturelle.

Carabes dorés (jardinières), le plus beau de tous; Dystiques, Buprestides, Lampyrides, Nécrophores, Cétoines, Hannetons, Lucanes (Cerfs-volants), Ténébrions de la farine, Cantharides, Calandres du blé, Capricornes, Blattes, Grillons, Courtilières, Punaises, Pucerons, Fourmis-lions, Cinips, Fourmis (trois variétés); Guêpes, Abeilles, Bourdons.

Lépidoptères (papillons), onze familles. — Dyptères (mouches), huit familles. — Myriapodes, deux familles. — Arachnides, douze familles. — Crustacés, cinq ordres. Nos Ecrevisses, même celles nplac de Nantua, si justement vantées, sont en train de périr, atteintes d'un mal inconnu, *Proh dolor!*

Vers, quatre classes. — Sangsues, deux variétés.

Mollusques : Limaces, quatre familles. — Colimaçons, huit genres. — Acéphales, bivalves.

Zoophytes : infusoires des eaux stagnantes. — Polypiers, transition de l'animal à la plante.

RÉFLEXION

Un mot encore avant de laisser la place à la Géographie historique.

Ni pour l'enseignement d'avant 1789, ni pour celui qui a succédé jusque vers 1850, l'Histoire Naturelle n'existe vraiment. La conséquence de cette lacune ou de cet oubli dans l'éducation des générations précédentes, c'est que pour se livrer à cette science, il faut y être appelé par un instinct, une vocation si on veut, qui ne sont pas communs. Cette branche de la connaissance, si vaste, si variée, qui peut être cultivée partout, surtout dans nos campagnes (même les plus perdues et les plus dénuées); cette ressource en toute saison, sous tout climat, — ce trésor de nature qui garde à notre curiosité tant de mystères étonnants, tant de miracles indéniables, ceux-là. — Nous la dédaignons!

Les seules leçons d'anthropologie, de zoologie que j'ai eues à l'âge où l'on apprend, je les ai trouvées dans des *ménageries* foraines, recrutées au hasard et dans deux baraques de la foire de Montmerle. On montrait pour 25 centimes en l'une un Lapon de 50 ans et une Laponne de 70, très authentiques véritablement. En l'autre, *la dernière des Omaguas* (tribu brésilienne), une créature vert bouteille; au facies simiesque; aux pieds et mains d'enfant; dont le sacrum se relevait et se rebroussait de façon telle que *son petit*, plus vert, plus maigre, plus hideux qu'elle, pouvait se placer commodément sur la croupe de sa mère, à cela préparée par la Nature. Ces leçons *de choses* me firent une impression profonde. Mais elles étaient incomplètes, et il ne faut pas s'étonner si je ne trouve guère à mettre ici que des notions succinctes apprises d'hier.

Si on compare aux travaux précédents, et qui traitent avec compétence notre géologie et notre flore, ce chapitre écourté sur notre faune, les chapitres aussi sur notre climat, l'hydrographie de l'Ain, notre département avant l'histoire, on le voit de reste, je m'aventure là sur un terrain qui m'est peu familier, et mon labeur est de seconde main. Deux raisons l'excusent : 1° les spécialistes nous manquaient; 2° c'est une géographie que nous faisons. Cette science touche à bien d'autres, leur fait des emprunts, mais pour les approprier à ses besoins, et après tout une géographie n'est pas une encyclopédie.

NOTE

La production du gros bétail est, avec celle des céréales, le principal intérêt de notre pays. L'idée de constater son progrès et donc naturelle. Voici des chiffres pris à des documents officiels et qui renseignent (partiellement) sur ce grave sujet.

Nous avions en 1840, — 50,087 bœufs et taureaux — ce chiffre s'élève, en 1852, à 57,549, — en 1862, il est de 48,602, — en 1866, il remonte à 50,060 — pour tomber en 1881, à 48,508.

Les veaux d'élève étaient en 1840, 36,714, — en 1852, leur nombre est 36,714, — en 1862, tant de veaux d'élève que de boucherie, il n'y en aurait plus que 24,579, — le nombre, en 1866, remonterait à 26,794, — en 1881, j'en trouve 26,561.

Je laisse de plus compétents chercher le sens de ces fluctuations. Il est difficile d'y voir un progrès.

Le nombre des porcs est de 41,387, en 1808, — de 40,255, en 1840, — de 58,304, en 1862, — de 56,541, en 1866, — de 51,677, en 1881. La décroissance est ici encore sensible.

Celle des moutons est lamentable. Nous en avons 164,806, en 1808, — 102,388, en 1840, — 71,812, en 1862, — 74,834, en 1866, — 55,122, en 1881.

Le nombre des chevaux s'accroîtrait en somme. Il y en a 8,186, en 1808, si la Statistique est renseignée (je crains qu'à cette date en vue des réquisitions possibles on en ait dissimulé la quantité réelle). En 1840, il y en a 16,777, — en 1852, il y en a 18,493, — en 1862, seulement 15,542, — en 1866, on en retrouve 18,892, — enfin, en 1881, nous en avons 17,602.

Le chiffre des mulets va constamment diminuant, ce chiffre de 2,557, en 1840, — est de 1,637, en 1862, — de 1,495, en 1866 ; — il tombe, en 1881, à 703.

La race asine a passé du chiffre 2,889, en 1840, à 4,215, en 1866. Elle retombe à 3,096, en 1881.

Ces chiffres pris dans leur ensemble paraissent peu satisfaisants.

Les progrès de la race caprine constants de 1808 à 1866, où elle arrive à 25,785 têtes, ne seraient pas une compensation. Mais il est lui-même plus qu'enrayé. Nous n'avons plus en 1881, que 19,480 chèvres.

CHAPITRE QUATRIÈME

GÉOGRAPHIE HISTORIQUE

1re Section — HISTOIRE

PRÉAMBULE

Ce qu'on va lire est le résumé d'un travail plus étendu. J'indique d'abord en quoi ce travail diffère de ceux qui l'ont précédé. Ces différences sont sa raison d'être ; on me permettra donc d'y insister.

*
* *

L'histoire, telle qu'on la faisait il y a deux siècles, était un herbier. Tous les faits y étaient doctement classés, datés, non sans avoir été un peu desséchés au préalable. Il leur manquait d'ailleurs la couleur primitive, le sens complet, la vie vraie. Pour mérite, l'école ancienne, dont je n'ai garde de méconnaître les services, avait son considérable labeur, l'exactitude, l'intégrité. Je trouve ces qualités dans l'*Art de vérifier les dates* des Bénédictins. Je ne les trouve pas chez tous leurs écoliers.

Depuis, deux écrivains de génie ont fait chez nous de l'histoire une machine de guerre au service de causes ennemies : j'ai nommé Bossuet et Voltaire. Nous n'avons que trop bien suivi leurs errements ; et l'Europe se raille de tels de leurs imitateurs qui ne sont pas des écrivains de génie du tout, ni des historiens, mais des hommes de parti ou des hommes de secte.

L'histoire ne combat ni ne sert. Elle montre simplement le passé. A ce titre elle reste notre principal enseignement.

Sa tâche ainsi limitée est encore assez grande, son utilité assez incontestable.

Là où vous voyez l'historien prétendu plaider, au lieu d'exposer, ou après avoir exposé, défiez-vous. Je lui accorde tout le talent, tout le génie qu'on voudra; mais il a un autre souci que celui de me montrer la vérité. Si vous y regardez d'un peu près vous trouverez qu'il l'arrange au profit de sa cause.

*
* *

Chez nous, Guichenon a le labeur; Collet lui a contesté l'exactitude; un contemporain parle de le réimprimer en relevant chez lui quelque chose comme un millier d'erreurs. Surtout il manque d'intégrité; et il plaide pour ceux qui le paient par ses affirmations, par ses dénégations et par ses réticences.

La Teyssonnière vaut mieux. A un détail près (considérable et sur lequel on reviendra ailleurs) notre histoire est chez lui; mais il faut l'y chercher : il la noie dans les minuties. Il donne de plus le même espace aux faits les plus importants et aux faits les plus minces. Il ôte ainsi leur proportion vraie aux événements, cache à demi telles choses qu'il voit et qu'on ne peut plus chez lui qu'entrevoir.

*
* *

L'école historique moderne n'entreprend point de faire les affaires de telle église, de telle dynastie, de tel parti, de telle école philosophique. Elle essaie, non plus de conserver et de cataloguer des plantes mortes; mais de ressaisir et de reproduire la vie avec ses principaux accidents. Quelques-uns de ses adeptes tentent même d'atteindre la loi qui préside au développement de l'être. Cette méthode appliquée déjà à l'histoire générale, à quelques histoires particulières, à la biographie, à l'histoire littéraire, avec plus ou moins de bonheur, a produit en Allemagne, en Angleterre, en France, des livres qui survivront.

On peut l'appliquer aux histoires provinciales aisément. Je comparerai les petites existences dont ces histoires s'occupent aux plantes rudimentaires, moins complexes que les autres, plus faciles à étudier et à raconter. Si cette tentative était faite avec honnêteté, peut-être en sortirait-il plus qu'on n'en attend.

Un homme assez compétent, M. Henri Martin, écrivait, il y a déjà quatorze ans, à quelqu'un qui s'essayait alors; que la grande histoire trouvait dans l'histoire locale une contre-épreuve non méprisable de ses déductions et de plus les seuls matériaux nouveaux qu'elle puisse espérer désormais.

*
* *

La méthode moderne appliquée à notre modeste histoire provinciale en changerait la physionomie: qu'on le croie bien. Nous n'aurions plus précisément pour souci d'établir l'emplacement vrai du passage de la Saône par les Helvètes, ni celui de la bataille entre Albin et Sévère, ni si Charles-le-Chauve a été enterré à Nantua ou à Briord. Nous nous résignerions à ignorer la date exacte de la naissance de tel petit dynaste, et le confin légitime des domaines de telle petite dynastie.

Derrière ces marionnettes, nous irions, tant que nous pourrions, à ceux qui de tout temps en ont tenu les fils.

Et notre labeur tendrait à préciser ce qu'a été, aux époques successives, notre état social: les événements principaux pour nous seraient ceux qui le modifient.

Nous chercherions partout des matériaux sans crainte de déroger. Telle vie de Surius où le saint met sa gloire aux réformes assez nécessaires qu'il introduit en son couvent; une charte de commune où le seigneur retient le droit immémorial qu'il a de vendre à ses sujets le cuir et le suif à son prix; un acte par lequel les Chartreux de Portes achètent un serf au prix courant; le dossier de tel procès; tel compte de dépense; une humble biographie privée nous renseigneraient. Les monuments contemporains les plus fiers et les plus humbles, telles abbayes, Cluny ou Tournus, maîtresses peut-être à un moment d'un quart de la Bresse (par elles ou leurs prieurés); tel château princier ruiné aux trois quarts (Grolée ou Poncin); telle petite maison forte devenue une grange; une cave de couvent devenue un battoir à écorces; la cuisine d'un prieuré; ce beau cloître d'Ambronay qui tombe; un saint sépulcre du XIVe siècle, bien regardés et bien compris nous renseigneraient. Un fabliau nous servirait à comprendre une charte. Et il se peut que nous allions chercher dans une épopée du XIIe siècle la description d'un de ces supplices que la place d'Armes de Bourg a vus quelquefois.

*
* *

Quant à être épique, l'histoire locale, par tempérament, ne l'est pas. Sans nul doute la grande gloire, les belles aventures lointaines et autres, un sublime désastre même, les nobles pas d'armes, les triomphantes entrées des rois, princes, prélats et seigneurs, les dais de velours, les robes et chapes d'or, les clefs d'argent, sont choses bien poétiques, sans prix vraiment, et qui ne se doivent pas marchander. Mais quoi? Notre pays est un pauvre petit pays. Et nous sommes de très petites gens. Ce que notre histoire privée, (*res angusta domi*, notre mince tracas de ménage) nous apprend le mieux, c'est ce que la poésie épique nous coûte. Bourgeois et manants que nous sommes et taillables à merci, il nous a fallu trop de fois en trouver le *prix de revient* sur notre épargne chétive. De là l'habitude prise par nous de le supputer mesquinement par livres, sous et deniers tournois. C'est une habitude laide et qui sent son vilain. Mais il n'est ni bienséant, ni prudent à ceux qui nous forcent de la conserver de nous la reprocher trop.

L'école féodale qui essaie de revivre nous appellera pour le moins *utilitaires*. Si ce nom sied à quelques-uns, ce n'est pas à ceux qui paient en grognant les galons, les oripeaux qu'elle idolâtre; c'est à ceux qui les vendent, c'est à ceux qui les portent et qui les *utilisent* à leurs fins et à toutes fins, ce me semble.

*
* *

L'histoire locale a un plus grand défaut, et dont nous aurons à nous défendre. Elle n'est point optimiste. Elle ne peut pas l'être. Elle voit des choses grandes ou réputées telles le petit côté qui n'est pas toujours beau. Vous êtes chez elle plus près du vrai qu'ailleurs. Or si, dans l'Evangile, « les élus sont peu nombreux, » *pauci* ; dans l'Histoire, les héros le sont moins encore, qu'on me permette de le répéter. Et le sublime est rare. Nos personnages, nous les surprenons habituellement en leur ménage, en déshabillé; nous sommes obligés de les montrer comme nature les fit; s'ils ont quelque difformité nous aurons l'inconvenance de la dire. Il y aura, je n'en doute pas, des gens, honnêtes d'ailleurs, pour reprocher au peintre la criante laideur de son modèle, — pour l'accuser de mal penser de l'homme et de ne rien admirer. Je pense parfois de l'homme ce qui en est dit au psaume cinquante, verset sept — qu'il « est conçu dans l'injustice et enfanté dans le mal. » Quant au dernier reproche je ne finirai pas cette esquisse sans en tenir grand compte ; et il se peut bien qu'au bout les mêmes gens me reprochent d'admirer trop.

II

Nos origines.

Notre ancienne province, notre département est divisé en deux moitiés qui ne se ressemblent guère.

La moitié orientale entre le Rhône et l'Ain est couverte par les terrasses parallèles du Jura. Au nord, ses sapins, ses petits lacs, ses petits torrents la font ressembler à la Suisse verte. Au sud, des lignes de montagnes plus onduleuses, des bois de hêtre, des châtaigniers, des mûriers, des vignes plantureuses, les premières cigales qui chantent sous un soleil plus chaud rappellent les beaux cantons du Dauphiné voisin.

C'est le Bugey, jadis Bieugeois. La race qui l'habite, brune d'yeux, de cheveux, de teint, a la tête et la face rondes, les membres vigoureux, la complexion bilieuse souvent. Elle est active, intelligente, industrieuse. Quant l'anthropologie viendra l'étudier, elle y reconnaitra les premiers occupants du sol, Mongoloïdes, devenus par des croisements avec les Aryas (Celtes puis Burgondes) plus beaux et plus grands.

La moitié occidentale entre l'Ain et la Saône est un plateau penchant du sud au nord, coupé de petits cours d'eau paresseux ; au midi ce plateau est couvert en grande partie d'étangs artificiels ; au nord, de bois de chênes et de bouleaux sur lesquels de riches moissons vont tous les jours empiétant davantage.

C'est la Bresse (autrefois Braysse). L'homme ici est blond ou châtain ; ses yeux sont souvent bleus ou gris ; son teint est blanc ; il a la tête et la figure ovales ; la taille haute, svelte ; le tempérament sanguin ou lymphatique. Il est calme, sensé, laborieux, un peu lourd. C'est, au dire des anthropologues, un Arya venu d'Asie à une date relativement tardive.

A l'époque gauloise, les deux pays et les deux races portaient déjà des noms différents et appartenaient à deux sociétés politiques ayant des institutions dissemblables. La Bresse dépendait de la tribu ou cité des Edues, gouvernée par les Druides ; le Bugey, du clan des Séquanes, gouverné par une aristocratie guerrière.

Les Druides, prêtres féroces, enseignant un spiritualisme instinctif, effréné ; trois ou quatre grands dieux à forme humaine ; une déesse mère. — Les Séquanes montagnards, plus fidèles au culte primitif, connaissant pour Dieux le soleil, les sources, les forêts, les chênes, le gui, les montagnes, les pierres debout à forme priapique, la vouivre, les fées. — L'une et l'autre tribu, civilisée à demi, habitait ce que César appelle des *oppida*, refuges fortifiés de bois et de terre, cultivait le sol, avait une industrie rudimentaire.

En 58 avant notre ère la plèbe Edue, mécontente de son aristocratie, appelle les Helvètes, tribu voisine, la plus sauvage de Gaule. Ceux-ci arrivent chez nous, détruisant tout. Nous crions vers César. Il vient du pays Allobroge (Savoie) déjà latinisé, détruit les Helvètes, occupe notre pays.

Nos deux aristocraties, sacerdotale et militaire, sont séduites par la civilisation gréco-latine. Et ce pays, aux Ier et IIe siècles, donne ce spectacle merveilleux que l'Amérique du nord répète aujourd'hui, d'une société nouvelle créée subitement.

Toutefois les Anglais chrétiens ont détruit la race indigène : les Romains païens l'ont civilisée.

*
* *

Chez nous la région des montagnes, moins humide, moins boisée, moins complètement acquise à la sombre théocratie druidique, fut en deux siècles latinisée profondément. Il y avait là trois villes florissantes, Izernore, Vieu et Briord, que ni les noires bourgades du Moyen-âge, ni nos cités modernes un peu moins laides et fétides, n'ont pas encore égalées en luxe intelligent. La civilisation antique a été là complète.

Le plat pays, entre l'Ain et la Saône, fut au contraire recouvert bien plus que pénétré par la société romaine : au bord des bois mélancoliques de Dombes, semés de poipes funéraires, au pied des collines du Revermont, où les menhirs de l'âge de pierre restaient debout, adorés encore, les colons italiotes ne construisirent que quelques bourgades agricoles dont les débris, indigents relativement, accusent encore le peu d'importance.

Des religions helléniques, celle qui se répandit le plus chez nous fut la religion du dieu Soleil. Elle était encore très vivante quand l'invasion barbare arriva : dans le Mithrœum de Vieu, un de ses foyers, on a retrouvé le tombeau de son père des pères, *pater patrum*, Eutactos, les offrandes des fidèles dans leur sébile de bronze. Elle n'est pas morte tout à fait ; au solstice d'été nos campagnes rallument encore le bûcher symbolique où le dieu était censé se sacrifier volontairement. — On l'appelle feu de la Saint-Jean.

La culture latine porta hâtivement chez nous ses plus brillantes fleurs et ses fruits les plus pernicieux. — Dans les trois départements de la Bourgogne actuelle, nos voisins, il ne restait que trente mille hommes libres. L'ergastule était dépeuplé, les *latifundia* restaient incultes quand au commencement du Ve siècle les soldats barbares au service de Rome, de serviteurs de l'empire, se firent ses maitres et occupèrent ici la moitié, là le tiers des terres des patriciens gallo-romain. Vraisemblablement il en était et il en advint chez nous comme en Bourgogne.

Le renversement d'une société cultivée par des barbares est toujours un deuil pour l'humanité : il est difficile pourtant de regretter cette civilisation latine qui en arrivait là et avait cessé de produire.

*
* *

Ce fut, parait-il, au milieu des misères de l'occupation, et pendant l'agonie du vieux monde, que notre contrée hésitante un moment entre un culte venu de Perse et un culte venu de Judée, adopta le Dieu-homme du second et son ciel qui ne manquait pas de femmes, comme le ciel de Mithra.

Le seul renseignement sérieux que nous ayons sur sa conversion, c'est sa division ecclésiastique.

Nos apôtres durent venir à peu près vers le même temps de trois points différents, puisque notre territoire fut partagé en trois diocèses : celui de Lyon s'annexa plus des deux tiers de notre pays ; le siége de Genève divisa inégalement le reste avec celui de Belley, le plus petit des Gaules. Les Burgundes, nos maîtres, les moins féroces des barbares, étaient en partie latinisés, et pour la plupart ariens. La dispute entre les chrétiens qui ne croyaient pas Jésus Dieu et ceux qui l'affirmaient tel dura chez nous autant que la Burgundie (413-536) ; elle nous a laissé un fragment curieux de ses controverses dans la légende de saint Domitien (conservée en l'abbaye de Saint-Rambert).

L'évêque catholique saint Avit appella chez nous les Franks catholiques. Ceux-ci détruisirent du même coup l'Arianisme et l'état burgunde. Ce sont de vrais barbares. En Provence ils arrachent les oliviers, brûlent les villes. La condition que firent ces conquérants au midi et à l'est de la Gaule encore latins était intolérable et fut vite anarchique. Au VIIe siècle ces populations sont de fait gouvernées par leurs patrices ou leurs évêques. Le Syrien Genesius (Saint-Genis), ses cinq successeurs règnent de fait sur Lyon et sur nous du milieu du VIIe siècle à l'invasion arabe appelée par les Gaulois du midi. Cette invasion ruina le Lugdunum latin.

La seconde conquête franke, conduite par Charles Martel (737), ne releva rien ni dans notre province, ni ailleurs, bien au contraire. Elle « attribua chez nous les dimes aux hommes d'épée... pillant les choses sacrées et profanes mieux que les Sarrasins. » (Severt. Arch. de Lyon, p. 170.) Elle laissa vaquer le siège de Pothin et d'Irénée vingt-neuf ans, puis le rendit à des clercs nommés Maldebert, Hilduin, c'est-à dire de race barbare.

Une réaction chrétienne devait suivre et suivit. Charlemagne, aidé par ce qui restait du clergé lettré, tenta de relever avec d'informes débris une contrefaçon grossière de l'empire romain écroulé. Son édifice ressemble à ces églises du même temps où les tombeaux grecs sont devenus des autels chrétiens, où des colonnes d'ordres différents, mariées par force, supportent d'un air triste une lourde arcature barbare. L'édifice carlovingien, caduc avant d'être fini, ne put être défendu ni contre ses ennemis du dehors, — les envahisseurs Arabes, Normands, Hongrois. — ni contre ses ennemis du dedans, — les évêques franks qui étaient ses ministres et les nobles franks qui étaient ses soldats. Ces évêques et ces nobles furent bientôt ses destructeurs, ses successeurs et nos maitres. Le capitulaire de Kiersy, arraché par eux, en 877, au petit-fils du grand Charles, et accordant l'hérédité aux détenteurs des charges et bénéfices, est l'acte de décès du vieux monde. Ce qu'il y avait de culture se conserva chez nous dans les couvents de l'Ile-Barbe et de Saint-Rambert, fondés ou rétablis par les auxiliaires de Charlemagne.

Le royaume d'Arles dont nous dépendîmes un siècle et demi (879 à 1032) est une réplique et une parodie de l'empire carlovingien, essayées par le concile de Mantale et un ambitieux au-dessous de sa fortune. Son autorité fut chez nous presque purement nominale.

III

Fondation et lutte des deux féodalités.

On a fait honneur du système féodal au tempérament germanique ; ce système est peut-être tout simplement une des phases que traverse nécessairement une société qui recommence.

L'aristocratie franke était propriétaire du sol. Elle avait eu raison de tous les efforts faits pour la discipliner et pour fonder un gouvernement, par la royauté barbare et le clergé latin. Elle avait annihilé la royauté, envahi l'église. Elle n'avait rien organisé que l'anarchie plénière et elle s'en rassasiait avec fureur quand l'arrière-ban de la barbarie arriva. Les Arabes, les Normands, les Hongres mangeurs de chair crue étendirent sur sa proie leurs griffes immondes. La nécessité de leur résister lui donna le prétexte qu'il lui fallait pour compléter son usurpation. Elle établit que la propriété d'une parcelle de terre en impliquait la souveraineté. Nous eûmes de fait et de droit quatre-vingt mille princes : l'état féodal existait : il était en partie ecclésiastique, en partie laïque.

Qu'on veuille bien ne pas s'y méprendre. Ni ici, ni ailleurs, je ne touche à l'église établie au 1er siècle par les Apôtres : cette institution spirituelle tient qu'il faut laisser le glaive au fourreau, *car tous ceux qui prendront le glaive périront par le glaive.* » (*Ev. sel. Matt.*, ch. 27, v. 52.)

Quant à la féodalité ecclésiastique, établie aux VIIIe et IXe siècle par l'aristocratie franke, c'est une institution temporelle qui *a pris le glaive et frappé du glaive* : nous avons été ses sujets, puis ses serfs pendant mille ans ; et son histoire est notre histoire.

Les listes qui gardent les noms des évêques de ce temps, les canons des conciles qui nous racontent leurs mœurs, l'histoire qui nous montre leurs gestes, établissent d'accord qu'ils étaient des soldats : ils devinrent aisément, dans *leurs villes* défendues par eux contre les Normands et les Hongres, ce qu'était hier à Rome l'évêque de Rome, ce qu'étaient, il y a quatre-vingts ans, les évêques de Liège, de Trèves, de Mayence ; des princes.

Les nobles franks n'aimaient pas les cités. Les villas d'où ils avaient, au Ve siècle, chassé les patriciens gollo-romains avaient été transformées par eux en métairies ouvertes, ils venaient y chasser entre deux guerres : il fallut les fortifier quand les Normands remontèrent nos fleuves (les Normands arrivent chez nous par le Rhône en 860). Les *campagnes* de Gaule se couvrirent donc de bastilles : En 862, un capitulaire en demande la construction d'urgence, un autre en 864 en prescrit la démolition « parce que leurs voisins souffrent de vexations et de pillages »... ces bastilles ont duré mille ans. Elles ont dépossédé les villes de leur prépondérance, changé l'assiette de la société. Les nouveaux sièges et centres de l'autorité sont : en Bresse, Baugé-le-Châtel, la tour de Coligny le Vieux, la tour de Buenc, la poype de Villars ; en Bugey, les abbayes de Nantua, d'Ambronay, de Saint-Rambert, le minuscule évêché de Belley.

Les deux aristocraties se partagent notre pays non au hasard, non selon des convenances personnelles, mais selon des nécessités préexistantes Le dualisme primitif persiste.

Le Bugey restait latin de mœurs et de langage ; l'influence du clergé y domina, et la féodalité y fut ecclésiastique. L'évêque de Genève au nord-est, celui de Belley au sud ; trois grandes abbayes souveraines, Nantua au nord, Saint-Rambert au centre, Ambronay au sud-ouest, se partagèrent les meilleures et les plus importantes positions du pays, laissant à peine place à côté d'eux dans quelques angles et recoins du territoire à un petit nombre de fiefs laïques minuscules et d'avance subalternisés.

Dans la Bresse la féodalité fut laïque. Trois grandes seigneuries, Bâgé, Coligny, Villars prirent tout ou presque tout. Les couvents de la Chassagne et de Montmerle faisaient à côté d'elles pauvre figure. Quant à notre évêque (l'archevêque de Lyon) il était bien lui aussi devenu prince en sa ville ; mais sa souveraineté fort contestée là (par les comtes de Forez, par son chapitre noble qui la voulait pour lui, par les habitants) ne dépassa guère les limites de la cité et ne nous atteignit pas.

*
* *

C'est une des lois les plus constantes de l'histoire : partout où l'autorité est partagée entre le sacerdoce et la noblesse, la lutte entre les deux castes est infaillible ; l'invasion étrangère elle-même ne les empêche nullement de s'entre-manger.

La sirerie de Bâgé, la principale seigneurie de notre pays, est chez nous le principal théâtre de la compétition. Hugo, premier sire, avait eu « de Louis (le Débonnaire) pour loyer de ses services militaires une abbaye dédiée à Laurent avec Bâgé qui était de la juridiction de l'abbé. » Les évêques de Mâcon, Gérard, Mainbold voulurent au xe siècle reprendre le bien d'église. En 950, au moment où les Hongrois arrivent, le petit-fils d'Hugo prend et brûle Mâcon et sa cathédrale Saint-Vincent : (la tradition nous montre notre sire faisant manger l'avoine à son cheval sur le maître-autel.)

Beaujeu dépouillera les églises de Cluny, de Mâcon, — Villars aura guerre avec la principauté ecclésiastique de Lyon, avec l'abbaye carlovingienne de l'Ile-Barbe, plus tard avec le couvent de la Chassagne, — Belley sera tourmenté et finalement confisqué par ces seigneurs de Maurienne dont le descendant règne au Quirinal. — A Genève (dont Gex dépend) les deux contendants sont l'évêque de la ville et le comte du diocèse. Les Bénédictins, princes de Nantua, sont attaqués incessamment, souvent pillés, incendiés une ou deux fois par les hobereaux de la Montagne, conduits par le sire de Thoires ; — Saint-Rambert, Ambronay sont dépouillés par leurs vassaux, les gentilshommes du voisinage.

Un acte de 953 (*Chronique historique des évêques de Mâcon*) résume le tout pour nous en deux lignes : « La cupidité insatiable des séculiers, si elle n'eût été épouvantée par la crainte du jugement dernier (on l'annonçait pour l'an 1000), ne pouvait, quoi qu'elle fît, assouvir sa soif, et allait arriver à s'approprier les biens d'église. » Je traduis le sens plus que les mots, que voici d'ailleurs : « *Insatiabilis seculariorum cupiditas... nisi terrore judicii pavefacta, sitim suam nullà tenus extinguere poterit, undè fit ut res ecclesiasticas non timeant in suos usus transferre...* »

Cette crainte du jugement aidait les clercs à refaire leur fortune ainsi entamée. La *Chronique des évêques de Mâcon* enregistre deux cent quinze donations faites à cette église en un siècle.

A en croire les chroniques monastiques contemporaines (v. surtout Raoul Glaber) la lutte était sans ménagements. Le travail cessait pendant des années. Des famines effroyables suivaient. Le XIe siècle a vu, à côté de nous, à Mâcon, à Tournus, vendre la chair humaine au marché, publiquement.

* * *

Un disciple de Bossuet, narrant la querelle impie prendrait parti, pour saint Gérard de Mâcon, contre Hugues III de Bâgé, l'*incendiaire* ; pour saint Anthelme de Belley, contre Humbert de Maurienne, le *pieux*. Un écolier de Voltaire prendrait le parti adverse. Ce qui serait sensé serait de raconter les faits en conservant leur physionomie le plus possible. Après les avoir regardés longuement, j'incline à admettre, sans me prononcer sur les hommes (tous hommes c'est-à-dire médiocres ou mauvais le plus souvent), qu'à cette date, la féodalité ecclésiastique était, des deux, la moins lourde à porter.

Pierre-le-Vénérable a fait d'elle un éloge, de sa rivale une satire, qui sont d'un intéressé ; on en rabattra ce qu'on voudra, il en restera cette allégation qui, venant d'un tel homme, a du poids : « Les gens des campagnes abandonnaient les terres laïques ». Cela est pour nous étayé d'un fait assez curieux venant d'un de nos annalistes. Les serfs de Gros, seigneur de Brancion, se réfugient à Saint-Hippolyte, chez les moines de Cluny qui leur donnent des terres où ils bâtissent. Gros repète ses serfs violemment : le comte de Mâcon médiateur les lui rend, condamne Cluny à lui payer « mille livres pour le bien de paix » et à le quitter des « dommages, injures et maux » faits par lui à l'abbaye (v. Aubret, t. I, p. 433, 434).

L'administration ecclésiastique était, des deux, la plus intelligente, la plus éclairée sur ses intérêts, la plus régulière dans ses procédés ; elle ne tuait pas la poule pour avoir les œufs. De là sa popularité et sa victoire du XIe siècle.

La papauté usa de cette victoire en envoyant nos seigneurs à la Croisade. Ses motifs, elle les a dit au concile de Clermont, par la bouche d'Urbain II.

Dans le second discours (je prends le texte à Guillaume de Malmesbury, bénédictin du XIIe siècle), on lit ces paroles terribles adressées à la noblesse française debout autour du pontife :

« Pour dire la vérité, vous n'êtes pas dans la bonne voie... Vous êtes les oppresseurs des orphelins, les spoliateurs des veuves, des homicides, des sacrilèges, des voleurs et des pillards. En versant le sang... vous comptez sur le salaire des brigands, sur la dépouille des victimes. Comme les vautours sentent de loin l'odeur des cadavres, vos yeux sont tournés vers les régions lointaines pour y découvrir la guerre... Vous attaquez vos frères et vous entre-déchirez... Renoncez à ces luttes sacrilèges... »

Et dans le troisième discours (texte de Robert le Moine) : « Cette terre *trop étroite* suffit à peine à nourrir ceux qui la cultivent. C'est la source de vos guerres... Cessent ces haines, se taisent ces disputes, s'apaisent ces guerres !... *Enlevez la Terre sainte* aux impies et *vous la soumettez !*... Cette terre est arrosée de lait et de miel !... »

Le premier de ces deux passages est surtout le portrait de ce temps fait devant le modèle. La politique romaine apparait ingénûment dans le second. Tous deux, bien lus, auraient pu dispenser d'expliquer et de juger les Croisades.

Une moitié peut-être de notre noblesse périt en Palestine. On ne dit pas que les serfs ou les seigneurs d'église s'en soient désolés. Chez nous, ces derniers multiplièrent miraculeusement au XIIe siècle. De 1100 à 1170, sept ou huit abbayes nouvelles : Innimond, Parves, Meyriat, Saint-Sulpice, Chézery, Arvières, Bons sortirent de terre. D'innombrables prieurés couvrirent nos campagnes d'un réseau quasi régulier, aux mailles duquel rien ne semblait devoir échapper désormais. La noblesse elle-même se rangeait à d'autres leçons : les petits-fils des seigneurs brigands du xe siècle dotaient les églises aux dépens de leurs hoirs ; ils prenaient *in extremis* l'habit de saint Benoît et venaient mourir à Brou sur la cendre et sous le cilice.

Pour tout cela le paradis ne descendit pas sur la terre. La première Croisade a vu, et la *Chanson d'Antioche*, écrite par un croisé, raconte une scène d'anthropophagie digne du xe siècle. L'histoire du sire de Thoires (*de Thoria*) et de sa sœur, volant ensemble les porcs, puis les bœufs, puis les juments des moines du Miroir, — celle de la dame de Beaujeu (souveraine de notre rive de la Saône) attaquée par tous ses voisins, lâchement, dès que son mari est parti pour l'Asie, — celle de Guy l'Enchaîné et de ses hoirs, pillant les terres d'église à main armée, pendant trente ans, malgré l'excommunication fulminée par le Pape, prouvent que le XIIe siècle n'était pas du tout l'âge d'or.

*
* *

On ne tombe que par sa faute. La féodalité ecclésiastique ne fait pas exception à cette loi de l'histoire. Chez nous la querelle entre notre évêque (l'archevêque de Lyon) et ses chanoines, (les déréglements de ceux-ci sont constatés par une lettre de Grégoire VII); la division entre les Bénédictins et les Chartreux, entre Nantua et Meyriat qui s'accusent mutuellement, entre Innimond et Portes qui en arrivent à des voies de fait (Lateysonnière, t. II, p. 140) diminuèrent le respect. Certains excès le ruinèrent. Sur la vanité, le luxe, la vie relâchée des Bénédictins il y a le témoignage de saint Bernard. Surius, chartreux, nous montre, dans la vie de saint Anthelme, les Chartreux faisant l'usure, et Anthelme « n'épargnant ni les évêques avares, ni les abbés s'inquiétant peu de leurs sujets, ni les prêtres esclaves d'un sale libertinage... »

Une catastrophe sans égale jamais, l'échec de la seconde Croisade prêchée par saint Bernard (1148), donna droit de parler haut aux adversaires, à ceux qui restaient inquiets d'agrandissements que rien ne semblait devoir plus arrêter. De deux cent mille croisés conduits par le roi et la reine de France, il en revint trois cents. Or l'élite de nos seigneurs, un Coligny, un Villars, un de Thoires, un La Palu, un La Balme, un Châtillon, un Seyssel, un Luyrieux étaient des deux cent mille, et nous avions payé les frais de leur voyage.

D'autres causes non moins locales activèrent chez nous la réaction. Deux de nos évêques, Héraclius de Montboissier et Drogo, guerroyaient avec le comte de Forez (1158), Guy l'Intrépide. Celui-ci vainquit Héraclius à Izeron, en bataille rangée, entra à Lyon, incendia tous les édifices appartenant aux clercs. Pour réparer ces ruines Drogo augmenta les dîmes. Deux ans après ces événements, Pierre *à Valdo*, de Vaux, petit village situé entre nos trois grandes abbayes, Portes, Ambronay et Saint-Rambert, commença à prêcher. Les évêques étaient pour lui des homicides, les moines des Pharisiens, il demandait qu'on refusât les dîmes, qu'on dépossédât le clergé de par un texte du Deutéronome (*Reinerius Contrà Valdenses. — Biblioth. Patrum*, XXV, 263). Pierre, chassé de Lyon avec ses adhérents, les *Ensabottés*, se retira dans les montagnes ; je ne sais si ce sont les montagnes natales, mais un demi-siècle plus tard nous trouvons à Saint Martin-du-Fresne, des hérétiques qui attaquent à main armée les moines de Nantua...

A partir de 1200 les biens d'église sont au pillage des deux côtés de l'Ain. Les pillards sont les fils des croisés, des Bâgé, des Villars, des Beaujeu, des La Palu, des La-Tour-du-Pin. — La Palu rançonne La Chassagne (1213). — Villars, « poussé par le diable », tourmente et vole l'Ile-Barbe (1226). — Beaujeu arrache la moitié de Thoissey à Cluny (1236), — Bâgé saccage les biens que Tournus possède sur notre rive de la Saône (1237). — Les moines princes de Montmerle, de Saint-Rambert, d'Ambronay, de Nantua sont « en proie à leurs ennemis », lesquels sont leurs voisins, leurs feudataires nobles et leurs serfs. La lamentation de l'abbé d'Ambronay constatant cet état de choses (1285) est conservée. Les feudataires « renient leur fief », refusent la fidélité ; les serfs refusent leurs *servis*...

Les abbaïes bressannes courbent la tête devant

la force. Saint-Rambert, Ambronay se livrent aux Savoyards. Les moines guerriers de Nantua résistent à main armée et, secondés par leur ville restée fidèle, prolongent leur résistance près de cent ans.

Cette révolution consommée par nos seigneurs, oubliée par nos historiens, entendons bien ceci, n'allait point à ôter aux clercs leurs propriétés ; elle n'allait pas davantage à leur arracher leurs droits seigneuriaux ; elle allait à leur enlever la souveraineté : tout évêque a été roi en sa ville, comme hier l'évêque de Rome ; tout abbé a été de même roi en sa terre. Par les traitements qu'on vient de dire, les princes et seigneurs laïques se firent ouvrir les portes des forteresses monastiques, y mirent garnison, et en échange d'une protection léonine obtinrent peu à peu à peu une abdication formelle. En deux mots, le XIIIe siècle fit à Lyon et dans le diocèse de Lyon, ce que le XIXe est en train de faire à Rome.

IV

Communes. — Monarchie féodale.

Le XIIe siècle, qui voit la féodalité ecclésiastique décliner, voit ressusciter les villes.

« *Commune*, dit Guibert, abbé de Nogent, est un mot nouveau et détestable, *novum ac pessimum ;* on entend par là que les taillables ne paient plus qu'une fois l'an la dette de leur servitude, les autres exactions infligées par la coutume aux serfs sont supprimées. » (*De vitâ suâ, ap. script. vet. Gall.* XIII, 250).

Le Mans avait proclamé insurrectionnellement sa commune en 1072 ; Laon en 1109 ; Reims en 1138. Les villes de Bourgogne ne furent libres qu'à la fin du XIIe siècle. Lyon s'insurgea pour la première fois contre ses chanoines souverains en 1232. Chambéry eut sa charte l'an d'après. C'est d'un second mouvement de notre métropole religieuse que nos libertés sont nées. La chose est curieuse à tous égards et veut être contée.

Le pape Innocent IV, sans refuge possible en Italie, et auquel saint Louis et les barons de France viennent de refuser un asile, arrive en la principauté ecclésiastique de Lyon (1245). Il est là, au milieu du Concile œcuménique, occupé d'excommunier l'Empereur. Celui-ci, cependant, marche sur Turin avec 2,000 Allemands et 10,000 Sarrasins. Innocent, pour arrêter Frédéric II, s'allie à la maison de Savoie, aux communes lombardes. Mais il a à conjurer un autre péril plus pressant ; les chanoines de Lyon, cadets de familles nobles comme les moines de Nantua, guerriers comme eux, maîtres de fait en leur ville, prennent parti contre le Pape, menacent de jeter ses gens dans le Rhône, l'inquiètent même pour sa vie. Innocent s'allie ouvertement contre eux aux communiers de Lyon ; il nomme archevêque, gonfalonnier de l'Eglise, gardien du concile Philippe de Savoie, qui n'est pas prêtre et ne le sera jamais.

Or, Philippe notre archevêque, tuteur à ce titre des enfants mineurs de Bâgé, hérite, aux termes du testament d'un de ses pupilles, de la moitié de la Bresse. Il marie la souveraine de l'autre moitié, Sibyile, à un neveu à lui. Le premier acte, chez nous, des princes savoyards, oncle et neveu, c'est la concession de la charte de franchise de Bourg, très avare de libertés, mais par laquelle, chez nous, la liberté commence (1251).

Cette charte, inspirée par notre évêque, est confirmée par le Pape (qui séjourna à Lyon sept ans). C'est le don d'avénement d'une dynastie qui se fonde et pour se populariser accepte et encourage l'institution *nouvelle et détestée* de ce temps; c'est aussi une représaille de deux princes de l'Eglise contre la féodalité laïque. Celle-ci ayant la main forcée nous concède huit chartes dans les dix ans qui suivent.

Ces chartes contiennent sur le temps des renseignements sans prix. A Bourg, le prince fils des croisés retint le droit exclusif d'avoir des fours pour cuire le pain, des étals pour le vendre ainsi que la viande, le blé, le drap, l'épicerie, le cuir. A Trévoux, à Lent (Aubret), les sujets ne doivent pas d'amende pour avoir battu leurs femmes; à Montréal pour les avoir blessées (sauf le cas où mort s'en suit)! La charte de Trévoux est signée d'Henri de Villars, notre évêque; celle de Montréal d'un de ces sires de Thoires qui s'allieront à la maison de France. Que pensent de cela ceux qui prennent les romans de chevalerie au sérieux et croient au culte de la femme par le Moyen-âge?

*
* *

Le drame a désormais quatre acteurs, ayant chacun son intérêt distinct : 1° la *féodalité laïque* : elle règne ; — 2° la *féodalité ecclésiastique* : elle a perdu sa souveraineté et la direction des affaires, mais elle subsiste, plus riche encore que sa rivale ; — 3° le *prince* : les Bâgé, les Coligny, les Villars n'étaient que de très grands seigneurs ; le comte de Savoie, notre nouveau maître, aura une autre ambition, il aspirera à la monarchie, il y arrivera ; — 4° les *communiers* : ils n'ont à ce début, souci que de vivre ; ils viseront bientôt à former un *tiers-état* en attendant mieux.

L'historien qui oublie son rôle pour se faire l'avocat d'une institution, d'un parti, d'une caste, d'un intérêt peut ici, bien aisément, en taisant un ou deux faits par ci par là, montrer d'un côté le prince et les communiers unis pour ruiner les deux féodalités ; de l'autre, les deux féodalités, hier ennemies, s'alliant pour la défense mutuelle.

Ces réticences seraient des faux ; cette thèse prise au pied de la lettre serait un mensonge. La vérité ne ressemble pas à cela.

*
* *

Il faudra aux deux féodalités, pour comprendre qu'elles n'avaient plus qu'à faire cause commune, pour se résigner à cette politique nouvelle que leur longue compétition n'avait pas préparée, bien du temps, bien des déconvenues, bien de ces leçons que l'expérience seule fait accepter.

Cette alliance entre clergé et noblesse n'était pas faite par exemple en 1270, année qui vit la journée décisive où les communiers lyonnais, le glaive et la torche au poing, allèrent assaillir chez elle la vieille théocratie fondée par l'évêque carlovingien Burchard. Les assaillants furent conduits à l'attaque du pont de Saône, à l'assaut des deux cloitres-forteresses de Saint-Jean et de Saint-Just par des *nobles de Bresse et de Savoie.* (C'est un La Tour du Pin qui les commande, Aubret, I, 557).

Cependant Philippe, archevêque qui n'était pas prêtre, après avoir dicté la charte de Bourg, avait bien voulu résigner deux évêchés, trois ou quatre abbaïes qu'il cumulait pour épouser une fille de la maison de France et régner sur la Savoie. Ce Talleyrand du xiiie siècle, bien plus complet et plus heureux que celui du xviiie, laissa nos nobles faire s'il ne les poussa. Et peut-être préparait-il en sa pensée à nos deux autres églises souveraines (celle de Genève et celle de Belley) le sort du grand siège de Lyon : ses successeurs y pourvoiront.

Dire pour cela que le prince a, chez nous, créé la franchise, ce ne serait pas dire toute la vérité. Il ne la créa pas gratuitement. Il nous la vendit « moyennant une certaine somme ». (Bulle d'Innocent IV, du 11 avril 1251). Il nous la vendit en détail, droit après droit, depuis celui de *formariage*, le droit qu'a la bête de choisir sa femelle et que la féodalité avait ôté à l'homme, — jusqu'au droit de s'imposer, de s'administrer, de se faire justice, de se fortifier, de se garder, d'enseigner les enfants que nos communes auront un moment. Ces ventes ont éte faites à prix débattu par le prince besogneux, au jour où il avait faute d'argent. Nous ne devons donc rien à ce marchand de liberté, puisque nous lui avons tout acheté et tout payé.

*
* *

Dire que, chez nous, le prince travaille sciemment à soumettre, ou à détruire les deux féodalités, c'est vrai si on regarde à certains règnes. De 1250 à 1353, sous l'époux et les deux fils de Sybille de Bâgé, c'est vrai. Et ces princes emploient, pour procurer ce résultat, des moyens atroces ; — la prise du château du Saix, celle du château de Wuenc, la destruction des manoirs de Bezeneins, de Corcelles, de Corlieu, etc., etc., sous Amé V et son fils le pieux Aymon, ne diffèrent pas de beaucoup de certaines scènes d'août quatre-vingt-neuf. Au Saix, les gens du Comte tuent la femme et les enfants du seigneur dans l'ivresse de leur victoire.

Ces trois premiers Savoyards sont des politiques. Ils nous vendent la commune parce que les communiers riches paient plus d'impôts que les serfs de redevances Pour donner une frontière à leur état, ils rejettent sur la rive gauche du Rhône les Dauphins empiétant sur la rive droite. Cette guerre aussi est atroce. Et elle dura 70 ans

*
* *

Mais sous les deux princes suivants, Amé VI, le comte *verd*, et Amé VII, le comte *rouge*, la réaction féodale est patente. A Bourg, elle suspend nos libertés, force les légistes qu'elle hait à travailler, *corporaliter*, à brouetter des briques et gâcher du mortier pour nos remparts.

Elle nous mène à l'incroyable croisade de 1366, où nous, Bressans et Bugistes, conduits par notre prince, par un La Baume, un La Palu, un Seyssel, un Montbel d'Entremont, nous allons, non pas délivrer le tombeau de Jésus-Christ, mais relever le trône de Constantinople à peu près renversé par les Bulgares et les Turcs — et accessoirement celui de « la despote de Inus, à qui l'archevêque de Patras avait ôté sa terre... » Voyez le récit dans Paradin. Il est plus gai que celui des campagnes de Picrochole. Et il n'y a rien de plus fou que cela dans l'histoire. Ces folies ont ordinairement leur loyer. Notre expédition de Thrace est suivie de près d'une conspiration de serfs contre leur seigneur, la première qui nous soit connue, celle de Foissiat en 1382.

Le comte *rouge*, lui, mène les seigneurs de *Braysse*, un Villars, deux La Baume, les seigneurs de Corgenon, de Froment, de Varax ; les seigneurs de *Bieugeois*, un Grôlée, un Luyrieux, un Sibuet, etc., restaurer l'évêque de Sion en Valais, détrôné par les communiers. Nous brûlâmes « toute la ville de Sion et rendîmes l'évêque paisible seigneur et obéi de ses subjects ». Pour ce service, l'évêque paya à notre comte 100,000 florins d'or (deux millions). Quand nous avons restauré le Pape, nous n'avons pas brûlé sa ville et nous ne l'avons pas rançonné de cette façon ; on proclame pourtant ces époques plus chrétiennes que la nôtre ; c'est entendre singulièrement le Christianisme !

***

Le quatrième descendant de Sybille de Bâgé, Amé VIII le *Pacifique*, est un des hommes les moins médiocres qui nous aient gouvernés. Son règne de 60 ans (comme comte, duc et pape) est un des points culminants de notre histoire et semble, à certains égards, un de ses meilleurs moments.

Amé VIII revint à la politique de Philippe, l'archevêque défroqué. C'est lui qui, le 5 avril 1407, nous a définitivement concédé (moyennant 2,000 florins d'or !) trois droits qui ne nous étaient pas encore acquis cent cinquante-six ans après la charte de Bourg, savoir aux particuliers le droit de tester et celui d'hériter de leurs auteurs morts intestats, et à la ville le droit d'élire avec ses syndics douze conseillers annuels pour la direction de ses affaires... La franchise de Bourg date de 1250 ; la commune de Bourg de 1407. Ni Guichenon, ni Gacon, ni Lateyssonnière n'ont raconté ce fait qui montre combien la liberté nous a été marchandée.

Ce n'est plus avec le glaive et la hache qu'Amé combat les féodaux, c'est avec un code. Le *Statut* de Savoie et le *Concordat* préparés par les légistes Bolomier et Festi, l'un Bressan, l'autre Savoyard, et votés par les trois Etats du pays, marquent la fin de l'*anarchie* féodale et le commencement de la *monarchie* féodale (régimes si distincts et que tant de gens confondent).

Ceux qui étaient tout naguères dans l'Etat, les clercs et les nobles, y restent de beaucoup les plus considérables en fait : ils ne sont plus souverains chez eux ; ils y sont encore seigneurs. Un Tiers-Etat composé des communes libres s'est lentement constitué au milieu d'indescriptibles misères ; il a place et séance dans une assemblée où la lutte à main armée d'autrefois se change ostensiblement en joute oratoire, et réellement en négociations et transactions entre les intéressés. Au milieu du conflit, la monarchie administrative se fonde et, aidée par la division des trois castes qu'elle attise, par les légistes, meneurs du Tiers-Etat, elle grandit. Le Duc, qui n'était qu'un chef, *dux*, devient peu à peu le souverain.

Tout cela fut lent, très marchandé, très-chicané. Les féodaux ne se résignaient pas à être détrônés par les légistes. Ceux-ci, en 1434, condamnent des seigneurs des environs de Chambéry comme pillards et assassins et font démolir leurs manoirs (Saint-Genis, t. I, p. 399). Deux gentilshommes bugistes tentent de tuer le prince qui permet de telles choses ; ils furent punis ; mais Amé VIII, las de la lutte, abdiqua. Pour traduire en actes ses audaces de pensée, il n'avait pas la main assez rude.

Le mouvement d'idées qui avait rendu possible le Concordat de 1432 (dans lequel huit évêques « abdiquent » leur souveraineté (Saint-Genis), devait avoir d'autres suites au même temps. Le concile de Bâle tentait résolument de faire de l'Eglise une république. Il était conduit par le cardinal Aleman, d'une famille noble du Haut-Bugey, assisté de l'évêque de Belley de la maison (bugiste aussi) de la Baulme, et de l'évêque de

Lausanne des La Palu, une des plus hautes lignées de Bresse. Il déposa le pape Eugène IV, nommé par lui, pour élire en son lieu Amé VIII. Amé fut reconnu par « la France, l'Angleterre, l'Aragon, la Castille, Milan, la Suisse, la Bavière, l'Autriche, la Hongrie et la Savoie ». (Guichenon, H. de Savoie). Notre pays épousa avec quelque chaleur une cause conduite par les *siens* ; il entretint de subsides votés par ses Etats la cour papale de Lausanne. Cette querelle religieuse, la seule depuis l'Arianisme en laquelle nous nous soyons jetés tout entiers, avorta. Amé devenu Félix V, plus novateur encore dans l'Eglise que dans l'Etat, dut abdiquer la tiare comme il avait abdiqué la couronne. S'il a cru les deux révolutions qu'il a tentées, manquées toutes deux (et il a pu le croire en mourant), il s'est trompé.

Il est rare que des mouvements pareils réussissent ou échouent tout à fait. — La féodalité qu'un seul ne pouvait détruire, fût-il Louis XI (et Amé VIII n'est pas Louis XI), mourra, mais de mort lente. — Quant à la révolution religieuse du XVe siècle, l'histoire générale estime qu'elle a engendré la Réforme du XVIe siècle ; mais si nous regardons en particulier ce qu'un mouvement si considérable a produit dans le petit pays qui l'a conduit, nous trouvons ceci.

Dans la vieille Savoie, il a surtout provoqué et suscité quelques-uns de ses plus ardents et plus habiles contradicteurs, Antoine Favre, François de Sales, Joseph de Maistre.

Chacun sait ce qu'il a fait de Lausanne, où

Félix V le pape révolutionnaire a siégé ; de Genève dont Félix confirma la Charte en 1444, où il est venu mourir.

Nos provinces n'ont pas suivi leurs sœurs la Suisse romande et la Savoie ; mais elles ont donné au XVIe siècle Castalion, le réformateur rationaliste ; au XVIIe Philibert Collet ; au XVIIIe Lalande et Bichat ; au XIXe Edgar Quinet.

***

La seconde moitié du XVe siècle vit une nouvelle réaction et recrudescence féodale plus laide que la première. Ce que les pères ont fait, les fils le défont. Sous le faible héritier d'Amé VIII, une chypriote dissolue règne. Le statut reste lettre morte. L'auteur du Concordat, Bolomier, est jeté, une pierre au cou dans le Léman en présence de la noblesse de cour qui bat des mains. (C'est Æneas Sylvius, bientôt le pape Pie II, qui raconte l'odieuse scène.) Cette haute noblesse, maitresse des affaires, indispose, puis soulève contre elle les hobereaux des campagnes. Des révolutions et contre-révolutions de palais fréquentes, amenées par la compétition armée ou les intrigues des deux factions nobiliaires et par la dépravation qui gagne en haut, détruisent tout ordre et toute stabilité.

La turbulence et l'avidité féodale avaient réagi les premières contre cet ordre insolite auquel Amé VIII les avait condamnées cinquante ans. Le fanatisme et bigotisme étroit du clergé, dérangés et menacés dans leurs forteresses par les réformateurs de Bâle et l'entreprise un instant réussie qui s'appelle le schisme, avaient à prendre aussi leur revanche ; ils durent attendre que la génération qui avait voulu républicaniser l'Eglise ait fait place à une autre. Cette revanche, Amé IX le saint (un épileptique) et la béate qui règne sous son nom, Yolande, sœur de Louis XI et digne d'un tel frère, la lui donneront avec usure.

L'Inquisition existait chez nous dès la fin du XIIIe siècle. Amé VIII fit la faute de lui donner dans le statut de Savoie une existence légale, espérant la contenir. Il la contint en effet pendant son long règne. Après lui elle s'émancipe peu à peu. Sous le gouvernement d'une femme dévote elle n'a plus de frein. Toutes choses lui sont livrées. Elle promène la terreur dans nos bourgades. Cinq victimes périssent le même jour à Lagnieu. Sept à Corgenon. A Rossillon, neuf. A Bourg, où le diable apparait sous la forme d'un mouton noir, le conseil municipal s'assemble chez les Dominicains...

Vainement, en 1478, nos Etats demandent aux gouvernants de « pourvoir à ce que les sujets ne soient pas opprimés sous prétexte d'Inquisition ». Vainement, en 1490, les manants de Bourg se plaindront « des grands abus et grandes oppressions » du Saint-Office. Je trouverai cent neuf poursuites pour hérésie en moins d'un siècle, sur lesquelles Yolande de France et Amé son époux en auront ordonné quarante-sept ; Marguerite d'Autriche et Philibert le Beau trente-cinq.

Ce n'est tout : la dernière année du règne

d'Yolande, l'Inquisition lance sur les Vaudois des Alpes une croisade conduite par un des nôtres, un Varax de la Palu ; celui-ci enferme et enfume les vaincus dans une grotte où l'on trouve, quand on y descend, quatre cents cadavres. La peste rapportée des croisades devient chez nous endémique. Le tout fait de cette fin du XVe siècle l'un des plus misérables temps que nous ayons traversés.

Les héritiers futurs de la féodalité, contents de la voir faire leurs affaires, ou comprimés, interviennent peu et peu efficacement. Je vois bien en Savoie (en 1491) une jacquerie de laboureurs et de forestiers, conduite par un paysan de Mégève, mais elle n'aboutit qu'à une large effusion de sang. Je vois bien chez nous Nantua se soulever contre l'autre féodalité, mais la courageuse petite ville se contente d'arracher enfin une charte de commune (1443) à ses moines nobles et ne touche ni à leur propriété, ni à leur droit seigneurial.

Comme tous les pouvoirs possibles, le pouvoir féodal se ruine donc bien lui-même. Ou tout au moins dans sa ruine ses adversaires sont pour peu; ses divisions insensées, ses excès intolérables, ses fautes et ses crimes sont pour beaucoup.

De ces divisions, de ces excès on vient de dire un mot. On a droit de ranger parmi ses crimes les deux guerres de la Savoie contre le Dauphiné et contre les Bourbons héritiers du Beaujolais et d'une partie de la Dombes. La première a duré soixante-seize ans (1280-1356), la seconde quatre-vingt-quatre ans (1378-1462). Jamais peut-être il n'y a eu nulle part déperdition des forces sociales plus cruelle, plus inutile, plus coupable. On ne voit pas ce que la guerre de *soixante-seize* ans a laissé, à moins qu'on ne porte à son actif cette vague malveillance qui subsiste encore entre les habitants des deux rives du Rhône. Au contraire, le produit net de la guerre de *quatre-vingt-quatre* ans crève les yeux : c'est la dépopulation de la Dombes.

V

Monarchie absolue.

La monarchie savoyarde hérita de la révolution antiféodale qu'elle avait préparée et conduite dans la mesure qu'on a vue. Son vrai fondateur, c'est Philippe de Bresse, un des hommes les plus mauvais qui nous aient gouvernés. C'est un condottière à l'italienne. Il ne manque pas de génie, il manque de tout sens moral. Il a assassiné un favori de sa mère sous ses yeux, dans une église. C'est sous son règne que le conseil municipal de Bourg est convoqué chez les Dominicains, et qu'on fait contre la Charte de Bourg la première entreprise séditieuse. Il a vendu à la France les passes des Alpes et la suit à Naples. Dans le camp français il livre pour argent le secret des opérations aux Napolitains.

Qui rapporta chez nous la Renaissance d'Italie ? C'est surtout notre noblesse revenant de l'expédition de 1495 où Philippe de Bresse l'avait emmenée presque entière à la suite du petit roi Charles VIII monté sur un cheval bressan. Quand le petit roi braqua son canon sur le château Saint-Ange où le pape Alexandre VI s'était jeté, cette noblesse ne sourcilla pas. Et quand Philippe, au retour, fit à Bourg son entrée, les prêtres de Notre-Dame mirent sur les théâtres improvisés dans nos rues, au lieu des vieux mystères chrétiens, *l'hystoire* si païenne de Médée et Jason. Il faut donc partager entre la noblesse et les clercs le tort ou le mérite de cette importation. Et chez nous comme au Louvre, comme au Vatican, la révolution intellectuelle fut faite par ceux qui devaient perdre le plus à son avénement.

Le fils de Philippe est un niais de dix-huit ans, altéré de fêtes. On le marie avec la jeune veuve du roi d'Espagne, tante de Charles-Quint. Ce mariage livra la Savoie pour cent ans à la politique espagnole. On continua les entreprises contre les libertés de Genève, la persécution contre les Vaudois ; on multiplia les bûchers d'hérétiques, mais on nous donna 35 ans de paix. Nous employâmes nos revenus, pendant cette paix, la plus longue à nous octroyée depuis la *Paix romaine*, à bâtir Brou, le dernier et le plus original chef-d'œuvre de l'art ogival. La petite église veut être féodale et chevaleresque, elle est pénétrée du souffle charmant de la Renaissance.

Deux causes qui avaient troublé cette paix si nouvelle (allant de 1491 à 1536) devaient finir par la ruiner. La situation politique de la Savoie était devenue mauvaise. La France et l'Espagne s'annexaient les petits états au milieu desquels l'état alpestre avait vécu, et menaçaient de le conquérir ou de le subalterniser. Pour le préserver la dynastie savoyarde louvoya longtemps ; mais le mariage de Philibert le Beau avec la tante, celui de Charles III avec la belle-sœur de Charles-Quint étaient gros d'une rupture ouverte avec la France.

Le monde moderne qui venait de naitre se jetait à corps perdu dans la grande aventure assez insensée dont Pavie et Saint-Quentin sont les étapes lugubres. De nos princes, les uns suivent, les autres mènent une des deux armées, l'armée d'Espagne. « *Quidquid delirant reges plectuntur Achivi* ». Nous payons, pauvres hères, de toutes les façons possibles, les triomphes et les désastres, la gloire et les fautes des deux partis. Lesquels sont les plus chers des désastres ou des triomphes ? On ne sait plus bien quand on ne se laisse pas piper par les mots ; quand on regarde les choses de près. Et cela rend l'admiration difficile.

La querelle politique amène chez nous les Français ; notre duc Charles III recevait des subsides de la France et les employait à solder les lansquenets de Charles-Quint. En 1536, François Ier occupa ses états sans coup férir. Cette première occupation dura 23 ans. Elle fut d'abord assez bien accueillie par le populaire, donnant satisfaction tout de suite à l'un de ses griefs. Les trois justices d'alors, celle du prince ; celle de nos trois évêques (Lyon, Belley, Genève) ; celle de nos seigneurs par centaines, avaient multiplié étonnamment leurs officiers subalternes qui vivaient du plaideur et cumulaient ses rancunes. Les Français diminuèrent le nombre des sergents ; ils édictent de plus que la justice qui avait jusque là parlé latin pour n'être pas comprise apprendrait le français : « les povres gens purent entendre leur droit », c'était une douceur.

La noblesse fut froide pour le nouveau régime, le haut clergé hostile : l'abbé d'Ambronay, cardinal de Gorrevod, refuse l'hommage ; l'évêque de Belley, cardinal de la Chambre, s'oppose à ce que les habitants de sa ville prêtent serment.

Peu à peu la gentilhommerie française, à qui le soin de nous gouverner fut commis, par les façons soldatesques dont elle se départ malaisément, indisposa, puis s'aliéna les classes dirigeantes. Un prêtre à Bourg menace de faire mutiner la ville. Les plus ardents de notre noblesse, les Myons, les Lucinge conspirent, appellent peut-être l'invasion allemande de Bolweiler (Polvilliers, 1557). Les reitres vinrent jusqu'à nos portes qui restèrent fermées, bien que Bolweiler eut des intelligences dans la place. Les reitres s'en allèrent par le Revermont « tâtant nos vins ». Eux partis, notre garnison (gasconne) pilla la ville pour la punir de son attitude équivoque. Bourg poussé à bout s'ameutera et chassera cette garnison au lendemain du traité qui nous refait Savoyards (1559).

Cette *restauration*, si désirée, ne tint aucune de ses promesses.

*
* *

De nos deux derniers ducs, l'un fut ce Philibert-Emmanuel qui avait vaincu la France à Saint-Quentin avec une armée espagnole et avait menacé Paris un moment. On a tenté d'en faire un grand homme, sinon un homme de génie. Il a réorganisé sur des bases purement monarchiques son petit état ; il lui a donné sa première armée plébéienne et permanente, sa ceinture de forteresses dont la citadelle de Bourg n'était qu'un des chainons ; il a substitué cauteleusement à l'autorité des Trois Etats celle d'une compagnie judiciaire, le sénat de Chambéry. Enfin il a continué dix ans prudemment la réaction politico-religieuse qui lui avait rendu ses états. Mais les guerres religieuses commençant il est débordé. Les mesures prises par lui pour rester le maître chez lui nécessitent des levées d'argent extraordinaires. La fin de son règne est assombrie par les exigences d'une cour à demi-monastique et tout à fait dépravée, par des visites aussi de la peste à laquelle on remédie ici par des processions et par la déportation en masse des pestiférés hors des murs.

Son successeur Charles-Emmanuel, vain, ambitieux et inhabile, lâcha la bride à la réaction.

La propagande luthérienne nous avait atteints avant 1530, date ou Genève, l'une de nos métropoles ecclésiastiques, se fait protestante. En 1528, nos Etats décrétaient que les livres de Luther seraient brûlés, que les gens parlant en faveur de l'hérésie seraient fouettés la première fois, brûlés la seconde. En 1529, notre duc faisait décapiter douze gentilshommes semant la réforme (Saint-

Genis). Les supplices constatés en Savoie vont de de 1536 à 1558 ; à partir de cette seconde date on en a peut-être détruit les vestiges (id.). A Bourg on sait celui de Gravier brûlé vif en 1552, et celui de Morillon dont on perça la langue avec un fer rouge avant de le mettre à mort (1554). Mais Théodore de Bèze dit qu'il y a eu ici des bûchers « en grand nombre ».

L'année même où François Ier avait occupé la Bresse, les Bernois, ses alliés, avaient envahi le pays de Gex, ils avaient brûlé les cent vingt châteaux des gentilshommes *de la Cuiller*, en représailles « des maux que ceux-ci avaient faits à Genève ». Les couvents, les cures furent traités de même. La Réforme fut établie en 1537 par un édit « interdisant l'exercice de la religion romaine » qui fut exécuté sans difficultés.

Dès le règne de ce Philibert-Emmanuel si peu croyant, notre pays devint le grand chemin des volontaires suisses allant renforcer les armées des Bourbons protestants, — puis des contingents espagnols et italiens envoyés par l'Empereur ou le Pape au secours de Nemours qui tenait à Lyon pour la Ligue. Les hommes des Alpuxarras et des Abruzzes semaient l'épouvante sur leur passage. Bourg ferma ses portes à leur approche. (M. Baux, *Mém. hist.*, I, p. 285, 286.) Les campagnes ont gardé d'infâmes souvenirs de leurs habitudes bestiales. (Voir de Thou et de Bèze concordants.)

On renonce ici à donner une idée des misères dont nous fûmes abreuvés sous cet abominable règne de Charles IV. Ce modèle du Picrochole de

Rabelais veut récupérer Genève; il veut être roi de France. La guerre féroce qui nous avait effleurés seulement sous son prédécesseur nous envahit en 1594. Et de spectateurs nous devenons décidément victimes. Les dévastations, les cruautés des catholiques Olivaros, Chamoys et Treffort, celle des protestants de l'armée de Biron détruisent chez nous, sur les lisières de Bresse et de Dombes, des populations entières, des bourgades qui ne sont pas relevées aujourd'hui. Cette guerre dite *religieuse*, une des plus impies qui soient, nous jeta en 1600 aux pieds de Henri IV quasi-exsangues et tout à fait ruinés.

VI

La Monarchie française au XVIIe siècle.

Ruinés! Le revenu de Bourg en 1580 est de 5,655 florins. En 1596, il tombe à 1,164; en 1600, à 218 écus.

Et Charles IV, avant de nous quitter, nous avait fait payer la gabelle deux ans d'avance.

La monarchie française nous traita sans faveur marquée, profitant peu de son acquisition. Le dernier duc avait vendu chez nous la noblesse, à prix réduit, à qui voulut la payer. On l'achetait surtout pour ne pas payer l'impôt. Si cela refit notre nobiliaire, cela ruina le fisc. Henri IV, pour solder le dévouement de Pardaillan, le gouverneur huguenot de Bourg, lui donna l'abbaye de Saint-Sulpice dont cet étrange abbé fit un haras. Les moines en prirent leur parti. (Camus, évêque de Belley, nous dit : « On ne voyait que moines, l'arquebuse sur l'épaule, allant à la chasse avec les soldats ! ! »)

La politique du Béarnais fut moins favorable aux Protestants qu'on ne croit ; c'est une politique de bascule. On concède la création du temple de Charenton et du prêche de Bourg l'année même où l'on rappelle les Jésuites (1603) et où ceux-ci rentrent à Lyon, c'est-à-dire chez nous.

Pardaillan établit à Bourg le réformé Guy Laurent pour « lever escole ». Les chanoines de Notre-Dame s'adressèrent sans succès au Parlement de Dijon pour y mettre obstacle ; nos syndics qui veulent « vivre en paix avec ceulx de la prétendue relligion », refusent de s'associer à cette démarche en 1608 ; ils s'y refusent de nouveau en 1611.

Entre cette dernière année et 1613, le prêche de Bourg fut incendié ; les chanoines s'opposèrent à son rétablissement. Il fut relevé pourtant, car le 30 août 1619 « a esté mis le feu au temple de ceulx de la relligion et est brûlé » une seconde fois. Dans les registres municipaux d'où sortent ces faits, on ne nous dit pas par qui le feu *a esté mis*. Mais on peut voir, si on veut, dans toutes les histoires de France, comment ont été brûlés presque au même moment les temples de Charenton et de Tours.

Sous Louis XIII, chaque défaite du parti huguenot a dans notre pays un contre-coup direct, immédiat. C'est l'année de la chute de la Rochelle que le prêche de Bourg est décidément condamné (1628).

Richelieu prêtre détruisit le parti. La Chaise, jésuite, voulut détruire la secte. Les instruments virtuels de la ruine des trois colonies fondées chez nous par la Réforme sont Jean d'Aranthon, évêque d'Annecy; et les Jésuites venus à Pont-de-Veyle en 1617, établis à Trévoux par Simon de Marquemont, notre ordinaire, et par Marie de Bourbon, princesse de Dombes en 1624; à Bourg, par Jeanne de Monspey et Samuel Guichenon (l'historien) en 1643. Les instruments actifs sont les intendants Bouchu et Harlay. Les principales journées de cette campagne fort savante et fort instructive, c'est la démolition du temple de Gex par d'Aranthon et Bouchu en 1662, cinquante-cinq cavaliers la protégèrent. Des ecclésiastiques pris de zèle suppléèrent au défaut d'ouvriers, « car il ne se trouvait pas dans tout le pays de maçons et charpentiers qui voulussent y travailler ». (Brossard père, *H. de Gex*, p. 399 et *Vie de d'Aranthon*). C'est la dédicace du temple de Pont de-Veyle à Saint-Ignace au cri : *Vivat Rex*, en 1657. C'est la destruction par Harlay en 1685 des temples de Pont-de-Vaux, de Ferney et de Sergy. Le résultat fut la conversion des timides et l'émigration des autres. Sur 1,373 familles réformées que comptait le pays de Gex, 888 (plus de 4,000 personnes, peut-être le tiers de la population totale de ce petit pays) s'expatrièrent. Les biens des émigrants furent confisqués par une ordonnance royale du 20 décembre 1690 (Brossard, p. 408). Ces leçons ont servi en 1793 aux adorateurs de la Raison ; elles servent aux Russes en Pologne.

Après tout, le principal fait au XVIIe siècle chez nous, c'est la lutte des gens de robe contre les privilégiés. Pendant la période des guerres de religion, l'action de la justice avait été suspendue (voir Aubret III, p. 457). Henri IV, soit pour remédier à ce mal, soit pour en empêcher le retour, créa le Présidial de Bourg. J'ai rappelé le premier, ce me semble (*Annales*, 1er n°, p. 30, 31), les services rendus par cette Compagnie dont les justices seigneuriales et ecclésiastiques durent ressortir. Les seigneurs réclamèrent. Le procès des *Justices* fut le champ clos où les deux castes ennemies combattirent. Commencé en 1605, il ne finit qu'en 1750 par la suppression des cours d'appel seigneuriales. Pendant ces 145 ans, nous ne sûmes pas bien qui avait compétence pour nous juger, ni quand une instance était finie. Et ce n'était pas là un petit mal pour une époque follement processive.

Pas plus que la juridiction seigneuriale, l'officialité ecclésiastique n'accepta en droit la subordination qu'on lui imposait. En fait elle la subit. Les corps judiciaires, Présidial et Parlement, semblent mieux d'accord et plus osés contre elle que contre les juges des seigneurs. Ils sont mieux secondés par l'opinion qu'ils soulèvent en reprochant au juge d'église des procédures « informes, défectueuses, nulles... faute d'habileté » (*Procès de Quinson, curé de Polliat*), ou même « des abus intolérables » (Montesquieu). Presque toutes les procédures qui se font dans les officialités sont cassées », nous dit Collet en 1698. Ainsi, « la juridiction royale restreignit peu à peu la juridiction ecclésiastique » (Montesquieu). On ne la supprime pas avec éclat ; on l'annule sournoisement.

L'autorité administrative venait en aide à l'autorité judiciaire pour fonder la monarchie absolue qu'on croyait bien la forme définitive de la société moderne. Et certes les auxiliaires de Colbert chez nous, les intendants Bouchu, Harlay n'étaient pas des incapables. Deux causes plus fortes qu'eux leur rendirent leur tâche impossible.

1° Les grandes guerres de Louis XIV. Moins destructives que celles des âges antérieurs, elles sont peut-être épuisantes. L'impôt a *triplé* pendant la guerre de 1689, c'est un de nos intendants qui nous l'apprend. La charge écrase une société qui produit très peu. Bourg, dépossédé en fait du droit de nommer ses syndics, est saigné à blanc et déjà ne peut plus, vers 1660, relever ses édifices municipaux qui croulent. En 1705, Louis-le-Grand nous envoie le régiment de Lassay-infanterie pour avoir raison de notre lenteur à payer l'impôt arriéré ; nous le satisfaisons en empruntant à 85 pour cent. Un petit poème en patois bressan (1661) témoigne de l'impopularité dans nos campagnes de ces guerres tout à fait inexplicables pour le paysan. En 1706 il faudra « tenir nos miliciens enfermés pour qu'ils ne se sauvent ». Et notre noblesse, si militaire jadis, quand on la convoque en 1689, pour rester chez elle se déclare malade à la presque unanimité. Sur 174 appelés, 14 en tout sont prêts à partir. Le contingent de la Bresse est fixé à 20 gentilshommes, celui du Bugey à 17, celui de Gex à 4. Un an après l'appel, Gex déserte tout entier, Bourg a trois insoumis, Belley 5. (De Combes, *Le service militaire en Bresse au* XVIIe *siècle.*) L'épuisement est général. La population de Bourg décroit rapidement. Celle de Lyon diminue dans la même proportion.

I° La féodalité est décapitée, dit-on ; mais elle conserve toutes ses racines. Elle résiste d'une façon désespérée aux réformes administratives et judiciaires. Les pauvres libertés communales ou provinciales, payées si cher, sont de fait supprimées. « M. le Prince nomme les trois syndics et tous les conseillers » des Etats de Bresse et Bugey. « L'Assemblée n'est que pour la forme. » C'est Bouchu qui écrit cela à Colbert. M. le Prince choisit de fait les syndics de Bourg, cela est écrit à toutes les pages de nos registres municipaux. Que si Louis de Bourbon, gouverneur de Bourgogne, veut bien partager, ce sera avec le plus grand seigneur de nos provinces, le comte de Montrevel. En 1664, les députés aux Etats sont obligés d'aller délibérer à Mâcon pour se soustraire à la pression de ce dernier ; il impose ses volontés; il multiplie « *les violences, vexations et concussions* » (Supplique des Etats à Colbert). Il emploie la maréchaussée à son « *utilité particulière* », et le syndic du Bugey qui nous l'apprend ajoute que cette troupe destinée à établir l'ordre « commet *des désordres dans les paroisses* et en exige *des sommes* pour ses dépenses. » (Bouchu à Colbert. *Corr. administ. sous Louis XIV.*) — Mais la justice?

— Voici comme on en agit avec elle. Le 2 novembre 1652, les gentilshommes et les domestiques de M. de Montrevel assassinent, dans le logis du lieutenant général civil, Charbonier, un pauvre diable coupable d'y demander justice. (Perroud, *Les Montrevel et la Justice*). Le hobereau fait comme le grand seigneur, ou fait pis. En 1657, « Claude de Digoine, seigneur du Bourg-Saint-Christophe, est condamné par le Bailliage de Bresse à avoir la tête tranchée. — Son laquais, le Lorain et son jardinier Nicolas à estre pendus pour assassinat, avec guet à-pens, avec armes et déguisements, contre les sieurs Dutour chanoine, Dutour Elu en l'Election, et Allemand marchand de Loyes ». Les trois assassins s'enfuient et ne sont exécutés qu'en effigie. (Inv. des arch. comm. VIe partie. p. 85.) — Et le 15 janvier 1695, le sire de Glareins incarcéré à Bourg pour violences commises dans une vogue en Dombes, s'évade de la prison, à main armée, avec l'assistance de la maréchaussée et du prévot son chef, narguant messieurs du Présidial. (De Combes, *Un procès criminel contre un gentilhomme.)*

Le hobereau ! Il reste ce qu'il a été aux pires temps. Est-ce que le seigneur d'Ars en 1619, le seigneur de Mérignat en 1630, et l'abbé d'Ambronay en 1646 ne forcent pas leurs vasseaux, le premier par violence, les deux derniers par arrêts de justice à relever sans autre nécessité que le maintien du droit féodal, les fortifications risibles de leurs manoirs ? — Est-ce qu'on n'a pas extrait de deux mémoires dressés par ordre du duc de Maine, prince de Dombes, ces lignes terribles : « Les seigneurs de Dombes usent de leur autorité pour inonder les fonds de leurs vassaux..... Cette étendue prodigieuse de fonds que possède M. de... était partagée entre les familles dont il a, luy ou ses autheurs, fait démolir les maisons, obligeant les habitants à sortir de la souveraineté... » (Guigue, *Dépopulation de la Dombes*, p. 65 et 66.)

Un mot des mœurs, En 1666, à Bourg, les *gens de qualité* dénoncent les femmes débauchées et nos syndics les expulsent de la ville. Mais en 1696, gens de qualité, gens de robe, gens de peu et gens de rien se coudoient à *la Samaritaine*, chez un confiseur limonadier dont la boutique remplace à la fois nos cercles et nos cafés, — et un peu cette maison dont la philanthropie municipale avait doté notre ville en 1429 (De Combes, *Les mœurs en Bresse*).

Et des croyances, qu'en reste-t-il ? Voyez à quoi aboutissent deux excommunications fulminées à Bourg en 1696, et cherchez aux archives du Présidial les pièces de quatre procès faits en trois ans à des curés de Bresse pour avoir frappé leurs ouailles refusant d'aller à vèpres...

Ainsi le déclin qu'on attribue au XVIIIe siècle est flagrant au XVIIe. Ainsi la monarchie absolue avortait. Cet avortement est d'autant plus significatif que l'essai a été fait dans des conditions de réussite uniques. Un concours sans pareil d'hommes de génie et de vertu, nos plus grands politiques, nos plus grands administrateurs, nos plus grands écrivains, un général comme Turenne, un poète comme Racine, un évêque comme Bossuet, tant d'autres dont nous adorons les noms s'associèrent généreusement à ce labeur. Notre époque seulement a bien vu comment, pourquoi il a échoué; elle l'a vu en regardant aux histoires provinciales toutes d'accord en ceci avec la nôtre.

VII

Un mot sur le XVIIIe siècle

Le déclin continue: ceux qui veulent le mesurer peuvent voir dans l'*Histoire de Nantua* de M. Debombourg (et dans la *Physiologie du goût* de Brillat-Savarin) en quel épicuréisme méthodique, dénué de passion, exempt de pudeur, s'endormirent les derniers qui ont porté chez nous la robe blanche de Saint-Benoit (je ne parle plus de ces pauvres chanoinesses de Neuville et de Bons). Ils devront aussi chercher, dans des brochures devenues rares, comment fini sur notre rive de la Saône, à Fareins, le Jansénisme, la religion de Racine, de Pascal, de Duvergier de Hauranne, si sainte et si folle : ni la foi dans l'hallucination, ni le miracle, ni le martyre ne manquent à ses dernières heures dont la leçon n'est point à mépriser.

Que si quelques-uns veulent tout savoir de la décrépitude du vieux monde, ils chercheront les pièces du procès des *Sorciers de Lyon*, jugé à Bourg, réformé à Dijon en 1743, terminé au Morimont où le Parlement crut devoir faire pendre et brûler deux prêtres, puis jeter leurs cadavres au vent... Ils liront les pièces d'une enquête qui surprit chez nous *sept* ateliers de fausse monnaie fontionnant et qui aboutit à des pendaisons (M. Mantellier). Ils chercheront au *Mercure Galant* les vers de Dom Jeannin, prieur de la Chassagne ; à la bibliothèque de Bourg le manuscrit doré sur tranche contant comme quoi les jeunes et belles religieuses de l'hôpital de Bourg empruntent son linge et ses habits à M. de Chavigny, maitre de camps aux armées du roi, pour jouer la comédie. — Un document encore, c'est la complainte sur l'occupation de Bourg par Mandrin en 1754, on voit là pendant que le bandit dévalise les caisses publiques (et *délivre les prisonniers* !) notre intendant, M. Joli de Fleury (futur ministre de Louis XVI) dinant tranquillement chez les capucins de Bourg entre sa femme et sa maitresse. Voilà pour la religion et les mœurs. — Un mot sur l'ordre, bonne police et sécurité de la monarchie caduque.

Sous le Grand Règne, les émotions populaires causées par la disette (en 1694, en 1699, en 1705 — une agression sauvage de la maréchaussée contre le Présidial, l'attaque du Maire imposé, en pleine rue, une fois à propos d'une collecte peu volontaire, une fois à propos d'une visite des caves, semblent de l'âge d'or en comparaison de deux, trois journées de désordre du règne de Louis XV.

La première est de 1736. Des miliciens de passage « des fils de famille, excités par la populace » attaquent la maison du receveur des fermes à coups de pistolets. Il y a un homme de tué. Il n'en résulte rien qu'une mercuriale du maire Riboud aux élèves du collège : « les fils de famille » étaient encore sur les bancs.

La seconde est de 1752. Des intéressés nous en ont célé la cause et les incidents. Elle a aussi causé mort d'homme et a valu au même Riboud une sévère admonestation de l'Intendant.

La troisième est de 1754. Elle a vu notre ville occupée par 150 contrebandiers, vidant nos caisses, ouvrant nos prisons. Qu'en pense-t-on ?

J'insiste peu. J'aime mieux montrer où nous en étions en fait de liberté. — J'aime mieux aussi montrer le XVIIIe siècle s'employant à la tâche de rénovation qu'il s'est choisie. Oui, il appliqua à détruire le passé tout ce qui restait de forces vives, d'énergie à la société française. Il attaqua avec la même confiance et la même résolution toutes les habitudes de ce que nous appelons l'*ancien régime*, ne démêlant pas dans sa colère le bien du mal. Le Moyen-Age les avait trop souvent mêlés et faits solidaires ; il demeure responsable de la méprise de Voltaire et de Diderot. Blâmons cette méprise, surtout gardons-nous en. Mais reconnaissons qu'elle était malaisée à éviter dans une lutte inégale, périlleuse, par cela même passionnée. On nous laisse trop croire que le vieux monde n'a pas fait pour se conserver tout le possible, qu'il s'est mollement défendu, qu'il n'a pas su reprendre l'offensive à l'occasion. Il n'en est rien.

Les historiens de ce temps vivent sur quelques faits connus. Tous montreront Voltaire essayant, pour nous payer l'hospitalité de Ferney, d'arracher à l'esclavage païen conservé par les moines de Saint-Claude, les mainmortables du Jura. Mais quelques-un oublient d'ajouter que la ténacité monastique, l'appui qu'elle obtint des parlementaires de Besançon, propriétaires de serfs, fit échouer la noble tentative. Et qui est-ce qui sait que la cause des mainmortables de nos campagnes avait été plaidée chez nous dès 1697 par ce précurseur obscur, Philibert Collet, dans un livre oublié, le *Statut* de Bresse ? Qu'un gentilhomme, M. de Butavant, a tenté de faire revivre à Bourg en 1736 la mainmorte abrogée à Bourg en 1407 par Amé VIII ? La mainmorte n'a été abolie que le 4 août 1789. L'ancien régime a donc défendu 92 ans après la première revendication son abus le plus monstrueux.

D'autres procès moins connus encore font voir mieux que le mourant ne se résigne pas.

La petite paroisse de Biziat, laborieuse, riche, libre depuis 200 ans de fait s'estimait libre aussi de droit. Les moines de Tournus la menacèrent sérieusement de la refaire serve en plein XVIIIe siècle, de par une charte à eux octroyée par Charles-le-Chauve en 875. Il fallut plaider en 1771 que les manants de Biziat avaient prescrit la liberté par deux siècles — et d'abondance que la signature du petit-fils de Charlemagne était fabriquée... Ceux qui gagnèrent, à Dijon, l'affaire pour Biziat s'apellent Monnier et Favier ; ils la gagnaient pour bien d'autres qu'on eût pu rechercher de même. L'arrêt du 6 août 1771 causa une émotion profonde (il y a cent ans) ; « il faisait loi pour toute la Bresse et anéantissait la plus grosse partie des terriers des gens d'église ». (Manuscrit Monnier, p. 7.)

Et un an auparavant les chanoines de Bourg voulurent contraindre les cultivateurs de notre banlieue à leur payer la dîme des menus grains « sur le pied *de douze la treize* », au lieu de la payer « sur le pied *de vingt la vingt-unième* », comme ils avaient fait par le passé. L'Assemblée générale de la commune de Bourg dut intervenir!

L'essai de Butavant pour conserver la mainmorte ici, ces deux procès, les tentatives de Versailles pour diminuer nos Etats et supprimer notre commune (on va en parler) sont, chez nous, les faits majeurs de ce temps. Ils expliquent et légitiment 1789.

La création de nos routes disputerait peut-être cette primauté octroyée ici au procès de Biziat avec quelque vraisemblance. Chose prodigieuse! nous n'avions plus de routes depuis la destruction des voies romaines. Nos maîtres du Moyen-Age sentaient l'avantage pour eux de leur isolement et du nôtre. Le pouvoir royal eut voulu les atteindre, nous protéger, qu'il ne l'eut guère pu. Amé VIII, le duc-pape, qui innova si hardiment dans l'Etat et dans l'Eglise, avait décrété dans le *Statut* des routes de neuf pieds de largeur; ce décret resta non avenu. En 1735, La Briffe, l'intendant de Bourgogne, est à Mâcon, il veut visiter ses sujets de Bourg; il en est empêché par l'état du chemin. Notez que 135 ans auparavant, l'armée de Biron avait pu le suivre avec ses *impedimenta*. Le curé Gacon nous montre encore « la capitale de la Bresse inabordable une grande partie de l'an ». Qu'était-ce de nos villages?

Les Etats de Bresse et Bugey nous donnèrent enfin en 1733 nos « grands chemins »; en 1760 nos « chemins de communication. » Gacon dit : « Croirait-on qu'un ouvrage de cette nature, entrepris sous autorité, ait occasionné des plaintes *dans le particulier?*. . Le bien *public* s'opère avec difficulté... » (Manusc. de la Bibl. de Bourg, p. 393.)

Et les difficultés principales ne viennent pas *du particulier*, il faut bien le dire. Le bien qui se fait se fait par la province, par la ville, Versailles n'y aide pas; et souvent y nuit. Quand nos Etats refont nos routes détruites depuis 1200 ans, ses ingénieurs les contrarient (1764). Si Bourg, resté Savoyard, parlant patois, fait peau neuve, rebâtit ses édifices, Versailles lui ordonne de réparer ses remparts (1760). Si Lalande fonde ici une Société littéraire (la Société d'Emulation), Versailles lui enjoint de suspendre ses séances (1756). Nos finances municipales sont refaites; la prospérité matérielle ayant suivi la création des chemins. Silhouette en 1759, confisquant les octrois; l'abbé Terray en 1769, avec ses dons *gratuits imposés*, y remettent le désordre.

Il reste à Versailles deux fautes à faire. On les fera. Tout le règne de Louis XV sera employé à enlever miette par miette à nos Etats le mince pouvoir qui leur reste; celui de Louis XVI à détruire la constitution de notre vieille commune. Ce lâche crime est consommé en 1784. L'ukase est signé de M. de Breteuil, en date du 12 avril. Il substitue à l'Assemblée des chefs de famille un conciliabule de 22 personnes triées sur le volet.

Ce conciliabule d'ailleurs propose de suite à Louis XVI pour syndic de Bourg l'avocat Gauthier des Orcières, un des 333 qui, à six ans de là, condamneront Louis XVI à mort sans appel ni sursis...

La Révolution est légitime.

Quelques réflexions encore

Notre prospérité matérielle qui s'est ralentie à de certains moments, mais qui n'a pas discontinué, commence à cette création de nos routes. Elle amène avec la paix du commencement du XVIIIe siècle un progrès dans la natalité qu'on n'a revu que deux fois, dans des circonstances bien différentes, de 1793 à 1803; puis de 1833 à 1843. Il y a des gens qui, tout en exploitant largement cette prospérité, affectent de la mépriser. C'est elle cependant qui nous sauvait hier et qui nous refera peut-être un avenir.

L'œuvre de vie et de mort du XVIIIe siècle eut des collaborateurs de plus d'une sorte. Il y en eut qui savaient ce qu'ils faisaient et qui voulaient le faire (par exemple le seigneur de Ferney). Il y en eut d'inconscients et qui ne furent pas les moins actifs. Il faudrait inscrire ici bien des noms si l'on voulait donner à chacun son salaire. Toutes les classes peu à peu s'associèrent à l'œuvre commune. Même l'édifice matériel que nous habitions fut détruit; et il en fut construit un nouveau.

Ceux qui ont refait nos ponts, nos chemins détruits depuis l'invasion barbare; ceux qui ont jeté bas les remparts maudits qui enfermaient chez nous la fièvre et la peste; nos vieilles geôles, cette

Tour des Chiens où l'on faisait pourrir les prêtres indociles; ce *Bicêtre* hideux, peuplé de filles et de fous; — je les ai vu démolir tous deux; — ceux qui de leurs infâmes débris ont refait ou refont nos petites villes ouvertes, salubres et gaies, ceux qui remplacent un étang par une prairie, ceux qui sèment nos campagnes de maisons blanches, ouvertes au soleil, tous ceux-là défont, eux aussi, de leur mieux la Bresse féodale. Les gens qui m'accusent de ne rien admirer se trompent ou ils oublient. J'admire tous ceux qui, depuis 1250, année où la commune de Bourg fut fondée par deux hommes d'église, ont travaillé sciemment ou instinctivement à la Révolution que nos pères ont faite et que la génération qui vient ne laissera pas périr.

*
* *

Après bien de poignantes déconvenues, bien des erreurs, après les désastres récents, nous avons besoin tous qu'on nous affirme cela à nouveau. Notre société est moins mauvaise que celles qui l'ont précédée. Et les hommes qui, il y a quatre-vingt-onze ans, croyaient donner le dernier coup à ce passé si lent à mourir, ont bien agi. Après ce long regard jeté sur les époques qui ont précédé la nôtre et qui ne me sont connues ni par aucun bienfait, ni par aucune injure, je le répète: ces quatre-vingt-onze années semées d'heures terribles, mais pleines d'espoirs généreux en partie réalisés sont les meilleures de notre histoire.

Je dis *en partie;* notre société ne me semble pas parfaite. Mais pour la rendre meilleure ou plus tolérable, il ne faut pas revenir violemment ou cauteleusement au passé.

Notre passé, c'est le long et douloureux travail que nous avons fait, après la ruine de la société antique, pour reconstituer une société nouvelle. De nos efforts successifs et assez divers aucun n'a pleinement abouti. Souvent ces efforts se contrarient et se nuisent. Il y a, aux anciens temps comme aux temps nouveaux, comme hier, comme aujourd'hui, des chutes douloureuses, des pas en arrière ; peu de bien réalisé au jour le jour ; parfois beaucoup de mal fait avec des intentions bonnes.

Mais si dans l'histoire le détail est le plus souvent attristant et décourageant, il y a une vue d'ensemble qui console et relève. L'effort humain vers le mieux, contrarié par des échecs successifs, mais partiels, persiste. Notre labeur incessamment déjoué ne s'en ralentit pas. Chaque génération ne fait que la moindre partie de ce qu'elle veut faire : encore fait-elle quelque chose !

Entre l'humble point de départ que l'archéologie préhistorique nous assigne et celui où l'homme est arrivé quand l'histoire commence, qui osera dire qu'un progrès immense n'est pas réalisé !

Puis les Juifs nous font une *religion ;* les Grecs l'*art ;* Rome le *droit.* Le Moyen-Age détruit presque tout cela et le refait ensuite à sa façon. Au milieu d'une tourmente qui a pour but une reconstruction meilleure, l'Europe moderne a créé la *science*, et grâce à la science et à l'industrie sa fille, elle atteint une prospérité matérielle inconnue, en attendant mieux.

J'admire encore cette progression visible ; elle n'est pas moins que le lent triomphe du bien sur le mal : elle est la garantie d'un lendemain meilleur.

2e Section — BIOGRAPHIES

Dans bien des recueils de biographies on réunit résolument et on confond un peu les hommes célèbres tenant dans l'histoire une place méritée et les hommes distingués bien méritant du lieu natal, ignorés ailleurs. Considérant la biographie comme un complément de l'histoire, je vais nommer ici ceux des nôtres arrivés à la célébrité justement et dire leurs titres en peu de mots.

Ailleurs pour satisfaire un besoin différent, ayant sa légitimité, dans une description de chaque commune du département, il sera bien d'indiquer les hommes distingués qu'elle a produits.

—

Après la dissolution de la société romaine, on ne voit plus chez nous d'ordre et de paix qu'un instant sous Charlemagne. Cet instant a produit deux hommes difficiles à séparer, le Trévire Agobard, notre évêque, éclairé pour le temps — et Barnard, né à Izernore, deux surgeons derniers et deux fidèles champions de la société latine mourante.

Barnard, fils d'un leude, soldat d'abord, se distingua dans les guerres de Saxe; puis quittant le monde, vint fonder à Ambronay une abbaïe qui a duré mille ans. Il reste là une nef barbare et grandiose qu'on a pu attribuer au IXe siècle.

On promut Barnard, pour ses vertus, au grand siège de Vienne. Avec son voisin Agobard il se jetta (et nous jetta) pour conserver l'unité de l'empire carlovingien, néo-latin au moins de costume et de prétention, dans la lutte qui détruisit cette unité et procura la ruine de cet empire. Comme il avait livré sa ville épiscopale à Lothaire, le fils parricide, Louis-le-Débonnaire, vainqueur, obligea le factieux prélat à s'enfuir en Italie.

Ces hommes menés par une grande et honnête chimère, par les intérêts de leur église certainement, par leur ambition peut-être, tentaient l'impossible par tous les moyens, *per fas et nefas*.

Barnard rentra à Vienne, grâce à la faiblesse de Charles-le-Chauve. Il y finit sa vie orageuse dans l'ascétisme. Sa sainteté est garantie par une guérison d'aveugle ayant besoin de preuve elle-même.

Anthelme, né en 1106, prieur de la Grande-Chartreuse à 33 ans, en 1139, est chez nous le représentant et le défenseur du mouvement réformiste dont Grégoire VII a été l'initiateur et le chef.

Vertus et... travers compris, c'est un saint. Un saint du XIIe siècle. Il fait rendre gorge très bien à ses moines dont le péché mignon était dès lors l'usure : il faut voir là-dessus Surius, chartreux. Et dans une famine en 1153, il se comporte en chrétien selon l'Evangile.

Mais dans la querelle qui travaillait le monde occidental, ce saint moine avait cru devoir prendre parti contre Barberousse pour Alexandre III. Le pape Guelfe le nomma donc évêque de Belley en 1166. Anthelme se fait donner les droits régaliens en 1175 par l'empereur. Et tout de suite, en 1176, il entreprend de les faire valoir contre le comte de Savoie, Humbert III, dit lui-même *le saint*.

Ce prince marié quatre fois et toujours à la veille de se faire moine ; à genoux devant les évêques et habituellement en guerre avec eux; fait condamner Anthelme par le pape ; puis veut mener le prélat devant un tribunal.

Anthelme cite le comte au tribunal de Jésus-Christ. Humbert capitula, dit-on, devant cette attitude. Le vainqueur mourut deux ans après son triomphe en 1178.

Un épileptique but le vin dans lequel on lava son corps. (J'ai vu dans la Crypte de Tournus le bassin de pierre servant à cet usage). L'épileptique guérit. Anthelme reçoit un culte à Belley où il est resté populaire.

Si PIERRE DE VAUX était notre compatriote prouvé, il faudrait le mettre ici. Le sectaire de Lyon compte plus que l'évêque de Belley dans l'histoire des idées et dans l'histoire de l'Eglise. Un témoignage ancien le dit originaire de Savoie. Le canton de Vaud ne fut savoyard que cent après et ne peut guère nous le disputer. Et le sobriquet des *pau-*

vres de Lyon ses adhérents, nommés de leur chaussure *les Ensabotez*, ferait pencher la balance pour nous.

Plus éloquent que logicien (comme ceux de notre race), il voulut arracher au clergé son pouvoir temporel et ses biens ; sans toucher au dogme dont il n'avait cure, illettré qu'il était. Il échoua comme d'autres depuis ont fait. Le prêtre refera son influence et sa fortune tant qu'on lui reconnaitra ces titres ; une mission divine et des pouvoirs surnaturels.

Le seul personnage du XIIIe siècle à ranger ici serait PHILIPPE de Savoie, cet archevêque de Lyon renonçant à sa mitre pour une couronne, l'auteur véritable de notre annexion à la Savoie, et le donateur (contre espèces) de nos premières chartes de franchise. — Une très curieuse, très considérable figure, mais esquissée plus haut.

Deux belles figures militaires apparaissent au XIVe siècle.

ETIENNE II DE LA BAUME, dit le GALOIS. Il est le vrai fondateur de sa maison. Il apprit la guerre au service d'Edouard de Savoie en 1326 — passa au service de France en 1339, défendit héroïquement Cambrai contre 40,000 Anglais, fut successivement lieutenant-général de Philippe de Valois en Bretagne, puis de notre comte Amé VI en Bresse où il revint fonder la ville de Montrevel.

Qu'on ne prenne d'ailleurs ce preux ni pour un Amadis, ni pour un Parceval, bien qu'on l'ait surnommé le Galois. Il savait compter par livres, sous et deniers, le « roolle » des dépenses faites au siège de Cambrai (que j'ai vu) en est une première preuve. Une seconde ce sont les nombreuses acquisitions qu'il fit à travers ses grandes emprises et avec le revenu de ses grandes charges. Il n'avait que le petit fief de Valufin par hoirie et mourut le plus grand seigneur terrien de Bresse.

Son fils GUILLAUME le vaut. Il fut le tuteur, puis le gouverneur d'Amé VI, puis le chef de son conseil. Il conduisit une expédition heureuse en Dauphiné en 1354. Il fut encore l'habile négociateur du traité de 1355 qui finit la guerre de soixante et dix ans entre nos princes et leurs voisins les Dauphins.

Ces deux hommes expliquent la fortune de la maison des La Baume-Montrevel qui sous les régimes monarchiques, savoyard et français, remplaça en influence les anciennes maisons féodales.

Les premières années du XVe siècle, pacifiques, ont enfanté la pléïade généreuse qui entreprit à Bâle la réforme de l'Eglise. Le seul de nos souverains né chez nous, AMÉ VIII, qui devint le chef et le conducteur de la tentative ardue, après avoir médiocrement réussi en la réforme de l'Etat, a été esquissé plus haut.

Mais l'initiateur véritable fut LOUIS ALEMAND, né

en 1390 à Arbent-en-Bugey. A trente ans il était archevêque d'Arles ; six ans plus tard, cardinal camerlingue, c'est-à-dire ministre du trésor, de la justice, pape de fait pendant les vacances du siège apostolique. Le Concile œcuménique de Bâle le fit son président.

Il conduisit-là la déposition d'Eugène IV, l'élection de Félix V (Amé VIII). Eugène naturellement l'excommunia. Mais Nicolas V l'a réhabilité. Tous ces pontifes furent d'ailleurs infaillibles.

Le schisme d'Occident terminé par ce synode de Lyon où Alemand traita pour son parti et pour son prince ; l'archevêque d'Arles vint mourir dans son diocèse, entouré de la vénération publique. Il y recevait de fait un culte sous le nom de Saint-Louis d'Arles. En 1527, sa situation fut régularisée par une bulle de Clément VII qui le béatifia. La bulle est signée par Sadolet, bien fait pour l'apprécier, sinon pour lui assigner son rang en la cour céleste.

Je n'ose appliquer à notre petite Bresse le *salve, magna parens frugum, magna virum*. Nous ne sommes pas grands du tout. Mais il faut dire de notre pays que, dès qu'on lui laisse une heure de paix, il produit des hommes.

Le XVIe siècle commence comme son devancier par une période pacifique. Elle nous donne le versificateur latin BIGOTHIER — le versificateur français ANTOINE DU SAIX, ami de Rabelais — *Arcades ambo* — GUILLAUME DE LA TEYSSONNIÈRE, poëte ronsardisant, catholique fervent comme Ronsard, et de quelque mérite.

Ces trois figures un peu minces, je l'avoue, et ignorées. Mais en voici deux autres ayant tenu plus de place et laissant plus de mémoire.

SÉBASTIEN CASTALION est né en 1515 dans ce village de Saint-Martin-du-Fresne déjà hérétique en 1299. Il fut instruit à Lyon. A 26 ans, il est nommé régent d'un collège à Genève. Mais comme, en précurseur qu'il est de l'exégèse de notre temps, il avise que le cantique de Salomon n'est pas inspiré, que Jésus n'est pas descendu aux enfers, attaque Calvin sur la prédestination, Calvin le déclare « *un monstre* »; il doit fuir Genève, se fixer à Bâle, pour vivre se faire manouvrier. Là il ose, après le bûcher de Servet dont il partage les opinions hardies, publier le *De hœreticis, an sint gladio puniendi?* Calvin répond à ce cri de tolérance, le premier qu'on ait entendu, que Castalion est un « *chien aboyant* ». Ce chien donne en 1546 un *Moses latinus* où il se déclare contre la peine de mort; en 1550, une traduction de la Bible; plus tard une traduction d'Homère... Nos Bénédictins n'ont pas tant fait.

Poursuivi à Bâle par la haine de Calvin, privé par elle de ses moyens d'existence, et chargé d'enfants, le libre-penseur de première volée, l'érudit assez poëte pour goûter Homère et la Bible, mourut « *de faim* » (Scaliger), à quarante-huit ans.

On le voit, je pense ; ce héros et ce martyr est à l'avant-garde du XVIe siècle. Pour nous gens du XIXe, il est un précurseur.

Antoine Favre est né à Bourg en 1557. Sa science du droit, son éloquence le firent avant 30 ans juge-mage de Bresse et Bugey, puis le menèrent à la présidence du Sénat de Chambéry, compagnie judiciaire souveraine, ayant des attributions législatives.

Il y avait en lui un grand juriste et un homme politique de valeur et influent : tous deux ont travaillé à la réaction monarchique et catholique du xviie siècle avec conviction et bien du zèle — se préservant d'ailleurs de certains excès criants — le juriste surtout, contenu par le droit romain qui est la raison écrite – et par ce grand sens qui conduisait Favre à revenir à ces textes vénérables émondés, dégagés de la végétation parasite des commentaires. Et cet élagage est son titre principal.

Mais le politique va bien être un des inventeurs et sûrement un fauteur de ce système de gouvernement appelé depuis le despotisme éclairé (*illustrado*). De plus, élève des Jésuites de Paris, ami de François de Sales, il aura été complice, je le crains, des pratiques habiles mais sans droiture et sans vergogne qui ont achevé la ruine de la réforme en Savoie.

Et si un certain traité *de religione tuendà*, etc., est vraiment du président Favre, notre pays aura donné, dans le même siècle, à la tolérance religieuse son plus noble avocat et son adversaire le plus déclaré.

Faut-il pour compléter ce groupe déjà si brillant, mettre ici les deux romanciers Camus et d'Urfé. On l'a fait. CAMUS a été vingt ans évêque de Belley. Cet évêché était le plus petit des Gaules, le prélat facétieux l'appelait « sa petite femme bien bonne pour un Camus ». Ses colères comiques contre les moines ont pu être allumées ou entretenues par le voisinage des Bénédictins chasseurs de Saint-Sulpice et des Bénédictines folâtres de Bons. Mais Camus, naturalisé ou non bugiste, était né à Paris.

Pour d'URFÉ, il était marquis de Valromey et habitait souvent sa terre. Le paysage de l'Astrée serait, dit-on, celui-même du magnifique pays dont Virieu est le centre. D'ailleurs il est né à Marseille ; sa famille paternelle étant du Forez, sa famille maternelle du Bugey, il est malaisé de dire de quel pays il est.

On ne peut du moins nous contester le menuisier TERRASSON, né à Bourg. C'est un imaigier du Moyen-Age attardé en plein XVIe siècle. Ses œuvres, les stalles de Brou aux milles figurines grimaçantes, feraient vivre des mois nos recueils illustrés : sa verve est aussi mordante que celle de nos caricaturistes en vogue et son dessin n'est pas plus mauvais que le leur.

Le XVIIe siècle sera ici et ailleurs moins fécond que le XVIe et sa seconde moitié le sera moins que la première.

Ce sont trois astres jumeaux, d'éclat inégal, que Vaugelas, Méziriac et Faret :

Claude Favre de Vaugelas, né à Bourg en 1585, est un grammairien excellent, un assez bon écrivain, un érudit mince et un traducteur fort méchant de Quinte Curce. Il est mort pauvre en 1660.

Faret, fils d'un cordonnier pourvu de dix enfants, est né à Bourg en 1600. Comme en ce temps le fils d'un cordonnier a pu devenir un écrivain poli et de quelque mérite, un des quarante de l'Académie, rédiger les statuts du docte corps, être du monde, écrire l'*Art de plaire à la Cour*, c'est un problème curieux, assez piquant, valant d'être résolu. On n'essaie pas. Je m'étends un peu sur ce plus ignoré de nos trois académiciens parce qu'il gagne à être abordé.

Boileau « les bons et les mauvais poëtes de son temps, tentés, nous dit-il, par la facilité de la rime, ont fait de lui un bouchon de taverne » (nous dirions un pilier de cabaret). Dans l'*Art de plaire à la Cour*, Faret se défend du vice qu'on lui impute-là avec un grand accent de prudhomie, d'un ton excellent. Les cafés, les clubs n'étaient pas inventés en 1631, les plus huppés soupaient au cabaret : il ne faut pas l'oublier.

Lisez, si vous pouvez, le petit livre plus haut nommé, vous le sentirez, à maint passage que Philinte a dû goûter et mettre à profit : le fils du cordonnier de la rue du Gouvernement a vécu dans le monde qu'il décrit. Il est entré au Louvre, même « dans la chambre des reines ». Dessous ces dais, entre ces balustres, l'adroit flatteur feint d'être enivré. Il ne l'est pas tant. Il rappelle à ceux qui fréquentent là que « mesme là, on est gesné par le voisinage des espions de cour aux oreilles mercenaires ». — Je note aussi un mot sur les princes auxquels il n'est pas prudent de montrer de la supériorité de vues ou d'esprit. Ni Molière, ni La Fontaine, ni Boileau, ni La Bruyère n'oseront risquer de ces remarques-là. Aucun des quatre n'a refait certain portrait de l'ambitieux pris sur le vif. Aucun n'a noté « ce charme, non pareil aux cœurs généreux, qu'on esprouve revenant de ce grand monde, à cette égalité à vivre de mesme train avec ses amis... »

Ce livre a été *vécu*, comme on dit en 1883, comme en 1631 n'eût pas dit Faret qui parlait français....

Le français de ce temps, manquant de naturel beaucoup, ne manquant pas d'afféterie ; d'une noblesse et d'une élégance cherchées et lassantes. Pellisson compétent donne à Faret « l'esprit bien fait, pureté de style et netteté, du génie pour l'éloquence ».

A nous autres du XIXe siècle, BACHET DE MÉZIRIAC paraît le plus éminent des trois. D'une famille de robe enrichie et anoblie, il fut bien instruit chez les Jésuites de Milan qui voulurent le garder. Il leur échappa pour suivre à Padoue les leçons de Cremonini, le grand adversaire des Jésuites en Italie — et sortit de Padoue *guéri du sot*, comme dirait Guy Patin. Il a été un mathématicien estimé de Descartes et de Fermat, un grécisant et latiniste érudit, un versificateur assez médiocre en français, latin et italien. On voulut le faire précepteur de Louis XIII, il refusa. Il était conseiller au Présidial de Bourg et faisait jouer, en son hôtel de la place du Greffe, les bergeries de son ami Racan : ce qui n'eut pas peu scandalisé ses aïeux et ne dut pas scandaliser moins ses collègues. Il était né à Châtillon en 1585.

En la seconde moitié du siècle, nous voyons fleurir ici SAMUEL GUICHENON. Ce protestant de Châtillon, converti en Italie par une vision, vint abjurer aux pieds de notre évêque, un frère de Richelieu ! On le fit vite syndic de Bourg et il y introduisit, non sans peine, les Jésuites. C'est un historien laborieux, partial et vénal et le plus gris et lourd des écrivains.

Ce représentant exact de la réaction catholique et monarchique de ce temps a pour neveu PHILIBERT COLLET, son contradicteur en toutes choses. Collet vécut jeune en Angleterre et s'y délia de tous les jougs. Excommunié pour une querelle toute privée avec un prêtre qu'il osa frapper en son église, il en a pris une revanche qui a duré toute sa vie. Pamphlétaire pesant, mais mordant et érudit, il a écrit sur l'excommunication, sur la dime, sur la clôture religieuse des traités bizarres en la forme, acerbes mais sensés au fond, que Voltaire a lus, dont il a profité sans le dire : mais dans *le siècle de Louis XIV*, Voltaire a mis ces trois mots : « *Collet homme libre.* »

Collet a fait une critique de l'*Histoire de Bresse*,

de Guichenon, piquante, mais restée manuscrite — et un commentaire du statut de Bresse, estimé et encore utile. Il est né à Châtillon en 1643 et y est mort en 1718.

Collet tient BROSSARD DE MONTANEY, conseiller au Présidial, syndic de Bourg aussi, pour « l'esprit le plus délié qui soit ». Ce que cet esprit délié a imprimé est mince : c'est un *Recueil de poésies sur les événements des dernières campagnes du prince d'Orange* (Bourg, Ravoux, 1698) — et Brossard n'y a pas mis son nom. C'est un tissu de flatteries à l'adresse de Louis XIV, de vilenies contre Guillaume d'Orange, la Hollande et l'Angleterre. Mais tout cela est écrit en vers faciles, dégagés, élégants où le trait abonde et que La Fontaine, aux sottises près, eut avoués quelquefois.

On attribue à Brossard une collection de vieux Noëls patois ; celui de Bourg, assez rabelaisien, serait de lui, et le poëme patois aussi de Tivan où le paysan bressan n'est pas gâté.

Nommons encore JACQUES OZANAM, né en 1640, à Bouligneux, d'une famille juive, mort en 1717 — auteur de 14 ou 15 ouvrages utiles de géométrie, d'algèbre, de trigonométrie, de gnomonique, de perspective, de fortifications, de géographie et cosmographie. Tous ne sont pas remplacés. L'Académie des sciences accueillit Ozanam comme *élève* et Fontenelle a écrit son éloge.

En son ensemble le groupe d'illustres au XVIIIe siècle diffère bien de celui du XVIIe.

NICOLAS-THOMAS MARION, d'une famille de Saint-Germain-de-Joux, serait né vers 1726, peut-être à Saint-Malo, où son père, médecin, s'était fixé. A vingt ans de là, il passe à son bord le Prétendant vaincu à Culloden, à travers bien des risques. Il est pour ce fait nommé lieutenant de frégate. En 1758, il commande la *Diligente* et fait campagne brillamment dans la mer des Indes. En 1759, il sauve une aile de notre flotte battue, en se jettant avec elle dans la Vilaine.

Après la paix de Paris, en 1771, il commande une expédition chargée de reconnaître les Terres australes. Il découvre le 13 janvier 1772 la Terre d'Espérance (aujourd'hui du Prince Edouard) ; — les Iles Froides, le 24 ; — le 25, le groupe de Crozet et l'île Marion.

Renonçant à atteindre le continent du pôle sud, reconnu depuis par Dumont d'Urville et Ross, il remonte au nord-est, visite la Tasmanie et vient mouiller le 4 mai dans la Baie des Iles, à la Nouvelle-Zélande. Les vues utopiques de Jean-Jacques sur les « nations heureuses qui ne connaissent pas nos vices même de nom » reçurent là, le 8 juin, le plus cruel démenti qui leur ait été infligé jamais. Marion fut surpris avec quatorze hommes de son équipage par trois cents Maoris et par eux dépouillé, dépecé et dévoré.....

Son nom reste sur la carte du monde. Donnons-lui quelques lignes ici. S'il était anglais, il serait célèbre. Il est français et d'une province qui ne sait pas s'honorer des hommes qu'elle produit.

PHILIBERT COMMERSON est né à Châtillon-les-Dombes le 18 novembre 1727. De 1747 à 1755, on le voit étudier à Montpellier la médecine et les sciences naturelles ; la botanique de prédilection. Il revient fonder un Jardin des Plantes dans sa ville natale. Puis Lalande dont il est l'ami l'appelle à Paris en 1764 et lui fait avoir, deux ans plus tard, une place de naturaliste dans l'expédition si fructueuse de Bougainville, dont il partage les travaux d'exploration. L'intendant Poivre le retient à l'Ile-de-France, où il meurt en 1773, huit jours avant sa nomination à l'Académie des sciences.

Ses écrits, fort nombreux, fort importants, enrichis de curieux dessins, n'ont pas été imprimés. Ils ont été envoyés à Buffon et restent inédits au Jardin des Plantes. Cette mine précieuse a été explorée par Jussieu, Lamarck, exploitée par Lacépède. Cuvier y a regardé le dernier : son jugement, en pareil sujet, est assurément sans appel.

Pour lui Commerson est « un homme d'une activité infatigable, d'une science profonde... Ses travaux sont extraordinaires... S'il eut publié le recueil de ses observations, il tiendrait un des premiers rangs parmi les naturalistes et la France un rang plus distingué parmi les nations qui ont contribué au progrès des sciences naturelles... »

Châtillon a élevé une statue à un de ses curés, M. Depaul, un homme de bien. Y connait-on les noms de Collet et de Commerson ?

Faut-il attribuer la stérilité littéraire de notre pays, au XVIIIe siècle commençant, à l'éducation des Jésuites ? J'y incline. Je les remercie de nous avoir donné à son milieu JÉROME LE FRANÇAIS DE LALANDE né à Bourg, le 11 juillet 1732, mort à Paris, le 4 avril 1807.

J'ai regardé à cette figure à plusieurs fois, et m'arrête à ceci : chez Lalande, l'homme est très bon, mais vaniteux ; l'esprit médiocre. En politique, il est inconsistant, faible ; en philosophie, très résolu et très digne. Dans la science, Lalande est de second ordre ; mais le vulgarisateur et propagandiste par excellence ; il y tient une grande place, et des parties de son œuvre subsistent comme l'*Histoire de l'astronomie ;* vivent comme l'*Almanach du bureau des longitudes*. Il a laissé ici un germe qui n'est pas stérile ; c'est la Société d'Emulation fondée par lui en 1756. J'adjure la génération qui vient de ne pas le laisser mourir, y ayant fait ce que j'ai pu.

Le représentant chez nous de l'art du XVIIIe, si français, est LÉONARD RACLE, né à Dijon en 1736, il a passé sa vie chez nous et nous lui avons donné des lettres de grande naturalisation. Voltaire arrivant à Ferney l'y trouva, ce fils d'un pauvre sellier, faisant de la céramique avec passion. De ce garçon de vingt-deux ans qui avait « du génie », il fit son ami, l'architecte de Ferney, de Versoix. Racle fut plus tard l'ingénieur du canal de Pont-de-Vaux où il transporta sa manufacture d'argile-marbre. C'est là qu'il écrivit pour l'Académie de Toulouse son travail sur les ponts de fer qu'elle couronna — pour la Société d'Emulation son mémoire sur *l'application de la céramique à l'architecture,* son principal titre. Nous mîmes cet *inventeur* sur nos listes en 1785, un peu avant Bichat, et avant André Ampère. Il unissait la pratique à la théorie. Il reste de lui à Ferney un beau poêle monumental, un autre est à Genève (chez M. Révilliod). Ici nous avons de lui, au musée de Bourg un médaillon de Voltaire, au musée de Pont-de-Vaux un Hercule terrassant le Centaure. Il reste encore dans cette dernière ville plusieurs cheminées de lui. En 1789 il faisait sur commande un poêle pour l'Œil-de-Bœuf, c'est-à-dire pour l'antichambre du grand appartement du Roi.

Pont-de-Vaux fit de son fils adoptif en 1790 un membre du Directoire du département de l'Ain. Il lut en cette qualité ses *Réflexions sur le cours de la rivière d'Ain et les moyens de la fixer* au Directoire qui les imprima. Il est mort à Bourg à 53 ans, d'un excès de travail.

Il faut au moins nommer ceux qui nous ont conduits de 89 à 1800. C'est Gauthier des Orcières, né à Bourg en 1754. Il avait préparé ici la Révolution ; il l'a menée dix ans avec passion, avec vigueur, avec une modération relative et des instincts de gouvernement — c'est Carra, né à Pont-de-Veyle en 1763. Il a préparé, lui, le dix août. Il est mort avec cette noble Gironde.— C'est Royer, évêque constitutionnel de l'Ain, pieux prêtre, ardent sectaire, politique modéré. — C'est Sonthonnax, né à Oyonnax en 1743 : il a celui-là propagé la Révolution au-delà des mers, et de Saint-Domingue refait Haïti. — C'est Goujon, né à Bourg en 1766 ; le montagnard qui « n'a jamais voté la mort de personne », mort sur l'échafaud avec les derniers des Romains.

Nous avons à continuer leur œuvre qui est une grande œuvre, et nécessaire, en évitant de recommencer leurs fautes.

Comment faire tenir JOUBERT dans le petit cadre ici adopté ?

Il est né à Pont-de-Vaux en 1769. Il eut comme Lalande une éducation quasi ecclésiastique, puis étudia le droit à Dijon. La Révolution le trouva prêt et le fit secrétaire de l'assemblée populaire de Pont-de-Vaux d'abord. (Il propose d'y mettre un buste de Racle.)

Il s'engage à la fin de 1791, apprend son nouveau métier dans les livres. Il est sous-lieutenant en avril 92, lieutenant en août, commandant en 94, colonel en 95, général de brigade en novembre même année, général de division en 96. Il gagne la bataille de Rivoli le 13 janvier 97 et conquiert le Tyrol dans les deux mois qui suivent. Sa jonction merveilleuse avec Bonaparte permet à celui-ci de marcher sur Vienne et d'arracher à l'Autriche le traité de Leoben.

Ces combats « *de géants* » dans les glaces du Tyrol, cette paix où il fut pour moitié le placèrent très haut dans l'estime publique. Bonaparte, partant pour le pays où Alexandre passa Dieu, disait : « Je vous laisse Joubert. » En 1798, on fit Joubert général en chef de l'armée d'Italie. Il avait vingt-neuf ans.

Contre le gré du Directoire, il renversa d'abord la monarchie de Savoie, la plus ancienne d'Europe (après celle de France). Nos royalistes ne l'ont pardonné jamais à ce républicain. Il allait traiter résolument de même les autres souverains de la Péninsule qu'il voulait *une* « pour faire la guerre de la Liberté ». L'opposition du Directoire, de Talleyrand, son ministre, à cette politique généreuse l'amena à donner sa démission.

Trois mois après, les deux Conseils, sous le coup de la nouvelle de l'entrée des Russes à Turin, attaquent le gouvernement honnête et incapable que nous avions. Joubert nommé général de l'armée de Paris couvre de son nom et de son épée la *journée* du 30 prairial (18 juin 99). Au lendemain, les deux partis vainqueurs, Siéyès et les Modérés, et les Montagnards du Manège lui offrent le pouvoir.

Il n'accepta que le commandement de l'armée qui devait arrêter Souvarov. On crut alors qu'il s'était engagé avec Siéyès, qu'après la victoire il fut revenu faire avec lui ce qu'a fait Bonaparte au 18 brumaire. On se trompait. Gohier, le Directeur intègre le dit. Lanfrey l'a vu. H. Martin l'a reconnu. La publication d'une partie de la correspondance de Joubert, celle d'une note adressée, par lui au Directoire la veille de sa nomination le démontrent péremptoirement : s'il eut accepté le pouvoir après une victoire, il ne l'eut accepté que « dans les formes constitutionnelles ».

Il alla tenter d'arracher cette victoire avec 40,000 hommes à Souvarov qui en avait 70,000. Il tomba le 15 août 1799, à Novi, allant réussir ; c'est Jomini qui le dit. Une grande espérance succombait avec lui, celle de la consolidation régulière de l'institution républicaine.

Le père de JOSEPH MICHAUD, d'Albens, en Savoie, ayant tué un huissier, se réfugia en Bresse où il s'était marié. Il se fit notaire, près Bourg nous dit-on, peut-être à Pont-d'Ain.

Les deux fils, Joseph né à Albens en 1767, et Louis né à Bourg furent élevés au collège communal de cette ville, tenu par des prêtres séculiers. La Révolution arrivant, Joseph prit chaudement parti pour la monarchie de 1792 à 1797; bien que royaliste et journaliste, il traversa la tourmente indemne. Frappé par le 18 fructidor, il vint se cacher aux bords de l'Ain (à Neuville ?) qu'il chanta en vers médiocres bien que sincères dans son poëme le *Printems d'un proscrit.* Sous le Consulat, il se fit homme de lettres provisoirement, célébra sous l'Empire les noces autrichiennes et la naissance du roi de Rome, puis entra à l'Académie en 1813. La chute de « l'usurpateur », le refit royaliste. Le renégat repentant (d'autant plus fervent) vint se faire nommer, sous les baïonnettes autrichiennes, député de l'Ain. « La moitié peut-être des électeurs étaient ses parents ou ses amis », dit la *Biographie universelle*, éditée par son frère. Ces électeurs, nommés par le Préfet, n'étaient pas plus de deux cents. Ce fut donc « en un sens fort aisé ». Il y avait une difficulté pourtant : c'est que Joseph Michaud n'était pas naturalisé. Il la tourna « en empruntant » simplement l'état civil de son frère (né à Bourg). De là l'erreur des nombreux biographes qui font naître Michaud dans notre ville et en 1769. Il s'associa aux fureurs de la Chambre *introuvable*, sans grand succès, ne fut pas réélu après le 5 septembre — et se partagea désormais entre sa *Quotidienne*, organe passionné du royalisme qui ne transige pas avec la Révolution — et son *Histoire des Croisades* qui lui ouvrira l'Académie des inscriptions.

Ce livre, remanié à chaque nouvelle édition, est bien ordonné, écrit avec du soin, de la correction, quelque élégance ; il embrasse tout son sujet, un sujet fort grand, non traité jusque-là dans son ensemble. Il donne d'ailleurs l'idée la plus fausse des hommes et des faits qu'il raconte. Une page de la *Chanson d'Antioche*, ou de Guillaume de Tyr, prise au hasard, en apprend plus sur les Croisés que les cinq volumes de Michaud. Mais l'*Histoire des Croisades* a servi la cause du passé presque autant que le *Génie du christianisme*. Les deux auteurs étaient juste aussi croyants l'un que l'autre. J'avais trois ans en 1815 ; mais j'ai vécu avec des gens ayant connu Michaud : il était plus spirituel que Châteaubriand, aussi infatué de lui-même. Il est mort en 1839.

Que les ennemis des unions consanguines en prennent leur parti, BICHAT est issu de deux mariages successifs entre cousins germains.

Sa mère, Jeanne-Rose Bichat, était de la branche restée à Poncin ; son père, Jean-Baptiste Bichat, de celle établie à Thoirette.

Ce mariage ramena Jean-Baptiste, médecin déjà, au lieu d'origine, à Poncin (où il vivait encore en 1809).

Le fils aîné Xavier, né à Thoirette un an après le mariage et le 14 novembre 1771, grandit à Poncin et commença ses études au collège de Nantua, il les acheva au séminaire de Saint-Irénée à Lyon.

La famille, dit le Dr Chereau, le bibliothécaire de la Faculté de médecine de Paris, qui puise tout ceci « dans les papiers scientifiques de Bichat (propriété de sa bibliothèque), la famille était toute bourgeoise ou dans les ordres ».

L'auteur de l'anatomie générale avait un grand-oncle chanoine, un oncle jésuite, une sœur religieuse.

Je pourrais répéter ici ce que j'ai dit de l'éducation religieuse à propos de Lalande, de Joubert, de Quinet. Elle peut beaucoup sur les intelligences ordinaires, peu de chose sur les esprits d'élite : or ceux-ci au bout de tout mènent le monde.

Aux vacances, l'enfant revient à Poncin. Son père lui apprend l'anatomie ; les *sujets* manquent, mais il y a les chats. L'idée que la connaissance de notre organisme est incomplète, que cette connaissance nous est nécessaire entre toutes, que l'atteindre est la plus noble des ambitions, cette idée dut venir de bonne heure à un jeune homme fait et élevé comme celui-là. Le génie, a-t-on dit, c'est la patience. Oui ; avec une idée fixe qui est une idée juste — et aussi un don ou une vocation de nature.

A dix-huit ans, Xavier est garde-national à Poncin. Son sergent le moleste, il lui donne un soufflet. On incarcère l'aristocrate. Son commandant le fait évader la nuit. Il gagne Lyon à travers champs; entre à l'Hôtel-Dieu où M. A. Petit, élève de Desault, a établi une clinique d'anatomie et chirurgie non oubliée. La conscription le prend. Le voilà chirurgien de 3e classe à Grenoble, puis à Bourg dont l'hôpital est devenu un hôpital militaire. C'est là qu'il connut Pacoud, Hudellet, ceux qui un jour demanderont pour lui une statue.

Pourquoi retrouve-t-on Bichat à Lyon en 1792, suivant de rechef la clinique de Petit? Pourquoi le jeune chirurgien militaire, ayant quitté l'uniforme, arrive-t-il à Paris au commencement de 1793? On ne sait. Il ne faut pas chercher. Rien n'était impossible et peu de choses étaient logiques dans la tempête qui sévissait alors. L'épave dans la nuit s'échouait où la jetait le flot. Le siège de Lyon, de la fin de 1793, n'est pour rien dans ceci.

Muni d'une chaude recommandation de Petit, Bichat se présente à Desault, le premier chirurgien du temps; il suit sa clinique à l'Hôtel-Dieu. Là chaque jour un élève choisi recueille la leçon du maitre. On la lit le lendemain. Une fois, cet élève favorisé est absent. Bichat s'offre à le remplacer. Son résumé scrupuleusement exact, d'une netteté et précision d'idées, d'une pureté de langue supérieures, est couvert de bravos, fait de Bichat le favori du maître. Il entre dans l'intimité, dans la maison de Desault, collabore avec lui, dirige le *Journal de chirurgie* fondé par lui. Il y a là neuf mémoires de Bichat.

Desault mourut prématurément le 1er juin 1793, peu de jours avant l'enfant royal du Temple auquel il donnait ses soins. — Empoisonné, crut sa veuve, par des gens qui, lui mort, purent substituer un petit sourd-muet à cet enfant emmené par eux en Vendée. Louis Blanc croit à ce roman lugubre. Bichat non; il dit son maître mort d'une fièvre maligne. (Celle qui l'emporta lui-même à sept ans de là.)

Je n'essaie pas, incompétent que je suis, de suivre le jeune savant pendant ces sept années de prodigieux labeur. Comme ses contemporains qui voulurent faire « toutes choses nouvelles », comme Lavoisier, Cuvier, ses émules, il reprendra sa science par les fondements, ne demandant qu'à lui-même, à l'observation, à une méthode rigoureuse, les éléments de sa reconstitution. Je distingue et signale rapidement — la part que Bichat prend à la réorganisation des études médicales régulières, interrompues par la Révolution ; — la fondation de la Société médicale d'Emulation, centre où la nouvelle école de Paris se réunit, se connut, s'entendit et s'affirma ; — les derniers travaux de chirurgie proprement dite ; les premiers travaux d'anatomie publiés dans les Mémoires de cette Compagnie ; — la publication des œuvres de Desault (rédigées par le glorieux élève); — enfin les grands monuments impérissables des deux dernières années :

Le Traité des Membranes (publié en janvier, février 1800). — *Les Recherches sur la Vie et la Mort* (mai et juin même année). — *L'Anatomie générale* et *l'Anatomie descriptive*, publiées presque simultanément à l'automne 1801.

Il avait eu plusieurs fois des crachements de sang. Les jours, il les passait dans les effluves morbides des hôpitaux, des laboratoires où il récoltait des faits ; les soirs, il synthétisait ces faits avec une telle *maestria*, il les rédigeait avec une telle sûreté qu'il ne retouchait rien jamais.

Lentement empoisonné par les miasmes des laboratoires de dissection ; usé à son insu par cette activité insatiable ; le 8 juillet 1802, descendant les marches de l'Hôtel-Dieu, il tomba subitement frappé d'un trouble profond des centres nerveux ; fut pris en se relevant d'une fièvre ataxique et mourut le 22. Il n'avait pas 31 ans.

J'ajoute quelques belles paroles prononcées ici le jour où l'on inaugura le bronze que lui élevait la Société d'Émulation, dont il était membre correspondant.

« Il a refait la physiologie, expliqué la machine humaine dans ses rouages, leur forme, leur organisation, leurs propriétés, leur fonctionnement, corrélation et subordination. Il a créé cette science neuve, l'anatomie des tissus élémentaires. — C'est lui qui enseigne dans nos chaires, observe dans nos hôpitaux, dirige nos dissections, nos expériences dans nos amphithéâtres..... »

La statue est de David (d'Angers) qui avait déjà mis sa belle tête pensive au fronton du Panthéon.

Ses restes sont au Père-Lachaise, sur la pelouse, en face de la chapelle.

GEORGES-SIMON SÉRULLAS, né le 2 novembre 1774 à Poncin, un des premiers chimistes de son temps, a agrandi le domaine de sa science. Pour donner une idée de ce qu'il y a ajouté, il faudrait parler la langue si spéciale de la chimie, et je ne puis m'y risquer. Sérullas était pharmacien-major à 22 ans. Il fit, avec le corps de Ney, les campagnes d'Italie, d'Allemagne, de Russie; fut, à la paix, pharmacien en chef de l'hôpital de Metz; passa au Val-de Grâce, en même qualité, en 1825; entra à l'Institut en 1830 et venait d'être nommé professeur de chimie générale au Muséum d'histoire naturelle, quand il fut emporté par le choléra, en 1832. Il a été enterré aux frais de l'Etat.

BRILLAT-SAVARIN est né à Belley en 1755. Ailleurs c'est le plus spirituel et le plus gracieux des épicuriens, des légistes et des humoristes. Chez nous ce fut d'abord un politique bien aventureux. Il jetta sa ville dans cette faction girondine, si brillante à la tribune, qui lorsqu'il fallut combattre ne sut que mourir. Il en fut quitte pour trois ans d'exil ; les traversa gaîment ; rentra dès qu'il put, non sans l'aide de la belle Mme Récamier, sa compatriote; dit et fit en tout bien tout honneur ce qu'il fallut dire et faire pour rentrer à la Cour suprême où les électeurs l'avaient envoyé une première fois (après l'avoir envoyé à la Constituante), y resta sous l'Empire, y resta sous la Restauration et usa des loisirs que cette haute position lui faisait pour écrire la *Physiologie du Goût*. Ce petit livre, sans cesse réédité, reste une merveille de bonne humeur, de finesse, de grâce, de discrétion savante....

Brillat est mort en 1826, d'une messe politique endurée le 21 janvier à Saint-Denis, en la meilleure compagnie de France. Il faisait froid ; son zèle monarchique fut insuffisant à le réchauffer. Il reste de lui, me dit-on, des contes manuscrits, bien voltairiens pour un temps qui prétend ne l'être plus.

C'est un homme du XVIIIe siècle, égaré dans le XIXe.

On ne niera pas, je pense, la fécondité du petit pays qui en dix-sept ans, de 1754 à 1771, a donné Gauthier, Brillat-Savarin, Goujon, Joubert et Bichat.

EDGAR QUINET, issu d'une vieille famille bourgeoise de Bourg, petit-fils du Maire qui a proclamé ici la République en 1792, est né en 1803, dans l'hôtel Varenne de Fenille, rue Cropet. Il a été élevé dans notre collège communal et au lycée de Lyon.

Par tempérament, c'est un poète, le grand poète qui écrira *Ahasvérus*, *Merlin*, *les Esclaves*. Les circonstances le firent professeur. Il est ensuite devenu historien pour avoir vu et fait de l'histoire : il a retrouvé, plus que pas un en notre temps, la langue forte et simple en laquelle on doit l'écrire, dans ces grands livres *Considérations sur l'Histoire de France*, *la Révolution*, *la Campagne de 1815*. De ses autres travaux, si nombreux, si divers, il faut nommer encore ces œuvres superbes : *le Génie des Religions*, *la Création*, *l'Esprit nouveau ;* il faut les lire pour faire le tour de cet esprit si haut et si vaste.

Edgar Quinet, c'est le XIXe siècle lui même, — moins ses abaissements — avec sa vue des choses, sa science énorme, sa préoccupation de la grande poésie et du grand art, sa soif de justice et de liberté, ses aspirations sans limites....

Il a fait de l'histoire, ai-je dit. Il en faisait dans sa chaire du Collège de France, où il luttait contre une faction ennemie irréconciliable de la Révolution ; — il en faisait aux Assemblées de 1848, de 1849, de 1871, où Bourg l'envoya d'abord, puis Paris ; — il en faisait dans l'exil où il fut jetté par le second Empire ; — à Paris où il rentra quand on en sortait, pour prendre sa part des souffrances du siège ; — à Versailles, où il défendait la République contre une majorité inconsolable de l'avoir décrétée. Il est mort des suites des privations du siège, en 1875.

Sa veuve, digne de lui, a imprimé ses œuvres. Bourg, aidé des communes de l'Ain, vient de lui élever une statue. Il est ici presque le dernier, le plus grand je crois : mais il m'a encouragé dans mon effort, nommé son ami ; il vaut mieux laisser dire cela à d'autres.

ANTOINE CHINTREUIL est né à Pont-de-Vaux le 18 mai 1814, d'une famille aisée tombée dans la pauvreté. Rien n'est douloureux comme l'histoire des trente premières années de sa vie. Il est né paysagiste, amant passionné de cette nature fraiche, verte, calme, embrumée et ensoleillée à la fois, au milieu de laquelle il a grandi. Pour la peindre, il faut apprendre à peindre. Chintreuil a d'abord à gagner son pain. Un minuscule héritage lui permet de partir pour Paris avec 300 francs, à 24 ans. Il est là commis d'un libraire. Aux heures de loisir il se livre à sa vocation. Ses premiers tableaux sont refusés au Salon (1843-44). Béranger lui donne du pain pour un mois, paie sa dette chez le marchand de couleurs. Il lutte, il souffre héroïquement. Il entre enfin au Louvre en 1847, à 37 ans.

Le succès dû à « *un talent exquis* » (Béranger) et la maladie, suite des misères endurées, arrivent en même temps. Mais les dix-huit dernières années de Chintreuil sont des années de gloire (1855-73). A Mantes où il s'établit, il retrouve quelque chose du climat, des horizons du cher pays natal.

C'est ce pays revu en rêve qu'il peint le plus souvent. Premier rayon du jour dissipant les nuées, illuminant la terre ; coups de soleil dans l'ondée d'avril qui passe en souriant ; ciels du soir embrumés et embrasés ou resplendissant de toutes les couleurs du prisme ; brouillards d'argent de mai qui se lèvent ; temps gris, résignés des fins d'automne ; coins de bois pleins d'ombre et de lumière ; bouts d'étangs ravissants ; vergers en fleur emperlés par la rosée ; petits Edens d'une simplicité, d'une grâce absolument sincères, où l'on voudrait se réfugier et vivre ; tout cela est bien nôtre.

Chintreuil a agrandi le domaine de son art. La Nature chez lui ne s'inquiète pas d'être belle ; elle vit, change de sourire à toutes les heures. Elle est émue, Elle émeut qui surprend le rapport intime entre le paysagiste et son œuvre.

C'est une superbe chose que le masque du Jupiter Mansuetus, si calme, si clément : mais cette face divine change d'expression parfois. L'art vieilli peut se renouveler en ressaisissant ces changements.

On ne dira rien ici des vivants. Mais ce temps-ci ne dément pas ce qui a été dit plus haut de notre fécondité en hommes dès que ceux qui nous mènent, les politiques, nous laissent quelques heures de paix. Et l'activité intellectuelle reste ici plus grande que jamais, et supérieure à celle de quelques-uns des chefs-lieux de départements voisins.

3e Section — MONUMENTS HISTORIQUES

Les plus anciens monuments de notre pays sont :

Le *Menhir* de Simandre, bloc de pierre calcaire d'environ quatre mètres de haut, d'une largeur et épaisseur disproportionnée, énorme en tout. Il était flanqué d'un jumeau qui a été dépécé et dont les fragments sont encore reconnaissables dans les constructions voisines.

Et les *Menhirs* de Bourg : on les a retrouvés noyés dans la maçonnerie d'une forteresse romaine ensevelie elle-même à demi sous une construction du Moyen-Age, le château des Ducs de Savoie ; il y en avait environ quatre cents de dimension médiocre, disposés vraisemblablement en quinconce ou en cercles concentriques. On les a taillés et employés dans le soubassement d'une prison construite en 1817, où ils se distinguent encore aisément.

Nommons encore ici la *Boule de Gargantua*, à Arbignieu, bloc de dimension médiocre, de forme à peu près ovale, couvert d'*écuelles*, quelques-unes disposées de façon à dessiner une figure obscène. Le souvenir du Dieu et géant gaulois se retrouve dans le nord du Revermont où une cime de forme bizarre s'appelle la *Hotte* de Gargantua.

De l'époque latine mentionnons :

Le *Mithrœum* de Vieu, retrouvé il y a dix ans. De ses débris, le plus important est le tombeau d'Eutactus, *pater patrum*, pape de cette religion qui disputa un moment le monde au christianisme ; à Hostel (chez M. Desjardin). Nous avons vu là aussi une fort belle tête en marbre du Dieu-lumière adoré à Vieu.

Le *temple et le bain* d'Izernore. Le temple, rebati trois fois sur le même emplacement, en s'agrandissant chaque fois, restait de dimension médiocre. On sait qu'il était un des plus vénérés de la Gaule. On n'a pu découvrir à qui il était dédié. Il en reste trois colonnes ou piliers de plus en plus croulants — et le doigt de bronze de la statue principale, qui devait avoir douze pieds de haut. Cette belle épave appartient à la Société d'Emulation, qui fit les premières fouilles d'Izernore, il y a un siècle presque. L'Hypocauste découvert à la même date, puis enfoui, a été revisité depuis sans autre succès.

La *forteresse* de Bourg, déjà mentionnée : c'était un *blockhaus* de pierre où une faible garnison pouvait tenir quelque temps contre une armée. Elle était faite, on vient de le dire, de blocs préhistoriques trouvés sur place par les premiers occupants latins. On l'a misérablement jetée bas sous la Restauration.

De l'époque des invasions barbares je ne vois trop à citer que les *tombes* chrétiennes de Briord aux inscriptions curieuses, puis la *nécropole* burgonde de Ramasse.

Je suis embarrassé pour classer exactement la

nécropole plus riche de Brou. On a en effet inhumé, incinéré là depuis les temps préhistoriques jusqu'au milieu du Moyen-Age. Et j'en ai vu sortir une superbe hache en serpentine du temps de la pierre polie, un bracelet d'or gaulois, une cuve de pierre qui a dû servir de tombe à quelque leude carlovingien ; les deux derniers objets sont au musée de Bourg.

Il reste dans notre pays, et surtout en Dombes, un assez grand nombre d'églises romanes. Une nef de l'église abbatiale d'*Ambronay* est peut-être carlovingienne. Parmi les pauvres églises rurales que la manie du mauvais gothique laisse encore survivre, je ne serais pas étonné si quelques-unes réclamaient la même antiquité.

La cathédrale de Belley a été, sous la Restauration, démolie et remplacée par une église ogivale. Montalembert l'a regrettée dans un article dirigé contre les actes de vandalisme de cette époque, ses réparations et mutilations fatales aux arts.

Le chef-d'œuvre de l'école romane bénédictine chez nous est *Saint-André* de-Bâgé, le Saint-Denis des marquis de Bresse. Ce petit monument est sis, à quelque distance de la vieille capitale de la Sirerie, sur un mamelon qui lui sert de piédestal naturel et d'où il domine une des plus riches parts de la féconde contrée. Le plan est une croix latine. La nef, d'une seule volée, n'a d'ornement qu'un banc en pierre régnant tout autour. Trois baies la séparent du transept au centre duquel, sur quatre arcs élégants, s'élève une coupole demi-sphérique. Sur ce transept s'ouvrent trois absides.

Celle du centre est le chœur coiffé d'une calotte en cul-de-four. La façade, simple, est ornée de deux étages d'arcatures en partie aveuglées. La vraie décoration de cette petite église si simple de plan, si sévère de lignes est sa flèche. Elle a quatre étages ornés alternativement d'arcatures aveuglées et de fenêtres géminées; au-dessus les longs pans triangulaires qui, en se cherchant, constituent la flèche, sont encore ajourés de lanternaux en pierre au tiers de leur hauteur. Ce monument si humble de proportion est grave et superbe si on les oublie. Rapproché de Cluny bâti au même temps, et qui était la plus grande église de la Chrétienté, c'est un enfant à côté d'un adulte. Mais au premier regard on les reconnait pour deux conceptions de la même pensée.

Si Saint-André procède de Cluny les églises romanes de Dombes sont des filles (modestes) de l'art provençal. La façade de *Saint-Paul* de-Varax, couverte de sculptures, fait songer à celle de Saint-Trophime ou à celle de Saint-Gilles. Moins de luxe assurément, mais la même exubérance d'ornements.

L'imagerie mutilée de telle chapelle de village, contemporaine des croisades, d'une obscénité monstrueuse, rappelle le premier culte naturaliste de la Dombes, aboli d'hier à Ars, non aboli à Saint-Guignefort. Mais le croira-t'on, ici ce culte s'est dépravé.

Qu'est-ce de *Nantua?* La grande nef simple est d'un temps où l'art reste sobre: mais déjà la nouveauté, les aventures le tentent. De là, cette étrange projection du vaisseau qui en montant s'élargit, choquant ainsi les conventions, étonnant l'œil, inquiétant la raison qui doute de sa solidité. Le porche ne tient plus nul compte des anathèmes de saint Bernard contre les images, postérieur qu'il est d'un siècle (et du XIIe finissant?) A l'autre bout du grave édifice, par delà les trois nefs lourdes, le transept et sa haute coupole, le XVIe siècle a mis impertinemment une abside ogivale, le XIXe y a logé des anges efféminés venant de la chartreuse de Meyriat. Puis, après avoir inondé les parois austères d'un badigeon assorti, nous avons coiffé l'abbaie qui garda les restes de Charles-le-Chauve un moment, de la première flèche venue, romane d'ailleurs et voulant l'être pour qu'on le dise. Cela n'empêchera pas les touristes anglo-germains pris d'une grosse gaîté d'assurer que nos églises françaises ressemblent à des marchandes à la toilette, attifées d'un châle de 1816, d'une robe de 1827, barbouillées de coheul, et portant les cheveux *à la chien*. Achever un monument, ou le restaurer dans son style, n'est pas chose à laquelle la suffisance d'un architecte français se résigne.

L'arc irrégulier abritant, dans le mur qui sépare le sanctuaire de Nantua du collatéral sud, une cuve sans ornements, fracturée par des profanateurs, a très probablement logé six ans le cadavre du petit-fils de Charlemagne.

La chapelle où Bourg loge assez pauvrement à la fin du XIIIe siècle sa divinité sortie d'un saule est romane encore. Comme tout le Midi et une partie du Centre, nous sommes restés fidèles au plein-cintre plus tard que le Nord. L'épanouissement du grand art ogival coïncida en cette dernière contrée avec une époque d'émancipation et de prospérité relatives qui nous a été refusée. Notre indigence en architecture au XIVe siècle tient à ce que nous sommes trop occupés à guerroyer pour beaucoup bâtir, de plus à ce que nous restons en réalité serfs et fort pauvres jusqu'en 1408.

L'art naît chez nous en même temps que la liberté et qu'une richesse relatives. Nos comtes devenus ducs ne sont pas devenus artistes. Mais des particuliers riches construisent, Bolomier à Poncin, les Guillod à Bourg. La *grande porte* ogivale de l'Inquisition (place E. Quinet) est de ce temps. Le *Saint-Sépulcre* des Cordeliers dont la principale figure, non sans valeur, est conservée, en est.

Un ravissant petit cloître à *Ambronai*, aussi joli qu'une cour de l'Alhambra, plus correct que Brou, doit être de la fin du XVe siècle. En Angleterre, en Allemagne, on soignerait avec amour ce fin bijou. Nous le laissons honteusement crouler. Le respect de nos œuvres nous manque. Nous traitons nos monuments comme nos femmes leurs chiffons.

Même chose d'une superbe salle capitulaire.

Les deux principaux édifices religieux de ce pays sont de la décadence de l'art ogival.

Brou est l'œuvre de notre province, payée de son épargne, suscitée par un caprice de reine. Il a été construit en vingt-cinq ans environ, par quatre ou cinq architectes successifs. Le Français Jean de Paris, ou Perréal, a donné les plans, les épures, amassé et fait tail'er les matériaux. Le Flamand Van-Boghem a achevé, surchargé, en la gâtant peut-être, la besogne de son devancier. Trois écoles de sculpture ont travaillé là. Ce qu'il y a de meilleur est du Tourangeau Coulomb. Puis viennent les grandes statues des Italiens. Puis les figurines du belge Meyt et de notre imaigier en bois Terrasson.

Un chacun devant Brou le sent ; il y a là quelque chose d'original. C'est, je pense, l'art ogival se travaillant et raffinant pour exprimer l'idéal du xve siècle. mais vu sous la lumière montante du xvie, en face de la Renaissance qui se complait et aide à l'anachronisme charmant.

Si Brou n'est nullement l'édifice créé d'un jet qu'on a pu croire un moment, il reste d'ensemble autant ou plus que la majeure part de ses congénères. Les dissonnances, le clocher, les chapelles de la nef, le toit mansardé, ont été introduites après coup. Dans l'immense série de chefs-d'œuvre ouverte par la cathédrale de Noyon, close par notre église, celle-ci a sa place et son rang bien à elle. Dans cette série radieuse, le principal ornement du vieux sol de France ; Amiens, Rheims, Chartres ont la grandeur, la force, l'élan altier ; Brou a la grâce suprême réputée chez nous Celtes plus belle que la beauté. Ses ainées menacent, Brou sourit : C'est bien une contemporaine d'Arioste et de Rabelais.

Notre-Dame de Bourg, création lente et pénible d'une petite ville pauvre, vaut en somme mieux que Brou par ses proportions intérieures. Leur style à toutes deux est d'ailleurs le même; la suppression de la colonne, son remplacement par une nervure prismatique le caractérisent. La voute du sanctuaire de Notre-Dame, fort riche, est d'un assez grand effet. De la façade, la partie inférieure bâtie sous François Ier vaut quelque chose; la partie haute, de Louis XIV, ne valait rien. Mutilée, puis réparée lourdement, de 1794 à 1800, elle n'y gagne pas. Le chœur perd de sa gravité simple à des embellissements récents, faits sans vues d'ensemble et sans corrélation avec le monument.

Le XVIIe siècle nous a dotés ici de trois maigres chapelles dont une seule subsiste, celle du *Lycée*, où Lalande a prêché: elle est dans ce style jésuite qui a enterré en Europe l'art religieux. Avant de voir naitre au siècle suivant notre architecture civile, en train aujourd'hui de supplanter ses sœurs, il faut bien dire un mot ici d'une autre aînée à elle, dont la place, longtemps très grande, est réduite à peu de chose en ce temps-ci, et qui est l'architecture militaire.

Les opulentes villas romaines dont nous retrouvons les vestiges en Dombes, devenues d'abord des métairies frankes ou burgondes, achevèrent de périr lors de l'invasion arabe.

Cette grande razzia n'a pas pris le temps de rien construire chez nous. Le prétendu *fort sarrasin* de la plaine d'Ambronay (reconnu en 1883 par MM. F. Verne, G. Loiseau, A. Hudellet et nous) n'est autre chose que le réduit central des « terreaux et foussés » construits là au XIVe siècle par les Savoyards pour arrêter l'invasion dauphinoise. C'est une butte de terre massive, de 32 mètres sur 28, ayant encore 4 ou 5 mètres de hauteur, entourée d'un fossé profond, avec chemin couvert. Pas une pierre ou une brique; la guette, les logis, arsenaux, magasins étaient en bois: rien n'en reste.

Quand les Normands remontèrent le Rhône, on se rempara comme on put. Dans la Montagne le Château prit la forme du rocher sur lequel on l'assit. En plaine on fit une enceinte ronde ou ovale de pieux ou palissades (même de haies) bordée d'un fossé. Au milieu de cette *basse*-cour, sur la *motte* faite des terres tirées du fossé, s'éleva hâtivement le donjon de briques du Maître entouré des huttes de bois des esclaves. Telles primitivement *la tour de Coligny* sur sa montagne et la *tour de Villars* sur sa *poype*.

Plus tard quand la féodalité fut assise, elle construisit moins tumultuairement ces places mieux étudiées au point de vue de la défense (contre le voisin, le serf, le suzerain, selon l'occurrence) qui seront, en Dombes le *château de Trévoux* et *le Montelier*; en Bresse les châteaux de *Bourg* et de *Jasseron;* dans la Montagne *Montréal*, bastille de la maison de Thoires; aux bords du Rhône *Grolée*, *Saint-Sorlin*, *Saint-André-de-Briord* le manoir de Jacqueline, amirale de Coligny.

Au déclin, vers la fin du XIVe siècle, à ces carapaces de pierre succèdent des constructions un peu moins farouches où quelque agrément et quelque luxe veut s'introduire. Ainsi de *Poncin* et *La Cueille*, Versailles et Saint-Cloud de la maison princière de Thoires; de *Pont-d'Ain*, Marly de la maison de Savoie (pas d'illusion sur ce point : c'est un des poètes courtisans de Marguerite d'Autriche, ou cette muse et divinité elle-même qui nous montre Pont-d'Ain hanté par « un ange déshonnête de punaisie et de vermine immonde »). Nommons encore *Chazey* où Jacques de Savoie, duc de Nemours, venait à l'automne se reposer du mal qu'il se donnait pour devenir roi de Lyon, la Ligue aidant; un banquier l'a remplacé et Chazey y gagne.

De ces trois variétés de repaires princiers, ce qui survit à l'exécution de Biron après la conquête, à celle de Richelieu moins bruyante, fut plus ou moins frappé par Albitte : il en reste en tout peu de chose.

Les petites *maisons fortes* ou gentilhommières rustiques existent encore en grand nombre, mieux conservées, tombées en roture le plus souvent. Leurs distributions accusent une grande rudesse et simplicité de mœurs. Avec le secours de certains inventaires conservés dans nos archives inutilement, un Balzac en reconstituerait aisément la physionomie. Un épicier retiré les trouverait peu logeables, et un ouvrier à l'aise trouverait leur « ustensillage » mesquin.

Au XVIe siècle, la noblesse d'échevinage et de robe acheta des parchemins de nos ducs besogneux, des fiefs des derniers féodaux par elle ruinés. Elle construisit quelques châteaux dans le goût de la première renaissance, puis dans le style Louis XIII. Quelques-uns survivent. On les restaure depuis vingt ans... trop. Je veux dire qu'on en fait presque du *vieux neuf*.

Avant de passer outre, et pour être plus en règle avec ces châteaux qui nous ont gouvernés mille ans, intercalons ici une description de *Pont-d'Ain* restée seule possible.

Pont-d'Ain dépendait primitivement de la paroisse d'Oussiat. Les Coligny, voulant s'étendre au sud, y auront fait ou refait un pont; et pour le commander un château reliant les deux parts de cette chaîne de places fortes qui coupait notre territoire en deux (de Coligny à Saint-Sorlin) et disposait des communications entre les deux moitiés.

En 1289, il écheoit à Amé IV: son fils aîné Edouard s'y réfugie après Varey; sous son second fils Aymon, le château rebâti devient une maison de plaisance et de chasse sans perdre tout à fait son caractère premier. En tout quatorze de nos maîtres y passent.

Après la mort du quatorzième, Philibert II, Marguerite, sa veuve, quitte ce manoir dénoncé par Du Saix, son panégyriste, comme un lieu

> Mortifère et funeste,
> Où va volant un ange deshonneste
> De punaisie et de vermine immonde.

Marguerite, usufruitière de Bresse, s'était engagée à entretrenir ses châteaux et à les laisser en l'état où elle les avait trouvés. Un inventaire dressé deux mois après sa mort, en 1531, nous montre l'intérieur d'une habitation princière à cette date. Et nous connaissons les dehors de Pont-d'Ain par une fresque (du XVIIe siècle commençant), conservée à Jujurieux.

Entre les deux dates, et en 1586 Pont-d'Ain avait été vendu par Charles-Emmanuel au marquis de Treffort ; puis avait passé par mariage à Lesdiguière : il avait été rebâti, dit-on, mais plus probablement remanié et agrandi par les nouveaux maîtres.

Parlons maintenant des dehors. Sur deux terrasses superposées, laissant entre la dernière colline du Revermont et l'Ain un étroit espace au bourg de Pont-d'Ain, s'élève le manoir, tournant sa longue façade au sud-est. Il se compose de trois logis reliés par autant de tours coiffées de toits à quatre eaux; dont l'une a, dit-on, 145 pieds de hauteur. Une chapelle à l'extrémité est en saillie sur la terrasse.

Poncin, palais des sires de Thoires, si voisin, est irrégulier et veut l'être; harmonieux pourtant et d'ensemble, parce qu'il est d'un seul temps et d'un même style. Pont-d'Ain, agrégation incohérente de parties disparates, n'est qu'irrégulier et paraît d'autant moins un tout qu'il s'étale en façade à très peu près tout entier sur un seul et même alignement.

Les ogives correctes de la chambre d'Aymon, de la chapelle, et les *croisées* à frontons aigus et arrondis alternatifs de l'escalier attribué à Marguerite, mais qui lui est postérieur de 50 ans au moins, se succèdent dans un désordre plus bizarre que pittoresque.

Entrons à présent, avec Guillaume Poussière, commissaire de la Chambre des comptes de Savoie, dans ce singulier assemblage de constructions (de 150 mètres de longueur sur 20 de largeur?) qui court entre ses hautes terrasses au sud d'où l'œil domine un immense paysage, montagne, plaine et rivière; et au nord les fossés larges et profonds qui le séparent de la forêt de Solliat.

Cet intérieur est un fouillis ou un labyrinthe incompréhensible et indescriptible de cent sept pièces diverses *s'apponçant* au hasard, sans plan d'ensemble aucun, c'est évident. Les deux étages des logis; les trois, les cinq étages des tours, communiquent tant bien que mal par six ou sept *viorbes* ou escaliers à vis, en pierre ou en bois.

Le grand et beau degré qu'on donne à Marguerite n'apparaît point dans l'état de lieux de Guillaume Poussière; autre preuve et catégorique, celle-ci, qu'il est postérieur.

Dans le dédale où nous errons nous démêlons trois parties distinctes, — mais c'est nous qui démêlons et distinguons, notez-le bien :

1° *Les communs et dépendances*, savoir : une grange et pressoir, — une écurie pour six chevaux séparés par des poutres, *trabes*, avec trois lits; au-dessus la chambre à l'avoine et le fenil, — une cave avec disposition pour loger vingt tonneaux et aussi trois lits peu compréhensibles là, — plusieurs cuisines aux cloisons de sapin avec cellier, sommellerie, panetterie, saloir, lardier, fruitier, cages à nourrir chapons, perdrix, cailles; fours, puits à roue.

2° *L'arsenal*, resté muni en 1531 de bombardes coulevrines, serpentines, fauconnaux; de boulets de pierre, de fer; de trois barils de poudre; et aussi de balistes, cranequins, arbalètes, et de deux caisses de flèches...

3° Enfin, les chambres à coucher et galeries; il y en a en tout quarante. Deux sur le nombre ont des cheminées. Le mobilier se compose de lits aux membrures et aux ciels peints; d'escabeaux pour monter sur ces lits; de chaires à une ou plusieurs places; de bancs les uns en chêne sculpté, les autres en sapin; dressoirs; armoires. Quelques-unes de ces chambres sont précédées de tornavents (paravents ou tambours) en sapin.

Pas de salle de bains! Dans une chambre à quatre lits il y a un lavoir *lavatorium*. Un seul cabinet d'aisance (*latrinarum*)! cinq *sedes foratæ* y suppléent, une chez les demoiselles d'honneur notamment.

La chambre de Madame a trois portes, deux avec tornavents peints. Il y a là un lit peint aussi, deux bancs en sapin, une crédence en chêne sculpté sans serrure, contenant les vitreaux brisés des deux fenêtres, un banc à trois places. Un cabinet (à toilette?) adjacent est construit en sapin.

De là un escalier de bois mène à la chambre de Monsieur. Elle est précédée d'un tornavent en sapin. Deux lits: celui où Philibert est mort a des rideaux tanné et violet, et une couverture de serge « de peu de valeur ». A côté de cette chambre est un *Studiolum* entouré de pupitres de bois.

Il y a une bibliothèque contenant dix-sept ouvrages! les quatre fils Aymon, l'histoire de Jason vivent là en paix avec la vie de N.-S. Jésus-Christ, le Manipulus Curatorum.

Il y a un garde-meubles. Entre les objets y contenus mentionnons une horloge en fer, une épinette, un luth sans cordes, une custode d'argent *ad reponendum corpus Domini*; force tentures en serge, en toile peinte, nécessaires en des chambres sans feu et à quatre lits; quelques tapis, un turc et sans trous; quelques housses, couvrant les cloisons et bancs de sapin (et cachant la punaisie grouillante dont parle Du Saix); des fallots à éclairer les cours, garnis de toile (le verre était cher).

En tout il n'est petit bourgeois, commerçant ou maître-ouvrier *retiré* qui n'ait chez lui plus de confort, n'y soit mieux clos, couvert, chauffé, éclairé, lavé; mieux pourvu de livres aussi que nos princes.

La moitié sud-ouest de leur maison de plaisance a été démolie en 1794. Le reste, remanié aux XVIIe et XVIIIe siècles, n'est qu'une « immense caserne à trois rangs de fenêtres » au dire de M. de Quinsonas.

Dire que d'architecture civile il n'y en avait pas chez nous au Moyen-Age, ce serait trop dire. Nos Halles en charpente mal closes, froides, basses, sans lumière, sans air, sans pavé, sans propreté possible, étaient des édifices publics; peut-être même supérieurs en quelque chose à ces maisons collectives des indigènes de Papouasie, qui leur ressemblent un peu...

Les habitations dans nos campagnes, dans nos faubourgs, étaient en torchis ou clayonnage de bois et de terre, comme celles de la Gaule primitive. Je les ai encore vu telles.

A la ville, avant le xve siècle, elles étaient bâties en pans de bois garnis de briques; pittoresques, oui. Mais plus basses que le sol avoisinant, humides et sombres par là et par le fait des étages en encorbellement. Ces étages desservis par des vis étroites, noires, profondes comme des puits, changeaient de niveau d'une pièce à l'autre; les maisons mêmes étant faites de parties agrégées successivement, au hasard et sans plan. Leurs chambres étaient des bouges étroits, ténébreux, irréguliers auprès desquels les alvéoles d'une ruche sont presque des palais.

A partir du xve siècle, les *Hostels* des dignitaires de Savoie sont construits en pierre sur des plans réguliers. Ils sont abreuvés de lumière par de larges baies carrées à *croisée*. Leurs immenses salles à deux cheminées, à quatre lits, aux plafonds sculptés et peints, aux hautes parois garnies de tapis, totalement dépourvues de ce qui fait la commodité et la décence de nos logis, sont saines du moins. Il n'en est pas de même de certaines de leurs dépendances...

Le xvie, le xviie siècle lui-même, avec ses élégances, n'a pas le besoin et le goût de la propreté. Pour les réveiller chez nous, il n'a pas fallu moins que le changement d'idées et de mœurs du xviiie. C'est de cette révolution-là que naît chez nous l'architecture civile.

Elle crée d'abord la maison moderne, chef-d'œuvre de commodité, de bienséance relatives le plus souvent, de goût quelquefois.

Les édifices municipaux qu'elle nous donne, fontaines, hôtels-de-ville, collèges, hôpitaux, théâtres, marchés, abattoirs, etc., ne méritent pas tous le même éloge, il s'en faut. En général trop d'épargne s'y sent, et trop peu d'étude. Nos petites villes sont bien pauvres. Elles n'ont pas encore égalé à beaucoup près cette culture du second siècle qu'attestent l'hypocauste d'Izernore, le théâtre de Briord, l'aqueduc de Vieu: et il n'est pas sûr qu'il y ait aujourd'hui chez nous un marbre, un bronze, une poterie valant ceux que M. Desjardins a recueillis dans les décombres du *vicus* ou *pagus* de la *Vallis Romana*.

En revanche les travaux de l'Etat, nos routes, nos ponts, nos viaducs sont de grandes œuvres, l'honneur de notre civilisation et de notre temps; ils dépassent les créations de la société latine en utilité, en hardiesse, et même en beauté simple quelquefois.

Le XVIIIe siècle finissant a construit la levée de Saint-Laurent, le canal de Pont-de-Vaux, le pont de Neuville.

Le XIXe commençant, le pont du Sault sur le Rhône: ses trois arches, dont l'une a trente-six mètres d'ouverture, sont d'une hardiesse grandiose et d'un appareil magnifique.

Les derniers temps ont créé le viaduc de Cize, à deux rangs d'arches de cinquante-cinq mètres de hauteur — le pont de Collonges, dont l'arche plein-cintre est large de quarante mètres — le viaduc du *Credo*, dont la pile centrale est haute de soixante-et-onze mètres : elle a été construite au milieu du Rhône sur un caisson en tôle à air comprimé descendu à neuf mètres au-dessous de l'étiage du fleuve.

Entre le *Menhir* de Simandre qui a nécessité une si prodigieuse dépense de force brutale, et ces derniers travaux, miracles de science, toute l'histoire se meut avec ses accidents irréguliers, capricieux, allant à son but pourtant ; et sa loi et son plan apparaissent.

RICHESSES D'ART

Du Département de l'Ain.

Un ministre intelligent demanda, il y a quelques années, aux savants de province un *inventaire des richesses d'art de la France.* C'était bien fait. Il leur envoya, un peu après, un cadre pour ce travail; ce cadre eut ravi un commissaire-priseur. Les savants, blessés en leur amour-propre, se sont tenus cois. Et l'*inventaire* ne se fera pas par eux.

Ce qu'on vient de lire sur nos monuments indique comment je comprendrais la tâche. Les lignes suivantes achèveront l'esquisse incomplète et voulant l'être.

SCULPTURE

Epoque latine. 1° Le doigt de bronze d'Izernore. Il a appartenu à une statue (féminine?) de quatre mètres. La Société d'Emulation de l'Ain l'a trouvé lors des premières fouilles faites par elle il y a cent ans et conserve ce précieux fragment;

2° La statuette de bronze de Passin, qui a passé de M. Martinand à M. Desjardins. Travail peut-être grec, en tout cas charmant. C'est selon les uns un Upnos (Sommeil-dieu); plus vraisemblablement un Mercure psychopompe;

3° La tête d'Apollon de Vieu, à M. Desjardins,

marbre, demi-nature, charmant aussi, mais d'une époque tardive.

Époque romane. 1° Bas-reliefs de Saint-Paul-de-Varax, de Vandeins, de Condeissiat, etc. Barbares. Le dernier d'une lubricité effrénée ;

2° Bas-reliefs du portail de Nantua, bien détruits ; d'Ambronay, plus conservés, curieux ;

3° Statues de saint Domitien et de saint Rambert — à Saint-Rambert. Pierre. Demi-nature. Assez bonnes œuvres, peut-être de la fin du XIIe siècle, et les plus précieux restes de l'art roman dans notre pays.

Époque ogivale. Ses premiers temps n'ont rien laissé chez nous, ou ce qu'ils ont laissé a péri.

Le XVe siècle, au contraire, a beaucoup produit :

1° Les sculptures de la porte de Mâcon à Bourg, retrouvées dans une démolition ; elles avaient été employées comme pierres *mureuses.* Vierge plus grande que nature. Deux saints de petites proportions. Le tout richement enluminé. Sur l'escalier du musée de Bourg, entassé pêle-mêle avec des débris d'un autre temps ;

2° Le Saint-Sépulcre de la chapelle Saint-Antoine. La figure principale, Jésus au tombeau. (Pierre. Grandeur naturelle.) garde des traces de couleur. Superbe morceau (à M. Chevrier) ;

3° Une statue d'évêque. Au hameau de Cuiron, à Bourg. Pierre. Demi-nature. Traces d'enluminure. Bonne chose, peut-être du XVIe siècle commençant.

Renaissance. Les façades et le chœur de Brou sont tout un musée.

Les boiseries du chœur, le rétable de la chapelle de Marguerite représentent l'art gothique flamand.

Les *Dix Vertus* du tombeau central, de Michel Coulombe, sont des merveilles du vieil art français à sa dernière et plus belle heure. Les statues décoratives des portails, du jubé, médiocres, lui appartiennent encore pour la plupart.

Les grandes statues des tombeaux sont d'excellentes œuvres de sculpteurs milanais vraisemblablement. Celle de Marguerite de Bourbon est d'une beauté achevée.

Ce qu'il y a de plus italien et de moins bon, ce sont les angelots nus des trois tombeaux.

Dix-septième et dix-huitième siècle. Le XVIIe figure ici pour mémoire. Je ne sais rien de lui qui vaille. Cela s'explique par ses misères sans nom.

Peut-être faut-il lui attribuer les bas-reliefs (bois) de la Chartreuse de Sélignat, actuellement dans l'église de Treffort, qui ont de la valeur. Mais cette attribution est risquée.

Au XVIIIe, deux bonnes statues décoratives, de Chinard, sculpteur lyonnais. Pierre. Grandeur naturelle, jadis aux Chartreux de Seillon. Le saint Bruno est à la cure de Saint-Denis, près Bourg. Le saint Jean dans une maison particulière à Bourg.

Anges adorant de la Chartreuse de Meyriat, à l'église de Nantua et de la Chartreuse de Montmerle à l'église de Pont-de-Vaux. Marbre. Jolies œuvres de la décadence. Du Bernin affadi.

Dix-neuvième siècle. 1° Joubert (de Pont-de-Vaux). Marbre, de Legendre-Hérald. Bonne figure dramatiquement posée, style classique. Erigé par la ville en 1832 ;

2° *Bichat auscultant un enfant.* Bronze de David (d'Angers). La tête, étudiée pour le fronton du Panthéon, est fort belle. L'enfant nu, très vrai (trop vrai), a une grâce étonnée. Elevé par la Société d'Emulation de l'Ain en 1843 ;

3° *Edgar Quinet assis et enseignant.* Bronze d'A. Millet. Belle œuvre, ressemblance extrême. Elevé par souscription en 1883 ;

4° *Joubert à Rivoli.* Bronze d'Aubé. Beaucoup de passion, de vie, de mouvement. Elevé par l'Etat, le Conseil général de l'Ain, les villes de Bourg et de Pont-de-Vaux, en 1884 ;

5° Médaillon de *Lalande*, bronze d'Aubé, donné à la ville de Bourg par M. Goujon. Reproduction très vivante d'une médaille de David d'Angers ;

6° *Saint-Vincent Depaul* (à Châtillon-les-Dombes), de Cabuchet. Goût classique. Sentiment chrétien ;

7° *Le curé Vianet à genoux*, à Ars. Marbre de Cabuchet, d'un ascétisme sincère ; très ressemblant ;

8° *Rivière d'Ain*, plâtre, de Roubaud (au musée de Bourg). Jolie figure nue, couchée. Demi-nature ;

9° *Ahasvérus et Rachel.* Statuettes et *Bas-reliefs*, plâtre, de la princesse Marie d'Orléans, donnés au musée de Bourg par Mme Quinet ;

10° Reproduction en petit du tombeau de Baudin, plâtre, donné au musée de Bourg par A. Millet ;

11° Bustes, de Chintreuil, à Pont-de-Vaux, du général Puthod à Bâgé ; de Sérullas au musée de Bourg, marbre.

PEINTURE

Le volet des Cordeliers, au musée de Bourg. Scènes de la légende de Saint-François d'Assise. XIVe siècle ? Têtes d'expression admirables. Ignorance totale du corps humain.

Tryptique de Wolgemuth donné à Brou par la fondatrice ou par Charles-Quint. Au musée de Bourg, Vie de Saint-Jérôme. Excellentes pages du vieil art allemand que le Louvre nous envierait.

Descente de Croix de l'hôpital de Châtillon. Superbe morceau attribué à Albert Durer, digne de lui par la beauté du groupe et des têtes. Enfumé.

Tryptique de Saint-Trivier. Les bergers à la crèche. Œuvre de talent, datée de 1529, signée N. Galoys.

Vierge des sept douleurs, Brou, chapelle de Montcut, *peinture* italienne (du Mantegna ?)

Tête de la Joconde, donnée par M. de La Chapelle au musée de Bourg; réplique? ou copie?

Saint-Joseph de Murillo, belle peinture donnée à l'hôpital de Pont-de-Vaux par M. Poisat.

Saint-Augustin à Ostie. Jubé de Brou. Enfumé. La tête d'Augustin fait songer à Titien.

L'Ange et Tobie à l'hôpital de Bourg. (Un Jordaens ?)

Grandes machines religieuses, venant de la Chartreuse de Montmerle. A l'église de Pont-de-Vaux, XVIIIe siècle.

Saint-Sébastien, par Delacroix, à l'église de Nantua. Magnifique page, à peu près invisible.

La gardeuse de vache, de Millet, au musée de Bourg. Tableau qui a commencé la réputation de son auteur.

La Bresse, le Bugey, la Dombes. Beaux paysages d'A. Viot, à la préfecture de l'Ain.

Coucher de soleil, de Chintreuil, au musée de Pont-de-Vaux.

Intérieur de bois, du même, au musée de Bourg. Deux merveilles.

CÉRAMIQUE

Fragments de poterie grecque et romaine d'une extrême finesse et beauté, à M. Desjardins, à Hostel.

Poterie gallo-romaine de Brou et statuettes de terre blanche ; disséminées en majeure part.

Statuette de la Déesse-mère à Izernore ; il n'en reste qu'une photographie.

Carrelage de Brou, faïence émaillée. Il en reste peu de morceaux ; ils représentent des sujets mythologiques (une Diane) et historiques (Marc-Antoine).

Faïences de Meillonnas (XVIIIe siècle). Fleurs correctes, bien groupées, froides de couleur (par Mme de Meillonnas).

Faïences, de Racle, à Pont-de-Vaux, à Bourg; poêle et cénotaphe du château de Ferney. Poêle de M. Révilliod à Varembé. Essai réussi de substitution de la faïence modelée et peinte au marbre dans la décoration architecturale.

VERRIÈRES

Verrières de Brou. Le XVIe siècle supprime dans les églises les peintures murales qui les assombrissaient. Il substitue des verrières où les figures se détachent en vigueur sur des fonds clairs aux verrières du XIIIe siècle où le contraire avait lieu. On pourra lire désormais dans les églises. Les vitraux de Brou sont au nombre des chefs-d'œuvre de ce nouveau système. De plus, les progrès de l'art de peindre, la science de la composition, la vigueur du dessin y sont frappantes. Un iconographe, M. Didion, a risqué de comparer en quelque chose la procession des ancêtres de la Vierge (en grisaille) aux Panathénées du Parthénon.

5e Section — CHANTS POPULAIRES DE BRESSE ET DE BUGEY

Les chants populaires sont peut-être, sur le caractère et les mœurs d'un peuple, le plus sincère et certain renseignement. Si ce peuple est peu cultivé encore, il se chante uniquement lui-même, cela sans beaucoup d'hypocrisie, ou, comme nous disons aujourd'hui, sans beaucoup de *pose*. Les peuples sont, plus encore que les individus, contents d'eux-mêmes. Fiers de leurs défauts autant pour le moins que de leurs vertus, ils étalent les uns et les autres, ils s'étalent eux-mêmes avec une complaisance infinie.

L'intérêt littéraire de ces chants, souvent fort grand, ne viendrait ici qu'en second ordre.

Nos chants populaires ont été recueillis très récemment (par M. Ch. Guillon). Ils sont nôtres, quoi qu'on ait dit. Ils sont du XVIIe siècle commençant. Je vais revenir sur la seconde assertion. Limitons d'abord la première.

Six ou *sept* peut-être de ces chansons sont de main de lettrés. On veut que Florian ait passé par là. Florian ou d'Urfé ? On l'oublie bien, c'est sous ce beau ciel de notre Valromey que d'Urfé a enrubanné l'Astrée. Au même temps, M. Camus, évêque de Belley, et M. de Sales, évêque (*in partibus*) de Genève, accoutraient de même les Philothée, Dorothée et Palombe qu'on sait. Au même temps, au petit hôtel Bachet, entre quatre verdures, les bergères de Racan *exhalaient leurs feux*.

En *cinq* ou *six*, où « l'ingrate belle, l'ingrate blonde », ayant changé d'*aimant*, explique au premier, « qui ne peut s'y reconsoler », qu'il est aussi resté « dans la Flandre, aux Pays-Bas », par trop longtemps; on reconnaîtra, si on veut, le Louis XIV tout pur.

« *Ma Virginie* », dont l'auteur sait que l'Amérique « est droit au couchant », est notoirement contemporaine du marquis de Lafayette. Enfin les *quatre* ou *cinq* chants où « la Nation » a remplacé « le Roy » étalent non moins leur date et leur cocarde.

Otons encore, si vous voulez, du bouquet *telle* chanson très légère que mon père, bourguignon, me disait de son pays — *une* qui est du Velay à ma connaissance — *deux* ou *trois* où on se gabe de justice, de ses suppôts, même de monsieur le Président, même de l'avocat des chèvres, chantées dans la moitié de la France. Otez, ôtez, il restera là *deux cent cinquante* cantilènes qui sont bien de chez nous et de nous. Et notre race s'y mire et s'y peint bien comme elle est faite, — plus sincèrement que dans ses chants patois dont je ne dis pas de mal, mais qui sont relativement monotones (et monochromes); où il n'y a qu'une idée, non, qu'un instinct: celui que le rossignol chante à la nuit de printemps.

Pour attribuer au XVIIe siècle commençant nos *chansons populaires*, je me fonde sur leur langue et sur leur teneur.

Elles ne sont pas des deux idiomes parlés chez nous au Moyen-Age, je veux dire de la langue d'oil ou du patois bressan. A la langue d'oil, à ses fabliaux, elles empruntent plusieurs thèmes railleurs, mainte réminiscence maligne et naïve. Lisez plutôt :

Son déjeuner ne vient pas,
Donc déjeuner il s'en va,
Trouve sa femme couchée,
Hue! Hue! Hue! Trala lidera!
Trouve sa femme couchée,
Un avocat dans ses bras....

Il trouve *dernier* la porte un gros bâton, il n'en donne dessus sa femme, et sur l'avocat itou... Mais voilà un petit ménage fort dérangé!

Les plaisirs n'y sont pas....

Le mari infailliblement se met à boire

Toute la semaine,
Il est toujours saoul.
Sans s'y mettre en peine
De gagner cinq sous.
Il va voir les filles,
Ruine la maison.... etc. etc.

Cela finit par la seule tout à fait cruelle de ces chansons. Elle vient de Rossillon, comme la plupart des chansons folles du recueil. Celles de Bresse sont plutôt amoureuses.— Mais j'ai entendu celle-ci dans la Gruyère, au canton suisse de Fribourg :

Mon mari est bien malade,
Il a la fièvre, Dieu merci!

Il veut manger des pommes, elle va vite lui en quérir, « J'aime tant, tant, tant, j'aime tant mon mari ! » Elle va en chercher bien loin. De pommes on n'en trouve pas au mois d'avril. Quand elle revient, elle entend sonner pour lui.

Je me mis vite à couri.
J'aime tant, tant, tant,
J'aime tant mon mari.
En entrant dedans la chambre,
Il est étendu sur le lit
Dedans cinq aunes de toile
Qui n'avaient jamais servi.
Je pris mes ciseaux finettes,
Point à point les décousis.
Quand je fus près de la bouche
J'avais peur qu'il me mordit.

Cinq aunes de bonne toile sont bonnes à garder, de toile neuve ! pensez.

Quand on le porta en terre,
Je sautais comme un cabri...
Et tous les jours sur sa tombe
Je venais prier pour lui.
J'aime tant, tant, tant,
J'aime tant mon mari...

Dans la version romande, il y a un détail atroce. La fidèle veuve, « avec ses petits ciseaux fins », découd le linceul ; le petit vers aimable « Quand je fus près de la bouche » est remplacé par celui-ci qui donne le frisson : « Il avait la gueule ouverte ».... En revanche, la suprême facétie, la prière sur la tombe manque.

Point de trace de cette goinfrerie qui va triompher dans le Noël de Bourg. On se régale « d'une cuisse de mouton » sans plus.

Au patois bressan ces chansons prennent ses tournures, sa saveur.

Mais leur vocabulaire est français, du français d'après Amiot, d'avant Balzac et d'avant Vaugelas, ni archaïque, ni ampoulé, ni puriste.

Presque toutes sont très folâtres. L'accent des époques de souffrance y manque totalement. On ne les comprendrait ni avant 1600 ni après 1650. Avant, il y a chez nous trop de pestes, trop de famines, trop de bûchers. Après, les grandes guerres nous font une condition trop misérable.

Elles respirent une grande douceur de caractères et de mœurs. Les choses cruelles qu'il y a dans la vie y sont dites d'un mot, sans grands cris, ni gestes, atténuées en quelque sorte par la concision et simplicité de l'expression.

Te fâche-t'il bien de mouri ? —
Tous les regrets que j'ai au monde,
C'est de mourir sans voir ma blonde. —
Nous te la ferons bien veni...

L'indifférence en morale est prodigieuse. Quelque part je rencontre un inceste, il n'est pas réprouvé. Bien moins l'infidélité dans le mariage; pour l'éviter, « il faut se méfier de femme jolie »; femme vilaine n'est pas plus sûre, il est vrai; ni femme dévote...

Les coucous qui sont dans les bois
S'en vont nicher dans tous les trous...

L'inconstance en amour est donc de droit naturel. Seulement la prudence en amour est recommandée aux filles : il ne faut pas « faire folie avec de jolis soldats ». Ils abandonnent la mère et l'enfant, celui-ci fût-il « un petit ange », — ne pouvant mieux, — qu'en feraient-ils au régiment, d'un ange ?

Beaucoup de pudeur et décence, sinon dans les choses, du moins dans les mots. Nos réalistes en seraient confondus.

Mon bel ami, reposons-nous...
A l'ombre, là, un peu plus loin,
A l'ombre, sous ce chêne....
Que personne ne nous verra
Que les oiseaux sauvages...
Le rossignol se mit à chanter.
L'en dit en son langage,
La belle soyez sage...

De sensibilité et sentimentalité pas l'ombre. Oh ! quand on épouse, c'est qu'on aime.

Pourquoi changerais-je d'aimant,
Moi qui en ai un si charmant ?
Je l'épouserai s'il en est content ;
Je le *servirai* bien fidèlement...

Oh ! le beau projet ! et louable. Mais promettre et tenir c'est deux. Ce *service*-là ne laisse pas d'être fatiguant.

Oh ! que les femmes sont folles
D'obéir à leur mari.
Mon petit cœur vit à son aise,
Mon petit cœur vit sans souci...

« Le mari matin se lève, au bois s'en va fagotant. » Il a demandé à sa femme qui reste au lit de lui apporter son déjeuner.

Quand il est vers les onze heures.

Mais les deux sexes rivalisent, hélas ! de goût pour la beuverie.

Tandis que nos hommes
Sont à la moissonne,
Vidons-y le tonneau
De ce bon vin nouveau !...
Elles en ont tant buvées
Qu'elles se sont enivrées,
N'en pouvant plus marcher,
Allant *de quatre pieds*...

Le mari rentrant trouve la femme au lit, « en danger de mourir ». Pour la remettre, il va à la cave « lui tirer une goutte de cette liqueur qui réjouit le cœur. » Le tonneau sonne creux. Il remonte « en colère, frappe sur Madelon. Diable ta maladie ! Toi et la voisine, tu manges mon butin ».

A telle époque, en tel pays qu'on pourrait dire, ces mœurs libres n'empêchent la dévotion : ici je vois une dizaine de prières brèves, dont une touchante mais renouvelée des Grecs, « Le bon Dieu s'habille en pauvre » — et trois ou quatre dites facétieuses, où la facétie dépasse les bornes, notamment certaine oraison de quatre vers, à ne pas citer jusqu'au bout :

Je ne travaille que pour mon corps,
Et lorsque je serai mort,
Je donne mon âme au diable,
Mon corps aux chiens...........

Elle a été recueillie à Rossillon où, en 1468, vénérable homme, frère Barthélemy Gruffat, inquisiteur à Belley, brûlait vifs sur un même bûcher sept femmes et deux hommes. Ce vénérable a perdu sa peine vraiment.

Moines et nonnes apparaissant ça et là dans le recueil ne sont pas pour nous édifier, et scandaliseraient un peu les gens corrects de nos écoles libres :

C'est un pauvre sabotier,
Il a pri-t-une femme,
Il n'en peut pas jouir.
Ah ! ces b..... de moines.....

Le pauvre sabotier part pour une semaine, au retour il s'assied au coin du feu, caressant son enfant.

L'enfant dit à son père :
Le moine en est venu,
Ma mère l'a caché.

Elle l'a caché dans la huche au pain. Le moine est pris ; pour n'être pas brûlé avec la huche, il finance : c'est cinq cents francs comptant...

Une mignonne menace son aimant de se mettre nonne dans le couvent.

Jamais tu n'y auras
Le cœur content.
Oh si tu te mets nonne
Dans le couvent,
Moi, je m'y mettrai moine
Aux moines blancs.
J'irai confesser la nonne
Dans le couvent.....

L'indifférence en matière religieuse est poussée aussi loin qu'elle peut aller dans *la sœur Marie*.

« Un menuisier très habile », protestant, dit à la jeune sœur, d'un air poli, honnête : Grand Dieu ! qu'il est dommage, si nous étions tous les deux, nous ferions un bon ménage ! La nonne l'appelle flatteur, même fripon, ce qui n'est pas bien décourageant, mais

L'on fait une retraite
Tous les ans pour les sœurs.
Elle s'en va-t'en prière,
Dit à son confesseur
Où elle s'était amusée
Avec ce menuisier.....

Le confesseur avertit « la mère du couvent.... » Bref, un jour, sœur Marie jette son voile par-dessus les moulins, s'évade. Et on nous la montre pour finir

Sur le bord du grand chemin
Où elle versait la goutte
A tous *ces comédiens*
Qui se crèvent de rire....

Que ces comédiens soient des échappés du Roman comique ou des Huguenots, nous voilà bien loin du fanatisme féroce qui dictera, si peu d'années après, le Noël de Pont-de-Vaux.

Tout cela dit, l'essentiel reste à dire ; le voici : il y a là je ne sais plus combien de gentils chefs-d'œuvre, mais quinze ou vingt au moins dont il faudrait à présent faire entrevoir le charme. Je n'ose plus essayer, étant bien vieux et ces chansons bien jeunes — des chefs-d'œuvre enfin de grâce tendre, de sentiment exquis et discret. Lisons celle-ci :

Je m'en fus au jardin d'amour,
Là où j'ai passé la semaine....
Son père la cherche partout,
Son cher aimant en est en peine....
Berger, berger, n'as-tu point vu
Une fille, la beauté même ?....
Elle est là-haut, dans ces vallons,
Auprès d'une claire fontaine.
Entre ses mains l'tient un oiseau,
La belle lui conte ses peines....
Petit oiseau, que tu es t'heureux
D'être entre les mains de la belle !
Moi que je suis son cher aimant,
Je n'en peux pas m'approcher d'elle
Peut-on être si près d'un rosier
Sans pouvoir en cueillir la rose ?
Cueillez, cueillez, aimant, cueillez !
Car c'est pour vous que la rose est éclose....

Cueillez encore, si vous passez, ces deux humbles et riantes fleurs, nées aussi à Ceyzériat, là où s'enfuit la Vallière dans son paysage plein d'une grâce infinie :

Le soir, à la lune,
En m'y promenant...

Et

Dernier chez nous le rossignol y chante
Soir et matin....

Les civilisés goûtent délicieusement, cherchent avec une curiosité désespérée à ressaisir ces accents-là. En vain. Le papillon capricieux et charmant volète entre ciel et terre, s'enlève et ne se laisse prendre jamais.

De qui sont précisément ces douces cantilènes ? — Elles sont des premiers jeunes paysans et jeunes bourgeois qui abandonnèrent leur dialecte pour bégayer le français, je le tiens pour certain. Cette révolution n'a pu être antérieure à l'annexion à la France, on le sent.

Dans quel milieu sont écloses les mignonnes fleurettes ? — Les deux gîtes où on les a cueillies principalement sont Ceyzériat, la ville libre d'ancienne date, plus grosse au Moyen-Age qu'aujourd'hui, voisine et liée avec Bourg en tout temps, qui dut se mettre au français en même temps que nous ; — et Rossillon, déchu aussi, siège du Bailli du Bugey et capitale de sa province alors. Je ne vois nulle invraisemblance à admettre qu'elles sont nées pour la plupart là et aux alentours, là où elles vivent encore aujourd'hui.

6e Section — LE PATOIS BRESSAN

Pour traiter ce sujet qui semble si humble, les connaissances préliminaires et, à vrai dire, la compétence me manquent. Ceci reconnu, voici les notions que j'en ai ; elles vaudront ici un peu plus que rien.

Je les divise en trois sections : Patois parlé, — patois chanté, —patois écrit.

I

L'idiome de notre pays, pris en son ensemble, me paraît appartenir encore, surtout par son vocabulaire, à la langue du Nord de la France.

Si on regarde à l'accent, en Bresse il est aussi plutôt du Nord que du Midi. En Bugey, il se rapproche de l'accent méridional.

Je ne connais pas de patois où l'*e* muet soit plus marqué que le patois bressan, il se prononce *eu* avec quelque lourdeur. Dans le patois du Bugey, l'*e* muet est remplacé gracieusement par un *o* bref.

Pour une oreille parisienne, la différence entre la langue soit du Bourguignon proprement dit, soit du Bourguignon de Franche-Comté et celle du Bressan est assez sensible. Cette différence tient beaucoup à l'accent plus bref à Dijon, trainant chez nous comme en Comté; mais nous n'appuyons pas sur les mêmes syllabes que les Comtois.

Edgar Quinet, qui a habité le Chablais un moment, trouve de la ressemblance entre l'idiome de ce pays et le nôtre. J'ai cru remarquer aussi beaucoup d'analogie entre le patois du Bas-Bugey et celui de la rive savoyarde du Rhône.

Le patois bressan était, au Moyen-Age, la langue de tous. Les textes latins de cette époque conservés dans nos archives, pleins de mots patois latinisés, nous en font la preuve. Le patois avait même été introduit dans le culte par les Noëls chantés et mimés que l'on conserve en partie.

Au XVIIe siècle, les gens lettrés se plaisent écrire en patois, on le dira mieux plus loin.

Selon le témoignage d'octogénaires, nés au milieu du XVIIIe siècle et que j'ai connus vers 1830, tout le monde à Bourg, dans leur jeunesse, parlait le patois bressan. Les gens du peuple le parlaient couramment entre eux. Les gens du monde le parlaient soit avec leurs serviteurs, soit avec leurs fermiers : les rapports avec ces derniers, grâce à l'usage des prestations en nature stipulées dans les baux, étaient plus fréquents qu'ils ne sont aujourd'hui.

La principale cause de la ruine rapide du patois chez nous, c'est la conscription. On ne sait pas assez combien l'appel sous les drapeaux d'une part notable de la population, soit urbaine, soit rurale, est un fait nouveau. Sous Louis XV, Bourg fournissait à la *Milice,* la seule partie de notre armée non engagée ou racolée, *quatre* hommes en tout. La grande école de Français, qui est l'armée française, n'existe que depuis les réquisitions et conscriptions de la première république et du premier empire.

L'éducation reçue par le soldat sous les drapeaux pendant longues années a sur son intelligence et sur son langage une action considérable. Il rentre *au pays* un autre homme. Son patois natal, s'il consent encore à le parler, est pour le moins notablement francisé. C'est cette langue nouvelle qu'il parlera à ses enfants.

Il n'est guère personne de ma génération (je suis né en 1813) qui n'ait pu, *sur le marché* de Bourg, entendre la langue du vieux Bressan n'ayant pas servi — coiffé du tricorne des Gardes-françaises aux bons jours ; du bonnet de coton à l'ordinaire ; vêtu de grosse toile bise ; muni d'un long tablier de peau ; chaussé de sabots à *pelisson* de mouton, ganté de mitaines de même étoffe. — Cette langue était purement inintelligible pour le citadin élève du collège communal.

Ce citadin, aujourd'hui, entend au moins à demi le patois du paysan qui a *fait ses sept ou ses cinq ans* de service et qui arrive ici le mercredi avec un feutre mou sur la tête, une blouse bleue sur le dos, un pantalon de velours de coton et des souliers.

Le service militaire étant réduit à trois ans, cette transformation du rustique serait compromise, si les Ecoles primaires et les Bibliothèques communales n'y travaillaient activement à leur façon. Elles continueront et consommeront le changement à bref délai.

Les heures du patois sont désormais comptées. Le chef-lieu, qui parlait bressan il y a cent ans, ne comprend plus le bressan.

En la plupart des chefs-lieux de canton, on sait encore et on parle les deux langues, c'est-à-dire un français où quelques tournures et quelques vocables patois mettent leur saveur — et ce bressan revenu de nos régiments très mélangé de français. (A Pont-de-Vaux, à Chalamont, me dit-on, le français domine. A Treffort, le patois.)

Les chefs-lieux de canton, de grosses communes rurales rivalisant avec eux d'importance et dont les Bibliothèques communales sont plus fréquentées que les leurs, en seront où en est aujourd'hui le chef-lieu au commencement du XXe siècle.

Vers 1950, il n'y aura plus de paysans. Le patois sera une langue morte, étudiée par quelques curieux dans un ou deux recueils de chansons.

II

Les chansons bressanes sont la fleur unique et charmante, la vraie et seule littérature de cet idiome qui s'en va.

Un recueil bien fait de ces chansons reste à colliger. Des modèles du genre ont été faits en Bretagne par les Celtisants, qui sont allés de village en village moissonner et glaner. Cette tâche première qui veut du zèle remplie, ils ont dû faire et ont fait œuvre de critique, ils ont expurgé et classé : ceci veut du sens commun.

Du zèle, cela se trouve encore. Du sens critique, du sens commun, c'est rare en tout temps.

Expliquons-nous bien : il y a des eaux minérales naturelles et de source ; il y en a de fabriquées par les chimistes. De même, il y a des chansons bressanes véritables, c'est-à-dire *pensées* en patois par le rustique, et par lui improvisées en patois. Et des chansons bressanes factices, c'est-à dire pensées en français par des lettrés et par eux écrites en bressan.

Le recueil bien fait devra démêler essentiellement les premières, de source, des secondes, de fabrique. Et s'il colligeait les unes et les autres, il les distinguera et séparera avec soin.

Je vais dire des premières, les seules tout à fait dignes de notre intérêt, le peu que j'en sais et aussi ce que j'en pense.

Il y en a, ce me semble, de trois sortes.

La variété dévote, ou censée telle ; les Noëls originaux : je veux dire ceux qui, recueillis par Brossard de Montanay, au XVIIe siècle, ne sont aucunement de ce robin et de ce goinfre ; et dans son recueil (où il n'a pas mis son nom, d'ailleurs) se distinguent si aisément par leur grâce et leur naïveté des produits de sa veine un peu crapuleuse et rabelaisienne.

Faits pour dire les joies de la plus vieille et de la plus grande fête de l'année, de celle où la Terre, notre mère nourrice, sommeillant sous la neige en apparence et chômant ; tous les travaux possibles étant finis ; le paysan lui-même chôme et se repose avec bonheur ; les Noëls sont l'expression très sincère et sensible de ce bonheur. C'est là leur fond et tréfond. Cette joie a d'ailleurs un caractère que l'antique fête solaire, *Dies natalis solis invincti*, en pouvait guère lui donner, que le Christianisme populaire lui donne. Ce Christianisme-là, inutilement nourri du Catéchisme, sait très peu de chose vraiment de la Conception immaculée et Incarnation du Verbe ; il entend moins encore à ces Mystères étonnants. Il croit par exemple à une Sainte famille, faite d'un père, d'une mère et d'un enfant, à la ressemblance pure et simple de la sienne et de la vôtre, composée de plus de pauvres gens et de bonnes gens. Il adore, il chante de tout son cœur ces trois aimables personnes, inégalement divines, assure-t-on ; mais il n'a cure de ce détail. Il les chante allègrement sous les étoiles resplendissantes, le long des *charrières* battues par la bise, puis dans la petite église rustique où il a été baptisé, où ces trois personnes sont visibles, sur un peu de paille fraiche, entre leurs amis, le bœuf et l'âne qu'on sait. Elles reçoivent avec un sourire ses cadeaux d'œufs, de beurre, de laitage, comme à Bethléem il fut fait. Que si un tiers, un malin, un intrus, le Diable, pour le nommer par son nom, veut se mêler à la fête, il en sera bien puni...

San José, de sa varlope
Li f..... na bardolia
Que l'en avé, la saropa,
Lo gron tout écramalia...

Même dans les Noëls, le caractère de la race apparaît. L'humeur gauloise prévaut sur tout. Elle va ici, on le voit, jusqu'à la caricature. Elle va plus loin ; elle risque des gaillardises...

Una peussale a fait n'éfan
Ben plus vite qu'un matafan, etc.

Que faut-il penser devant des textes pareils? Qu'on croit pouvoir se familiariser avec les personnes divines, rire avec elles un brin, précisément parce qu'on les aime et adore? C'est l'interprétation la plus complaisante, celle que propose Sainte-Beuve à propos des mystères. Est-ce la seule? Quand Grand-Père joue avec Bébé, Bébé lui tire la langue ; comptez qu'il lui désobéira tôt et qu'au respect parti l'irrévérence succèdera, si ce n'est fait.

Ne voulant rien exagérer, montrer tout, je ne vois rien à faire autre que de mettre ici une légende pleine de foi intacte, d'amour profond, de cet espoir en l'autre vie consolant de tout, — pleine aussi d'une vérité humaine navrante, — en tout absolument et parfaitement belle.

Denise est bien malade. — On dit qu'elle en mourra.

Si par hasard je meurs, — N'épousez pas Beauté. — Epousez femme pauvre, — Pour nourrir mes enfants.

Il n'a pas écouté Denise : — Il a épousé Beauté. — Le premier jour des noces, — Quand ils furent à souper, — En a un qui demande à boire, — Et l'autre à manger. — Et le petit Antoine — Qui demande son téton !

Comment te le baillerais-je? — Et aurai-je de lait? — Lui a donné du pied au ventre ; — Au feu elle l'a jeté.

Le plus grand de ses frères — Est allé le relever. — Oh ! mon petit Antoine, — T'es-tu bien fait du mal?

Oh ! non. Oh ! non, mon frère. — (Mais je suis quasi tué.)
Allons chercher une autre mère — Qui nous veuille nourrir.
En leur chemin ils rencontrent — Saint Pierre et saint Jean. — Où allez-vous, mes petits anges, — Mes trois petits enfants ? — Nous allons chercher une autre mère — Qui nous veuille nourir. — Allez au cimetière, — Une tombe fraîche vous trouverez.
Y en a un qui s'est assis sur la tête, — Et l'autre sur les pieds — Et le petit Antoine — S'assied sur son téton.
Relève-toi, Denise, — Pour nourrir tes enfants. — Comment me relèverais-je ? En ai-je le pouvoir ?
Je te baille le répit — De sept ans et un mois. — Quand les sept ans s'approchent — Denise ne fait que pleurer...
Mère, n'en pleure pas ! — Avec vous, nous nous en irons — Trouver saint Pierre et saint Jean.

Je ne donne pas le patois, poignant en sa simplicité, mais primitif, et par ses élisions et contractions difficile à suivre. En le calquant, les larmes viennent. Ce superbe chant a été dicté à Ceyzériat, par une vieille, à M. Ch. Guillon. Celui-ci prépare un jumeau à l'excellent recueil de chants populaires qu'il donnait en 1884 et qui est un service rendu à notre pays. Il met à colliger, à reproduire de pareils chefs-d'œuvre, l'intelligence, l'exactitude, le goût qu'on sait. Je rends justice ici à ce labeur, plus difficile qu'on ne croit, très volontiers, ayant ouï dire qu'une jalousie basse l'aurait méconnu.

Se rangent dans la seconde variété les chansons de mœurs, généralement satiriques.

Celles disant les rivalités de village à village ; les ridicules et travers que cette paroisse-ci imputait à charge de revanche à cette paroisse-là. Elles sont plus malignes que méchantes, et pourtant amenaient jadis maintes gourmades et batteries dans les *vogues* entre les *minnia* (garçons). C'était de la gymnastique pure que ces batteries ; on y a mis ordre et c'est au mieux : mais il faudrait la remplacer.

Celles contre la coquetterie des *boyes* (jeunes filles). Qui n'a chanté

Y son les feilles de Veria,
Surto des unes qu'il y a.
Le son friquete,
L'amon bin les gaçons...

Celles contre la perversité et l'effronterie dans le mal de la villageoise qui a mal tourné.

« Voilà la Saint-Martin qui approche. — Notre valet veut s'en aller. — Si nous perdons notre valet, — Nous perdons tout ! — Et nous ferons mauvais ménage — Moi et vous. — Tra la la, etc.

Il y a une foire à Montmerle. — Notre valet veut m'y mener. — Quant à vous, vous vous garderez, — Vous êtes vieux ! — Tra la la la » (Texte de M. Ch. Guillon).

Le pauvre époux mange du pain de seigle, boit de la piquette, « Neute métresse, neuton vaulé » mangent de bon pain blanc, boivent du meilleur. L'époux couche sur la paille, eux dans un bon lit. Quand le vieux rentre en sa maison, il embrasse la clef de la porte. « Lou vaulé carêche sa fenna — In s'abouisin... »

La chanson du *Pauvre Jean* semble d'abord une variante de la *Saint-Martin*. Mais non. Différent est le rythme. Plus différent le complice de la mauvaise femme, si la mauvaiseté est pareille ou pire. Et le génie du poète rustique est plus concis, plus amer. Le mari revient de labourer, croyant bien d'avoir à déjeuner. Il trouve sa femme faisant des *matefaims*, œufs et crème toute pure. Il s'attend à en avoir un. Il n'obtient qu'un coup de la poêle à travers la figure.

« Elle m'en a fait bien d'autres — Que je n'ose vous conter. — M'a fait coucher sous la table — Et *le Monsieur* avec elle... » (Texte de M. Ch. Guillon.)

Ces chefs-d'œuvre de cynisme naïf ressemblent à des fabliaux du XIIIe siècle. Davantage, l'*Ane de la Liaude.* Quand la Liaude va au moulin, elle y va sur son âne. Et pendant que le meunier « la mama tra co », le loup a mangé l'âne. Le meunier achète donc un autre âne à la Liaude. Mais son homme ne reconnait pas ce substitut. La Liaude alors explique à son homme qu'en avril les ânes changent de poil. Les ânes noirs deviennent gris...

En vérité, nous voilà loin du Devin du village et du village de Trianon ! Loin des idylles innocentes à la Greuze ou à la Gesner, de nos *Estelle et Némorin*, de l'*Hermann et Dorothée* de nos voisins. Faut-il nous en éloigner encore ? Toucherons-nous à un travers rustique achevant de dépoétiser nos *boyes*, je le crains ?

Il le faut bien. « Ey a pris mo à la Liaudaina — Cetui matin. — N'a po fota d'aputecaire — Ni médecin. Ce qu'il faut à la Liaudaine, c'est une soupe au vin. »

Un autre cas. Le fagotier, revenant du bois, trouve sa femme ivre Il va lui quérir le médecin, « le meilleur de la ville. — Quand le médecin fut venu, — Connu la maladia ! — Oua ! — Mafion oua ! mn'argua oua ! » Ce grand praticien (qui connait les maladies ! vous admirez, je pense) ordonne une tasse de bourrache. La malade l'envoie promener, requiert qu'on la mette simplement à la cave « les pieds contre la muraille, la tête sous le robin ». On a reconnu la célèbre cantilène bien française : « Si je meurs, que l'on m'enterre — Dans la cave où est le vin... »

Mais l'aventure des *quatre commères* est plus forte.

« Il y avait une fois trois commères — Et puis une ; toutes à la bonne foi. — Elles burent bien quinze pintes, — Mangèrent un *cayon* de neuf mois. — Quand elles furent toutes quatre saoûles, — Elles se prirent par les poils. — L'une chut sous la table, — L'autre contre la paroi, — Les autres dans les cendres — Et se brûlèrent les dix doigts. — Qu'en diront-ils, nos hommes — Quand ils nous verront ce soir ? — Ils diront que nous sommes saoûles. — Nous dirons que c'est de les voir... » (Texte de M. Ch. Guillon.)

On n'épuise pas le sujet, hélas !

Venons aux chansons contre le mariage. C'est un bouquet de fleurs — non sans épines.

La plus piquante a été retrouvée par Bérenger : « Et gai ! Gai ! Gai ! — De profundis... — Ma femme — A rendu l'âme, etc. »

Le bressan vaut mieux : « Quan fu le zou de l'antreman — To lo monde bélove — Moi que zallove pro deri — Me crevova de rire — Z'ai de bon blo dans mon greni — De bon vin dans ma cova — Nous en berin bin de bio co — En sarcian n'otra fenna... »

Dans la *Veuve de Verjon*, drame un peu compliqué et scabreux, le dénouement est identique.

La Liaudaine va à la foire vendre son *cayon*. « Un sacré verdiau ! — Passa na more caya. — E lo verra pailiar — I fallive qui l'aya ». — La Liaudaine a beau tirer la corde, offrir un panouillon de turquie (de maïs) à la bête endiablée ; celle-ci s'échappe. Ne pouvant la ravoir, la Liaudaine se désespère, finalement se pend à un cerisier. Réflexion de l'auteur : « Il faut bien être bête — De se faire crever — Pour un f.... verrat — Qui connaissait les cayes. — Le Diable a eu le lard — La femme l'a payé. »

« Quand Jean sut la nouvelle — Que sa femme s'était pendue — Il bouta par écuelle son beurre et son caillé — Fit faire des gâteaux — Pour avoir une autre femme — C'est la Nizon Paubel — Qui remplace Claudine. . » Un esprit pratique, ce Jean. (Texte de M. Guillon.)

La moins édifiante, hélas ! sera la quatrième.

Grand Dieu ! que ne suis-je morte — Au printemps de ma vie. — On s'en vint dire à mon père — Faut marier la Marie. — Moi que j'étais la plus jeune, — J'en mourais pourtant d'envie — On m'a bien baillé un homme — Mais il me faisait pitié — Toute la nuit il dormait... »

La mère répond à la fillette : « Sais-tu ce qu'il te faut faire ? — Il faut le faire cornard. »

« J'ai déjà bien commencé — Avec mon ami Pierre, etc. » (Texte de M. Guillon.)

Qu'en dit-on ?

Il y a dans toute géographie un peu complète un chapitre sur les mœurs. Celui-ci, sur le patois, sera aux deux fins Les mœurs de nos campagnes, telles qu'elles étaient, cent ans en çà (ou plus, il serait bien risqué de préciser) se peignent ici d'elles-mêmes sans que j'ajoute un coup de pinceau.

Une dernière scène de ménage ; un *document humain*, reproduit de verve.

« Oh ! du temps que jétais servante — J'avais toutes façons d'amis. — Tous les soirs j'avais à ma porte — Un violon puis un *ménetri* — Mais depuis que je suis mariée. — Que j'ai donc bien changé de musique — Trois, quatre petits cascarets — Me cornent aux oreilles. — Il y en a un qui demande à boire, — L'autre me demande à manger, — Un autre veut aller pisser. — Mon homme s'en vient du cabaret, — Il est saoûl comme une bête. — Je n'ai pas voulu lui ouvrir. — Il me demande de la soupe. — Je n'ai pas voulu lui en donner. — Nos enfants bélaient tous. — Lui allait de porte en porte, — Tout le tour de la maison. — Il saute dessus la table ; — Je saute dessus le banc ; — Il me baille un coup de pelle ; — Je lui f... un coup de *seuillé* (long tube en fer servant de soufflet). Nous nous sommes donc bien frottés !... »

Faisons vite une troisième série des chants assez nombreux « *célébrant la nature et l'amour* », comme disait M. Scribe en son patois qui ne vaut pas le nôtre. Ce sera la plus charmante des trois : mais elle est malaisée, presque impossible à montrer en ce temps-ci. Voici deux paysages qui en donneront une lointaine idée : un sur le joli mois de mai

Vetia veni le zoli ma,
 Le feille no mariran ;
Le feille no faut mario
 Pro qua le son zolie...
On biau bouqué zamassera...
— A qui qué te lo baillera ?
— A ma mia, se ze l'ava, etc., etc.

Et la jolie *ébaude*, où le poète rustique a retrouvé les couplets altérnés et quelque chose du charme des Bucoliques de Sicile.

Ma mia ! Le s'apela Liauda.
Ze lamo tan que zen su fou...
O la vetia a sa finestra
Qui trinate son pei minion !
E y e don ta ! ma mia Liauda
Plu bela que lo poin du zor...

ton père est un vrai dilayeur (c'est un mot de Montaigne qui traduit le trainagaine patois). La boye (féminin du *boy* saxon) répond au meigna (le *man* de même souche) qu'on prépare tout pour les marier demain. Mais le meigna

Quand on aten, que le ten dura !
Qu y è don lon, d'ici à deman !

Hélas ! nos plus belles chansons, nées spontanément au bord des bois, auprès des eaux, sous le ciel clair, dans la solitude profonde et charmante des champs, ont toute la liberté ingénue de mœurs de cette race comme aussi l'esprit, la grâce naïve, l'accent vrai de sa langue. Mais la passion ingénue et nue s'y laisse emporter à des descriptions, à des cris naïfs d'une vérité et candeur qui donne le frisson. On les chante à demi-voix, on peut les recueillir, on ne les montre guère, on les imprimera peut-être quand cette langue sera tout à fait une langue morte.

Avant de passer outre, je veux toucher à une question ayant son intérêt. De quand sont ces chansons ? Je ne sais pas. De qui sont-elles ? M. Vicaire (dans la jolie préface mise par lui au beau livre de M. Ch. Guillon) veut qu'elles soient « presque toujours » de lettrés plutôt citadins. A mon sens, c'est trop dire. J'en laisse au rustique davantage. Voici pourquoi :

J'ai trois fois l'âge de M. Vicaire. Et j'ai conversé, ayant vingt ans, avec des octogénaires. Ils me disaient qu'en 1760, le paysan en Bresse ne savait pas le français. Vers 1820, les vieux de Viriat (si voisins de Bourg), n'ayant pas *servi*, n'en savaient ni n'en entendaient un mot. J'ai vu des noces, des baptêmes, je suis entré dans des cabarets ; j'affirme que ce que ces bonnes gens chantaient, paroles et musique, n'étaient, ne pouvaient être ni « du notaire », ni du « bon vieux curé » — devaient être d'eux quelquefois — souvent.

En Bugey (d'où M. Vicaire est originaire — moi

aussi), il peut en être autrement. La population là est moins disséminée, les villes ont plus d'action.

Je crois distinguer, parmi nos chansons patoises, celles que je disais *naturelles*, tout à l'heure, un peu à la langue, beaucoup à tels détails et tours bizarres, devenus peu compréhensibles, et aussi à l'art moins grand. Dans les chansons que j'ai en vue, il y a surtout du caprice, du plus fantasque, fort poétique parfois. Je n'ai pour faire comprendre, accepter ma manière de sentir, de ressource qu'une, deux citations. Je les ferai en patois ; le primitif y apparaît en sa grâce inimitable.

« E ce ti voui la Sin Blaize — La féte é bouvi...
Bouvi, bouvi, labeure-te bien drai?
Que m'en dete-vou, mon biau monsu ? — Que men deu bu son nai ? — Oh lan la, etc.
Bouvi, Bouvi, seme-te de fromen?
Que m'en dete-vou, mon biau mousu ? — Que men deu bu son blan ? — Oh lan la, etc.
Bouvi, Bouvi, te te moque de mai !
Que m'en dete-vou, mon biau mousu ? — Que men deu bu son fromen ? — Oh lan la, etc. »

Tous les notaires et tous les curés de Bresse réunis ne trouveront ni cela ni l'équivalent, ni davantage « Ari Bardéla » (recueilli comme « La Sin Blaize » par M. Ch. Guillon. Disons, avant de le donner, qu'en Bresse les bêtes bovines s'appellent de la couleur de leur robe, Rosier, Froment, Barde, Bardéla, Bisou, etc.

« Velia onj'heure que sonon — Et mon dinnô que ne vinci pô. — Ari, Bardéla !! — Et mon dinnô que ne vinci pô...
Z'ai pri m'nœuilla (mon aiguillon) su m'n'épaula — Et mé deu bu blan devan mà. — Ari, Bardéla !! — Et mé deu bu blan devan mâ...

In' arvin (en arrivant) vé m'n'armoère — Mon dinnô, z'y ai trovô. — Ari, Bardéla !! — Mon dinnô z'y ai trovô...

Y avé bin on tau de meuce (tas de mouches), — Et leu çà que l'avian lessia. — Ari, Bardéla !! — — Et leu çà que l'avian lessia...

Le meuce von à la meçà — Et leu çà n'y von pô. — Ari, Bardéla !! — Et leu çà n'y von pô...

Leu meuce mamon lé dame — Et les çà ne veuillon pô. — Ari, Bardéla !! — Et lé çà ne veuillon pô...

Je préfère, le dirai-je? ces *bu blan* et leur sœur *la Bardéla* « aux grands bœufs blancs marqués de roux » que toute la France a chantés. J'aime tout de cette cantilène sauvage, même la remarque profonde sur l'assiduité des mouches à la messe et le manque de dévotion des chats. Elle eût pu être faite par un seul curé, celui de Meudon, lequel n'eût manqué, c'est vrai, de la « ventiler, grabeler et élucider théologalement ».

III

Ici, comme partout, la littérature primitive a suscité, engendré si l'on veut, une littérature d'imitation. Celle-ci, au point de vue où nous nous mettons, a médiocrement d'intérêt. Disons quelques mots pourtant de ses principales œuvres dans l'ordre où elles se produisent. Les unes sont historiques, les autres poétiques... plus ou moins.

En tête, je voulais mettre cette chanson de Philippe de Bresse, en laquelle le parricide, prisonnier à Loches, ose bien menacer le Louvre et Louis XI son geôlier. Mais cette chanson fort belle, remise en lumière récemment, est-elle française ou patoise? les deux langues au XVe siècle se ressemblaient plus qu'aujourd'hui.

Et le premier rang revient de droit à un pamphlet rimé contre notre dernier duc, ce Charles-Emmanuel, ambitieux et imbécile, appelé Charles-le-Grand par les historiographes à gages, mais affublé par Rabelais contemporain du nom de Picrocole, et auquel Doré donnait hier le masque de Napoléon III. Il y avait ici, sous son misérable règne, un parti français composé des bélitres, c'est-à-dire (selon Littré) des gens de rien. La chanson « du bon duc de Savoie » est l'œuvre d'un de ces bélitres. Picrocole s'en va-t-en guerre avec quatre-vingts paysans :

Vingt ono carza de rove
Von deri lo reziman.
Elle on per arteilleria
Quatro canon de farblan...
I von attaquo la France...
Le vetia, sur la frontire,
O ! O ! que le monde è gran, etc., etc.

Ce dernier trait est excellent.

Ensuite arrive sans conteste *la Piemonteyza* d'un huguenot de Pont-de-Veyle, Bernardin Uchard. Henri IV, quand ceux qu'on sait se défirent de lui, venait de signer un traité qui lui garantissait, pour son *grand projet*, l'alliance de la Savoie. A sa mort, l'Espagne se jeta sur le Piémont. Lesdiguière, roi de fait du Dauphiné, courut défendre le Piémont, sans en demander la permission à un gouvernement complice de Ravaillac. Son armée était en partie composée de Bressans de sa seigneurie de Pont-de-Veyle. C'est sa courte et victorieuse campagne que dit Uchard en patois archaïque, dur à entendre aux profanes, délectable aux patoisants.

Son inspiration, d'ailleurs, est classique ; il y a dans son poème un Enfer comme dans toute épopée en règle. Nos *meigna* et nos *motets* ont fait de terribles massacres des Espagnols qui les déclarent *todos de Louteranos*, tous hérétiques. Pluton, voyant ces bons catholiques arriver chez lui « avec un pied de moustache sous le nez », prend peur. « Lo chin a tré tète, Alecton, Tezifon, les autres bètes, coron ebredolé au secor de Pluton » faisant une trogne assez réjouissante sous leur accoutrement bressan, le plus imprévu, à coup sûr, dont notre paganisme littéraire les ait jamais affublés.

La Réforme avait pris pied chez nous. Quand le Catholicisme voulut l'extirper, il tenta de donner quelque apparence de popularité à ses vengeances. A Gex, faute d'ouvriers consentant à faire pareille besogne, pour démolir les Temples, il avait fallu que des prêtres y missent leurs mains consacrées. Les temples à bas, il fallait réduire les croyants. La chanson sur la démolition du temple de Reyssouze a pour but de fanatiser les campagnes afin de rendre ce résultat plus facile. Voici ce que, dans cette cantilène exécrable, on ose faire dire à ces croyants par des paysans bressans :

Se vo ne vo convarti pô,
On vos accablera de mô,
De soudar et de tailles !

Pour ramener ces « payins », les zélateurs catholiques ont, entre autres doux procédés, « fouillé leurs morts, ouvert leurs bières en chantant lanturlu » ; et s'en vantent, et conservent la mémoire de ce haut fait dans une ode triomphale qui n'a pas moins de 88 strophes.

Celui ou ceux qui l'ont composée, s'ils savaient assez mal le patois bressan, savaient ce que c'est que Calvin et que Bèze et les vouent au feu d'enfer par trois fois en gens coutumiers de cette procédure. Ils nous ont laissé là un document historique rare.

Viennent ensuite les œuvres de Brossard de Montanai. Les deux Noëls de Bourg qu'on croit de lui sont faits sur le patron de nos Noëls primitifs. Ils sont fort bourrés de ripailles, mangeailles, *bourdifailles,* et autres fricots grossiers et ratatouilles auxquels nos *réalistes* trouveraient du ragoût beaucoup, qui révolteraient sans doute les nerfs olfactifs de Grimod de la Reynière et de Brillat-Savarin.

Mais ils contiennent force détails de mœurs, et une preuve assez bonne que la Nativité de Notre-Sauveur était déjà pour ces grands chrétiens du XVIIe siècle un prétexte à mangeries, beuveries, réveillons et gueuletons, ce qui ne laissait pas de populariser et perpétuer sa fête.

La preuve aussi que si le Mystère antique, interdit avec les autres par Nos Seigneurs du Parlement, n'était plus représenté ici « par personaiges », on en conservait la scène *utile,* entendez la visite et *les offrandes* des Mages et bergers au divin Enfant. Les Mages ici, ce sont le comte de Montbel, lieutenant de Roi ; « noutron bali », M. de Choin et Mme sa femme apportant « deux bassins d'argent doré pleins d'oranges » ; et les syndics de Bourg présentant « de grans ouves de cocati », de grandes mannes de coquetiers, pleines de volailles. Les bergers sont les hôteliers de la ville, offrant andouilles, boudin blanc, dindonneaux, tartes, bugnettes, etc., etc., le tout si appétissant

Qu'on sen lecove to drai
Le ba, le ba, le babene.
Qu'on sen lecove to drai
Le babene et le cin dai...

Ces visites et offrandes étaient usitées encore dans le Laonnais « il y a trente ou quarante ans », dit M. E. Fleury, en son livre si curieux « *L'art théâtral dans la province ecclésiastique de Reims*, Laon, 1881).

Le *Tivan* de Brossard est une paysannerie crue et vraie. Le rustique est là, tel que la belle compagnie au XVIIe siècle le voyait ; aussi ressemblant que les bourgeois de campagne de la *Comtesse d'Escarbagnas*, plus ressemblant que le Pierrot et la Mathurine du *Festin de pierre*. Les vilains instincts du paysan (d'alors), ses travers, ses ridicules naïfs, sa sottise, sa laideur, son profil en ce qu'il a de grotesque, sont ressaisis par Brossard avec dextérité. Quant à ses bonnes qualités, le peintre les oublie bien. Mais c'est une comédie qu'il a voulu faire, et les comiques n'en font pas d'autres. C'est leur métier de peindre en laid. En somme, ce Tivan vaut quelque chose.

Pendant les cent années qui suivent, rien, en fait de patois. Les Jésuites, établis ici par Guichenon, essaient de nous apprendre à faire des vers latins. M. de Lucinge et Dom Jeannin riment des madrigaux, le premier pour la Société fondée en 1755, par Lalande, le second pour le *Mercure galant*. Mme de Meillonnas improvise des tragédies.

Aux approches de la Révolution, le patois (littéraire?) revit pour soulever les campagnes contre ceux qui, chez nous, conservent la main-morte, tombée partout en désuétude (voir là-dessus la correspondance de Populus, député du Tiers à la Constituante). En l'un de ces chants de 89 contre « les fainéants de moines », contre les nobles, « leurs servis et leurs lods », on retrouve l'équivalent de ce cri du premier soulèvement des vilains au Moyen-Age ;

Nous sommes hommes comme ils sont !

Le chant patois dit :

No vo sin tou semblable,
No valon bien autan...

Ceci étant simple, nullement cherché, point savant, peut bien sortir des entrailles de la population serve. Faut-il lui attribuer aussi la chanson du Tiers-Etat (recueillie par M. Guillon?). « On va supprimer les dîmes — Puis la main-morte — Le droit de cuisse... — Le sel sera à bon marché, etc... » On me dit qu'elle est d'un meunier des environs de Bourg.

Une chanson datée du 24 Thermidor nous apprend que c'est au cri de « Vive à jamais la République! » qu'on a renversé ici les Jacobins.

Une autre sur 1830 (ou plutôt sur son lendemain), recueillie par M. Guillon, tout à fait *Gauche dynastique*, est d'un potier de l'un de nos faubourgs, écolier de Béranger.

A partir de cette fin du XVIIIe siècle, et à mesure que le patois parlé et le patois chanté s'en vont, le patois littéraire ressuscite décidément. Cette littérature d'imitation (représentée encore aujourd'hui) a produit une œuvre populaire : *La Liaudaina* ; l'air a l'accent sincère et du charme ; il empêche de trop regarder aux paroles. Il y a des moutons qui sautent de plaisir en entendant la Liaudaina chantant sous un saule : ces moutons bien appris descendent, je pense, des brebis qui paissent chez Wateau où bèlent dans Estelle et Némorin. M. de Florian était fort à la mode au temps où Piquet (député à l'Assemblée nationale, puis président du tribunal de Bourg et l'un des auteurs de la Statistique de l'Ain) composa cette gracieuse bergerade.

IV

Je voudrais pouvoir faire pour le patois du Bugey ce que je viens d'essayer pour le patois bressan. Les éléments d'une esquisse même succinte me manquent. Je ne connais sur ce sujet d'un peu ancien et venant de source que les Noëls de Vaux et de Belley.

Le premier est vraiment beau, pénétrant et touchant. En voici quelques passages, donnant une idée de ce patois du Bugey, plus mâle que celui de la Bresse.

> *Kyrie*, je te preyo
> Qu'en tota cetta par
> Bon marchè de bla veyo
> A quatro grou (gros) lo quar...
> *Criste*, sauva la cepa
> De mehn (brouillard) e gela...
> *Criste* , fa que le feye (brebis)
> Ne possin avorta

Et que le chivr'on veya
Due fai l'an chivrota...
Garda bin noutra vachi
Et lou tou grivola (tacheté)...
Libera nos de l'arpa (griffe)
De cetos usiri...
Vingi no de la trufa
Que no tan lo serjan (huissiers)...
Fai abaissi la taille
Que no tuera je crey.
Ne fai plu qu'en batailla
On prenne noutron rey...

L'allusion finale à la prise de François premier date la pièce.

Elle contient un vers qui mérite un court commentaire. Le chanteur, après avoir convié le marguiller à sonner les cloches, invite Martin à « *viri lo viri* ».

Lo viri, c'est la roue garnie de grelots qu'on tournait pendant certains offices. L'usage persiste chez les Buddhistes, qui appellent cette roue *roue de la Prière*.

A côté de cette invocation pathétique et sombre, adressée par le village où l'hérésie vaudoise est peut-être née, au Christ liturgique ; le Noël de la ville qui adora jadis Cybèle et son Attis, un peu folâtre et cru, fait le plus curieux contraste. Celo de Beley, ceux de Belley demandent tant seulement bonne calende

Bona grassa matina
Bon vépr' et bona santa...

à « la Marion », une des leurs en vérité. Voyez plutôt comme elle se comporte quand « Gabriel l'ange » lui fait son message :

La bona don' an fu epovanta
E ebaya..................
Mé à la fin
Marion s'accorda bin...

Pierre Gilet apporte sans façon un fromage à « la bonne dame et à son popon ». Que si « lou bon Joset » demande aux mages : — « D'on venié vo ? » — Ceux-ci, narguant sa curiosité : « No venian de var chez no. » Dont il reste quinaut.

Mais n'admire-t-on pas (ici encore) comme, derrière l'unité de Dieu officielle, se logeaient, aux temps réputés fidèles, des figures divines assez diverses vraiment et tout un polythéisme instinctif et naïf ?

7e Section. — Mythologie.

I

Commencer l'étude des religions par celle des quatre ou cinq grands cultes qui officiellement se partagent aujourd'hui la terre, c'est la commencer par la fin. On a fait cette découverte récemment, et on exposait, ces toutes dernières années, au Collège de France, les notions religieuses des peuples non civilisés. C'est un progrès.

Un jour ou l'autre, par besoin de la nouveauté, sinon par amour de la logique et goût de la méthode, on en viendra à regarder curieusement, même à étudier un peu ce culte souterrain qui, dans nos campagnes, vit d'une vie occulte et intense, se jouant des efforts que la religion officielle de la société cultivée fait depuis dix-huit cents ans pour le détruire, ayant traversé sans défaillances et sans dommages les bûchers d'autrefois, écoutant avec un sourire sournois nos catéchismes d'aujourd'hui.

Ici, on ne peut et on ne veut que collectionner les croyances et pratiques dites superstitieuses de nos campagnes. D'autres feront ailleurs, où ce sera le lieu, ce qu'ils voudront des faits colligés par nous. Je n'ai pas même pour but de leur amasser des matériaux. Je voudrais montrer seulement que tant de gens se donnant pour mission de travailler au progrès intellectuel dans nos campagnes, ne regardent ni ne soupçonnent quelque chose d'assez curieux, d'assez étonnant, d'assez intéressant, en vérité, l'état mental de nos populations rurales.

Sans avoir le moins du monde la prétention d'affirmer que le premier culte soit le culte du Soleil, très peu sûr qu'il n'ait pas été précédé par le culte des fontaines, celui des arbres, celui même de certains animaux, simplement pour commencer par quelque ancien dieu, je commence par celui que nul ne peut accuser d'imposture :

Le Soleil « en sanscrit, Bhala ; en irlandais Beal » (Pictet), s'appelait chez nous Baal, Bel, Belen, Belenus.

D. Monnier et Vingtrinier (*Traditions populaires*) veulent voir son nom plus ou moins apparent dans celui d'une dizaine de nos villages : Balan, Font-Belin, Mas-Belin, Bélignat, nos deux Béligneux, Belleydoux, Boulignieu, Miribel, etc. (dans de nombreux vocables des départements voisins du nôtre).

J'ajoute que nos nourrices, nous berçant sur leur sein pour nous endormir, nous ont tous appelés cent fois de ce très doux nom : mon petit Belen.

De tous les rites de ce culte impérissable, le principal, le plus incontestable, le plus répandu chez nous, ce sont ces feux de joie qui, le soir du plus long jour de l'année, s'allument chez nous dans une si grande partie de nos villages et qu'on entoure de danses et de chants : Jeune, j'en ai vu bénir un, dans un de nos chefs-lieux de canton, par le curé. Aujourd'hui cette bénédiction est refusée au feu de la St-Jean. Au fond, le catholicisme, si ingénieux d'ordinaire en pareille occurence, ne sait que faire de ce rite qu'il subit.

Il n'en est pas de même des *fouailles* (*focalia*), torches allumées au solstice de l'hiver dans la vallée de la Seille, si voisine de nous et remontant le long de la rivière jusqu'aux montagnes. Le 25 décembre, où on fêtait dans le monde romain le *Dies natalis solis invicti*, on fête dans nos églises la naissance de son successeur, on adore ce successeur exposé sur l'autel dans un soleil doré, et on chante dans l'office du jour « *Sol oritur novus* »...

Le premier dimanche du Carême, autre fête (solaire ?), dite en Bresse : fête des *brandons*, au pays de Gex, fête des *failles*, et ces failles sont toutes semblables aux *fouailles* de la Seille. Elles ont pour but de détruire les chenilles selon les utilitaires. Les mythologues y voient un reste des Palilies. Le rite est plus répandu que celui de l'un ou de l'autre solstice. On le pratique dans nos faubourgs. L'Église ne s'en occupe nullement. Son sens est oublié.

Apollon était médecin De même Belen à Bouligneux. Là, les fébricitants font avec de la paille longue un soleil à six rayons, et, au lever de l'astre du jour, ils s'agenouillent devant son simulacre. Après quoi, ils gagnent le ruisseau le plus voisin, y jettent le soleil de paille sans regarder, puis regagnent leur logis, tout droit, sans se retourner.

On ne voit pas que la lune chez nous ait eu de culte précisément (sauf peut-être à Condes). Mais son influence maligne en général s'exerce encore pleinement dans nos campagnes sur les semences, les arbres, sur les œufs aussi, et même sur les sourds. Et il n'y a pas chez nous de croyance mieux enracinée que celle aux méfaits de la Lune-Rousse, perpétuée par des almanachs et des journaux ineptes. Les laboureurs des campagnes y croient au moins autant qu'au Diable, les jardiniers des villes un peu davantage.

Après le culte du soleil, sinon avant, le culte des fontaines. La plus belle, la plus célèbre aujourd'hui est la Divonne de Gex (*Du* divinité, *vannon*, fontaine, Réville). Le nom est générique ; il y avait une Divonne à Bordeaux, Ausone l'a chantée. Il y en a une à Cahors donnant son nom à la cité. La nôtre, on le sait, n'a pas perdu sa vertu médicinale.

On a dit plus haut (p. 97) quelque chose de la Moranna et de l'Ondine de Préaux, remplacée par une Vierge-Noire ; de celle de Mazières qui a eu même chance (p. 98). La Vierge de Préaux vivait dans un saule comme celle de Bourg ; celle de Mazière sortit un jour de la source elle-même et elle y revint d'Hauteville où on l'avait portée, comme la nôtre revint de Brou à son arbre. Ces deux histoires sont à comparer à celle de la divinité-mère de la Certenue qui, déplacée aussi, revint trois fois, *la nuit*, sur sa montagne, à côté de sa fontaine. Le jour de la Pentecôte, il s'opère encore là des guérisons extraordinaires et soudaines..... La foule frémit, saute et trépigne à la vue du prodige..... on se presse à la source, on mêle à son eau la poussière rapée sur le piédestal de la statue .... Cet usage remonte haut, Grégoire de Tours le mentionne « *De gloria confessorum* » (M. Lacreuze, curé de Laisy. Mém. de la Soc. Eduenne, 1881).

Comparez encore à la légende de la Notre-Dame de Conliège (Jura), une oréade, celle-ci, qui revint trois fois de l'église où on l'incarcéra, à son rocher natal (D. Monnier. *Traditions populaires*, p. 281).

Le même Monnier veut que la Brébone de Saint-Rambert près laquelle saint Domitien construisit sa laure ait été adorée aussi (*Etudes sur le Bugey*, p. 121). Ce n'est qu'une conjecture assez vraisemblable.

Il n'en est pas de même de la Bormana de Saint-Vulbas. Son culte est attesté par une inscription existante. On l'a retrouvée à Aix-les-Bains et sous la forme masculine Bormo, Borvo à Bourbonne, Bourbon-Lancy, Bourbon-l'Archambault. Chez nous, elle a changé de sexe à nouveau. Les dévots en ont fait en leur patois Saint-Bourbas, lequel devenu en français Saint-Vulbas, guérit les coliques de ceux qui passent à quatre pattes sous un coffre en pierre (carlovingien ?) contenant ses ossements certifiés authentiques, par M. Devie, évêque de Belley (voir *Hagiographie* de M. Dépéry).

On plonge peut-être encore les nourrissons atteints du même mal dans une source qui sort d'un pré à l'entrée nord de Bourg. Les pouvoirs de l'Ondine ont été du reste transférés à Saint Jean-Baptiste, le plus ancien saint vénéré chez nous, celui aussi qui aurait le plus de droit à être le patron de l'hydrothérapie si elle se faisait catholique.

Qu'en Dombes, à Riottier, on ait divinisé la grande Arar, ce n'est pas bien douteux. Qu'il faille la reconnaitre dans la Syrène aux cheveux d'or, arrêtant les bateliers au passage, les faisant mourir de plaisir, je le crois. D. Monnier arme sa déesse d'une queronille et d'un fuseau (*Traditions*, p 732). Quand on m'en parla, il y a cinquante ans, dans son domaine, on me dit seulement qu'elle n'était vêtue que d'une belle chevelure d'or.

Sa petite sœur, la Chalaronne, a des mœurs moins libres. Elle guérit encore les enfants de tous maux pourvu qu'on les plonge dans ses eaux rares jusqu'à neuf fois.

D'après un ex-voto du Musée de Carpentras, l'Albarine aurait été déesse, elle aussi.

Rien n'est mieux établi que le culte des forêts en Gaule. Peut-être ce culte a-t-il été chez nous le premier ? Il a lutté avec le Christianisme acharné à le détruire, jusqu'au huitième siècle. De guerre lasse, le clergé catholique a installé des images de la Vierge dans les chênes et les saules-dieux. Il y en avait une ainsi logée à Bourg au XIIIe siècle. Il y en avait une autre à Saint-Remy, il y a moins de cent ans. J'ai vu un dieu-arbre à la Roche (entre Pont-d'Ain et Bourg), on l'avait enfermé dans le chœur d'une chapelle. Les bonnes gens du voisinage employaient son écorce pulvérisée contre la fièvre ; c'était un saule, notez-le. Et la salycine est encore regardée comme un succédané du quinquina.

Le gui a perdu ses honneurs. Il les devait sans doute à ses vertus médicinales. J'ai vu le mucilage de son charmant petit fruit réussir contre un rhume invétéré.

Près Châtillon-les-Dombes, au centre d'une clairière, dans la forêt de Tanay (où il y avait encore, dit-on, des Faunes au XIIe siècle), est un chêne rabougri où, après diverses offrandes, de sel notamment on pendait les langes des enfants malades. Ceux-ci étaient voués aux dieux des bois avec des rites rappelant les incantations primitives, exposés au pied du chêne, trempés enfin neuf fois dans la Chalaronne voisine. L'arbre divin est encore aujourd'hui chargé de petits vêtements. Ses branches sont nouées en forme de lacs d'amour (j'en ai un sous les yeux). Cette pratique rend la vigueur première aux maris cassés par l'âge. Nous sommes ici voisins d'Ars et de son menhir.

Ce frère effronté du lingam remonte peut-être au temps de la pierre polie. Quand après la conversion (nominale) de la contrée au Christianisme, ne pouvant mieux faire, on l'accepta ; il fut, par l'adjonction insignifiante d'une lettre à son nom, baptisé saint Avit, les femmes stériles continuèrent à venir lui demander de les rendre fécondes. L'amiral Fleuriot de l'Angle trouvait naguères cette croyance et cette pratique fort vivantes au bout du Finistère. Elles subsistent non moins à Plouarzel, dans la Bretagne française. D. Monnier les retrouve dans l'Aisne, dans les Basses-Alpes et, dans le Jura, à

Verdun, à Nozeroy, avec quelques variantes de détail, à Mouthier, dans la Bresse chalonnaise, en 1824, il a vu la statue obcène s'étalant sous son nom primitif dans l'église (*Traditions*, p. 586).

Sous la Restauration, le curé d'Ars, trouvant que le nom de l'évêque de Vienne ne déguisait pas assez l'idole primitive, la fit détruire.

On n'a pas détruit la Pierre-Mignon, sise dans la commune de Reyrieux, limitrophe au sud de celle d'Ars, au champ dénommé le grand Trin, près le hameau de Toussieux. M. Monnier la décrit, interprète et commente ces noms longuement, conclut que la pierre Mignon est une sœur des saints obscènes de Mouthier et d'Ars. Sa description est plus probante que rien autre. Cette « pointe de rocher » sortant du sol dans une plaine d'alluvion où il n'y a pas de pierres est à la base, « ronde, comme un tronc d'arbre, et a été, au sommet, qui est distinct de la base plus large, taillée au ciseau en espèce de coupole ». Il faut voir là un bloc erratique retouché pour imiter mieux son modèle. L'interprétation des noms de Toussieux, Grand Trin, est bien verbeuse et peut être aventurée. Le nom de la pierre parle net : Littré, dont on peut accepter les étymologies, trouve celle de *Mignon* qui, pendant tout le Moyen-Age a signifié *amoureux*, dans Mion, Mian, en Irlandais *amour*.

Il faut nommer ici la pierre à écuelles d'Arbignieu, dite : la boule de Gargantua. Cet autre bloc erratique a été transporté à Paris. Les hémisphères creux dont sa surface est semée sont disposés de façon à représenter fort nettement l'idole dont l'Inde, en lui restant dévote, altère la forme par pudeur. M. Lenormant a constaté qu'à Rouen, les jeunes filles, pour trouver un mari, portent dans leur corset une figurine de Gargantua... à laquelle cette pudeur est inconnue.

Dans le Jura, on montre, près Baume-les-Dames, un rocher appelé le *Fauteuil* de Gargantua, une *Roche* de Gargantua à Clairvaux-les-Vaux-d'Ain ; chez nous, la silhouette de la première chaîne du Revermont vers Cuisiat ressemblant un peu à une chaise renversée a nom la *chaise* de Gargantua.

Passons vite aux *pierres qui virent*. Il y en a dans nos montagnes cinq ou six. Je ne connais pas celle de Dortan, la plus grande, dit-on. Mais non loin, à la descente de Matafelon, sur l'Ain, au milieu du plus beau paysage de notre pays, en face des trois dames d'Oliferne, changées en pierres comme on sait, j'en ai vu une, assez semblable à un gigantesque dolmen. De ces pierres animées d'une vie secrète, les unes ne remuent que tous les cent ans : ainsi celle de Saint-Savin, près de Poligny ; le jour de la fête patronale, le clergé et ses ouailles venaient processionnellement la baiser. D'autres, comme celle de Bibracte, notre métropole celtique, et celle du château de Jasseron se lèvent la nuit du 25 décembre, un court moment, livrant le trésor souterrain qu'elles gardent.

Ne cherchons pas quelles idées expliquaient ce phénomène à nos aïeux : nous risquerions de leur prêter nos propres chimères. Le premier qui a vu de ses yeux la pierre remuer était peut-être simplement un halluciné.

Il suffit d'ouvrir un *Bestiaire* (traité de zoologie) du Moyen-Age pour comprendre au milieu de quels rêves les hommes de cette époque vivaient. Des animaux impossibles racontés (et gravés) là, le seul qui subsiste encore un peu chez nous c'est la Vouivre. Elle dort près des fontaines du Revermont au lever du jour. Heureux qui lui prendrait l'escarboucle sans prix qui brille à son front. Quant au cheval sans tête de la Bresse jurassienne, au cheval trois-pieds des bords de la Loue, ils sont oubliés chez nous.

Il nous restait, il est vrai, des Faunes, à Brénod, par exemple (Revue Sébusienne, Nantua, 1839); — et dans la forêt de Tanay, près Châtillon-les-Dombes. Le bas-relief de Saint-Paul-de-Varax représente un fait de la vie de Saint-Antoine, mais on n'aura mis là le Faune que le saint rencontra dans le Désert que parce qu'on en rencontrait encore dans le voisinage. D'ailleurs, Dunod, l'historien de la Franche-Comté, a vu, près du lac d'Antre, en l'arrondissement de Saint-Claude, « tirer de terre des pièces de pieds, de jambes et de cuisses de satyres ». Combien il est regrettable qu'on n'ait pas gardé ces pièces rares. Les Darwinistes y reconnaîtraient les Antropopithèques qu'ils attendent; les Mythologues les Duses de Saint-Augustin qui poursuivaient les femmes.

Des animaux fabuleux passons aux autres. Culoz a adoré son Segomo Dunates, Lyon aussi, et Arinthod, et Nuits. A Nuits, Segomo avait la forme asine.

N'en rougissons par trop pour nos aïeux. La grande déesse d'Athènes avait primitivement la tête d'une chouette.

A en croire D. Monnier, nous aurions adoré aussi, dans la Bresse Eduenne, le porc ou le sanglier ; le taureau dans le Bugey Séquanais.

La fête des rats, des serpents, que nous verrons tout-à-l'heure chômée encore en Bresse, est-elle un reste de ce culte par lequel la société humaine commença dans l'Inde, (le singe Hanouman) ; en Egypte (le bœuf Apis); en Palestine (le veau d'or et le serpent d'airain de l'Exode) ; en Grèce même (le xoanon de Tanagra, au Louvre) ? On adorait certains animaux parce qu'ils étaient utiles, d'autres pour les empêcher de nuire.

S'il fallait caractériser d'un mot cet ensemble de faits qu'on vient de montrer, il faudrait dire qu'ils procèdent du naturalisme primitif.

Le groupe assez distinct qui suit procède peut-être du druidisme, en tous cas d'une société où les femmes tiennent plus de place et une meilleure place.

II

Trois grands cultes ont passé chez nous : le Druidisme, il a vécu cinq ou six siècles ; — l'Hellénisme, a peu près autant ; — le Christianisme, il dure depuis 1,200 ans. Que reste-t-il dans nos campagnes des uns et des autres ?

Des grands dieux du Druidisme, pas un vague souvenir, pas un nom.

Mais à côté de ces grands dieux, il y en avait de plus humbles, qui ont eu plus de chance, qui ont duré davantage, s'ils ne durent encore.

Ainsi, il est sorti, il sort partout de terre des inscriptions votives aux Déesses Maires, *Deabus maïrabus*; des images de bronze, de terre cuite, les représentent. Au pays Eduen, elles sont trois; trois à Belley. A Chartres, au Puy, à Izernore, on n'en connait qu'une. Dans son *allée couverte*, à Chartres, la Maire était declarée vierge, mais devant enfanter, *paritura*. Au Puy, à Izernore, l'enfant est né. La Mère le tient dans son giron. Des cultes primitifs à celui-ci, il y a deux pas de faits : 1° à la forme bestiale, divinisée par la peur, succède la forme humaine, divinisée par la vénération ou l'amour. Car il suffit, pour s'en convaincre, de voir une image de la Maire : ce culte est chaste. La Maire nourrit quelquefois deux enfants. La figure de la nourrice au XIXe chant de l'Odyssée est admirable et cette conception honore la Grèce primitive. La Gaule a fait mieux : elle a mis la nourrice sur l'autel.

Les Maires avaient un temple à la Certenue, en pays éduen. Une des trois a été transportée à la Comelle, où elle guérit les maux d'yeux sous le nom de sainte Claire. Une à Maison-Dru où elle donne du lait aux nourrices. La troisième, amenée à Mesvre, est retournée à sa montagne, où on lui a bâti une chapelle (Soc. Edu., Mémoires, IX, 293).

Deux Maires étaient adorées à Bourg. Le Musée garde leurs figurines en terre blanche. Celle qui leur a succédé, qui porte un des noms qu'on leur donnait, Notre-Dame, n'a pas laissé de conserver leur répugnance à quitter leur gite primitif...

On a fait honneur, au Moyen-Age, de ce qu'il aurait « réhabilité la femme ». La Gaule, on le voit, pourrait revendiquer cette gloire. En voici d'autres preuves non moins formelles. « Les fées, dit Alfred Maury, sont le dernier et persistant vestige laissé dans les esprits par le Druidisme. » Deux inscriptions, relevée par Orelli, les montrent recevant un culte des Gallo-Latins et étaient très solidement cette affirmation de M. Maury. FATIS G. FABIUS EX VOTO — FATIS DERVONIBUS. V. S. P. M. M. RUFINUS SEVERUS.

Chez nous, ce sont elles qui, à Simandre, ont dressé le menhir appelé dans le pays « la quenouille *de la Fau* ». Elles qui, à Asnières, ont tracé le chemin longeant notre rive de la Saône, portant leur nom ; appelé entre Montmerle et Thoissey *la vie des feyes* ; à Buellas, elles habitent une poipe à demi détruite ; pour n'être pas tracassées par M. le Curé, elles se sont faites chrétiennes et le dimanche vont « ouïr messe et les fêtes pareillement ». Et les dames blanches de Châtillon de Corneille, les trois *demoiselles* de Saint-Germain (en Bresse), les petites naines blanches de Cornod, qui dansent, diaphanes, dans les prés de la Valouse — et leurs sœurs oubliées ici ont toutes beauté, grâce, esprit, malice, science, sagesse, et surtout puissance. C'est d'elles qu'en naissant reçoivent ces dons ceux d'entre nous qui les possèdent.

Et il ne reste trop au Moyen-Age, pour légitimer une revendication qu'il n'a du reste pas prévue, que ses sorcières...

Dans l'Ain, nous sommes peut-être moins riches en fées, dames blanches, vertes, noires, rouges, que nos voisins du Jura. D'où vient? Le catholicisme, qui prend ces délicates créatures pour les femelles de ses démons balourds, a-t-il chez nous mieux réussi dans la guerre qu'il leur fait ? Les Maires sont appelées fées dans une inscription de Valence du IIe ou IIIe siècle. La Maire encore régnante chez nous a-t-elle fait oublier ses sœurs? Pour juger cette conjecture, il faudrait chercher ce qui reste de fées dans les domaines des Notre-Dame noires de Chartres ou du Puy.

Les servants, lutins, lutons, follets (folleto en patois), feux follets foisonnent chez nous. Sont-ils autochtones comme les fées et leurs contemporains? Je n'ose répondre affirmativement, n'ayant pas, comme tout à l'heure, dans l'épigraphie, des preuves positives de leur antiquité ; et ne pouvant guère arguer, pour les déclarer nôtres, que de leur caractère qui est bien gaulois, on va le voir.

M. Monnier les veut d'origine germanique et d'importation burgonde. Mais d'abord, les Burgondes ne sont pas du tout démontrés Germains. Et ensuite, on ne trouve pas bien accréditée ni chez les uns ni chez les autres, cette croyance aux Esprits bons et mauvais.

Je la vois, au contraire, affirmée très haut ; enseignée comme fondamentale, et comme expliquant seule les choses divines et humaines ; par un culte établi chez nous au IIe siècle ; le Mithrœum de Vieu, retrouvé il y a dix ans, en est la preuve péremptoire. Ce serait à ce culte qu'il faudrait attribuer son importation.

Mais, si elle avait cette origine-là, le Christianisme l'aurait malvoulue certainement et combattue. Elle n'a jamais, que je sache, inquiété le clergé, et il la laisse vivre tranquillement. D'ailleurs, l'existence reconnue de ces êtres mystérieux a du aider à faire accepter celle des anges gardiens, leurs cadets, moins populaires qu'eux assurément.

Je suis amené à croire nos follets et farfadets celtiques en les comparant à ceux des autres pays.

Les Kobolds germaniques sont des nains laids, avares et méchants, se terrant comme les marmottes et gardant leur or dans leurs trous.

Les Duses de Saint-Augustin, les Faunes du Latium, les Panisques et Satyres grecs sont des antropoïdes lubriques. Devant les grimaces et contorsions que leur prètent les peintures des vases anciens, on peut se demander s'ils n'ont pas eu pour types les derniers simiens du Pentélique.

Les *Velus* des textes hébraïques sont des animaux obscènes.

Nos *servants* sont des Esprits, comme tels et par nature invisibles, sans forme bien déterminée. Par tempérament ou par choix, ils sont essentiellement domestiques.

Il battent en grange la nuit, vannent le grain, l'ensachent, balaient le logis, pansent les bêtes dans l'étable, les étrillent, leur donnent leur provende, volent au besoin du foin aux voisins pour les nourrir, traient les vaches, tressent la crinière des chevaux, cachent la selle du voyageur qu'ils veulent empêcher de partir, etc.

Les lutons, nains de Mouthe (Jura), parents de nos servants, non domestiqués, logent dans des fentes de rochers, mais en sortent au printemps ; eux aussi battent en grange la nuit. De plus, ils ramassent le bois mort, fauchent les prés et dansent, la besogne faite, au clair de la lune. On les sait fort gourmands de lait frais. Les filles du logis leur en servent à l'entrée du fenil, au bord du *solier*. Si on les oublie, pour marquer leur mécontentement, ils montent au grenier, prennent à poignée les pois dans le sac et toute la nuit on entend grêler sur le plancher.

On le voit, les malices mêmes de ces petits êtres sont bien inoffensives. Cependant, le folleto de Cornod (terre bugiste jadis) soufflète les passants quand il a de l'humeur, ou secoue et renverse leurs paniers. Un autre est coutumier de faire ébouler les cailloux sur les pentes et crouler les vieux murs. Il y en a de décidément pervers qui effraient les chevaux et les arrêtent court, ou qui égarent dans les bois le bétail, puis les bergers appelés par leurs ricanements ou leurs chansons ironiques.

Notre imagination, de toutes nos facultés celle que nous gouvernons le moins, celle qui, dans l'état de fièvre, d'hallucination, de rêve, d'alcoolisme, nous maîtrise impérieusement, nous fait voir l'invisible, toucher l'impalpable, croire à l'incompréhensible, peut légitimement être déclarée à elle seule responsable de toutes ces chimères.

Mais il y a des gens dits positifs qui, derrière elles, veulent voir, cherchent et naturellement trouvent un *substratum* solide et tangible. Ils vous diront que les actes de somnambulisme inconscients d'un valet ou d'une servante expliquent les bons offices, nocturnes toujours, de leurs amis les esprits domestiques.

Je ne suis pas pour contredire des gens si sensés. Pas davantage ceux à qui certains g[illegible] nflammables errant les nuits sur les cimet[illegible] trop pleins, ou flottant les soirs à la surface de certains marais expliquent la croyance aux *âmes en peine* et aussi celle à des feux-follets moins inoffensifs que les *folleto* naïfs de Mouthe et de Cornod.

Le feu-follet de Polliat a nom *l'hardi*. Un *menia* revenant de la ville à la nuit close, poursuivi opiniâtrément par ce désagréable compagnon de route, s'avisa de le narguer. « Hardi contre hardi, lui cria-t-il bravement, baise-moi le deri ». Le démon igné, furieux, se jette sur lui. Notre garçon n'eut que le temps de se réfugier dans la première maison, tirant sur lui la porte vivement. Le folleto enragé se précipita sur cette porte sans pouvoir la forcer, mais ses cinq doigts y sont restés marqués.

A propos d'autres récits d'un intérêt plus grand, on l'a montré : les explications naturelles de faits merveilleux les expliquent bien peu et bien mal. Le feu follet de Polliat, je le veux, sera un produit du marais pestilenciel jadis de Vial. Le menia avait du vin blanc dans la tête, je l'admets. Il vous reste à me faire concevoir un follet ayant cinq doigts de feu à chaque main et ne sachant pas ouvrir une porte.

Le plus simple de beaucoup est de mettre l'historiette dans le même sac que celle-ci : Gargantua ayant soif, voulut boire à la Brévenne (affluent de l'Ain) ; un rocher le gênait, il le renversa de la main ; ses cinq doigts y sont visibles.

III

Je viens aux croyances d'origine chrétienne.

Il ne saurait être ici question de celles enseignées par l'Eglise, qui ne sont pas locales, au contraire.

Je parle de celles qui sont nées, chez nous, des dogmes catholiques ; si l'on veut comme des parasites sur les chênes.

Je les classe en deux groupes.

Dans le premier, je range celles qui procèdent de la doctrine de l'existence des démons, doctrine systématisée dans les traités de démonologie approuvés, encore existants.

De ces étranges répertoires si peu lus aujourd'hui, nos populations rurales n'ont pas tout accepté. Cela me frappe d'abord. Elles ont choisi ce qui s'accordait à peu près avec leurs idées antérieures.

Elles croient donc à l'existence des esprits malins, au-dessus, autour, au milieu, au-dessous de nous ; ces esprits nous induisent au mal, à ce qu'on prétend, — comme si nous n'y allions pas de nous-mêmes. Et ils trouvent des corps (on ne sait où ni comment), pour entrer — quand nous le voulons un peu — en commerce charnel... avec nous. Cela directement, ou par l'intermédiaire des sorcières leurs prêtresses.

Nous y perdons notre âme, mais nous y gagnons toutes les prospérités, tous les plaisirs de la terre. Ce n'est pas dire assez, car les voluptés qu'on va chercher au sabbat, celles dont incubes et succubes remplisent nos rêves, nos hallucinations, ont de particuliers et horribles attraits...

Que ces croyances dépravantes et malfaisantes aient gagné, avec plus ou moins d'intensité, la majeure part de la population de nos campagnes ; qu'elles soient devenues endémiques chez nous, du milieu du XVe siècle au commencement du XVIIe, il n'y a pas à en douter.

Le nombre des poursuites, celui des supplices chez nous est effrayant ; et ils ne sont pas tous connus. La croyance à une intervention habituelle des démons dans notre existence était entretenue à coup sûr, elle était démontrée par des procès où des populations entières étaient appelées en témoignage ; par des aveux que la torture dictait ; par des bûchers autour desquels on venait en foule gagner les indulgences promises par les papes aux spectateurs. Le remède, on l'a dit ailleurs, nourrissait le mal et le perpétuait.

A quelle époque précisément la lugubre épidémie a pris fin ? d'où est venue la guérison, et de qui ? C'est très peu su, et mériterait d'être étudié.

Ce changement de croyances dans nos campagnes opéré sans livres et journaux (bien entendu), sans enseignements ou prédications qu'on sache, est un fait constant, considérable. La cessation des procès, des supplices y aura sans doute grandement contribué. Il y aurait lieu à comparer, pour tout savoir, les catéchismes (s'il y en avait) et les almanachs du XVIe et du XVIIe siècle.

La croyance à l'invasion de l'Enfer dans le monde sublunaire, à son immixtion quotidienne dans nos actes subsiste dans la doctrine. Mais elle tient moins de place qu'autrefois dans les préoccupations habituelles des paysans. Il y a un demi-siècle, un hameau que j'habitais l'automne était encore pourvu d'une ou deux sorcières présumées. Elles faisaient *tourner* le vin de certaines caves, — tarir le lait dans certaines étables, — faisaient retrouver ce qu'on avait perdu, — nouaient l'aiguillette des jeunes mariés, etc. Les soirs, les ivrognes attardés entendaient dans les carrefours (*trivia*) la musique endiablée du sabbat courant sous la lune de mai complice. De temps à autre, la justice du chef-lieu se régalait d'un procès de sorcellerie piteux ou grotesque. Il y avait dans notre banlieue, dans nos faubourgs, des rebouteurs, des tireuses de cartes...

Que reste-t-il de tout cela? Un curé guérisseur dont la servante vend l'omelette. — La *femme* de Marboz et la *femme* de Bény, célèbres à deux ou trois lieues à la ronde pour des cures nullement surnaturelles... Ce n'est guère.

Sommes-nous à l'abri d'un retour offensif de

cette contagion ? De nombreux cas sporadiques cachés dans nos maisons d'aliénés, prouvent surabondamment que la disposition maladive persiste dans certains organismes. Certaines explosions locales dans des milieux favorables, parmi des populations *entraînées* d'une façon spéciale, celle de Morzine, à côté de nous ; celle du pénitencier protestant d'Elberfeld, en Prusse ; celle de Suède, en 1850, montrent l'infection restant aussi facile que jamais — et dangereuse le jour où les pouvoirs publics, changeant de mains, négligeraient d'y obvier.

IV

Je viens au second groupe de faits à exposer ici.

Nous n'avons plus affaire à des croyances qui s'en vont, dit-on, mais qui, en réalité, font semblant de dormir et pour s'éveiller attendront le moment opportun Mais à des croyances qui, après un long assoupissement, se sont réveillées, rajeunies, et témoignent d'une vitalité et activité assez inattendues.

Ceux qui croient à la fin prochaine des croyances catholiques se leurrent et ferment les yeux pour ne pas voir.

La Renaissance remonte à 1800 ; chacun le sait. Elle a été progressant lentement, péniblement, pendant les trente premières années du siècle, contenues par les vieilles générations étonnées. — En 1830, elle a subi un temps d'arrêt, fort court, puis a repris sa marche plus visible, plus combattue aussi pendant quinze ans. — La secousse de 1848 la sert plus qu'elle ne lui nuit. Sa marche triomphale en avant, étalée, s'accélère pendant vingt-deux lourdes années.

La tempête, l'écroulement de 1870 l'ont-ils arrêtée plus d'un moment? C'est douteux. Mais une lutte a suivi la chute de l'ordre moral : l'adversaire insulté, malmené, comprimé trente ans, s'est relevé brusquement, a réagi. La bataille continue.

Qui est-ce qui perd du terrain?

Dans un chef-lieu de canton où les Missionnaires diocésains ont *fait* le Carême cette année 1884, *tous* les hommes se sont approchés de la sainte-table à l'exception d'un seul qui n'est pas originaire de la commune. La femme de cet irrégulier lui a reproché son méfait tout le temps pascal, après quoi d'un an elle n'y songera plus, ni personne. Ce canton et cette *paroisse* donnent d'ailleurs la grande majorité de leurs voix à un député qui vote la suppression du Concordat et du budget des cultes.

On ne réussira pas à détruire tant qu'on n'aura pas trouvé un moyen de remplacer. On ne cherche même pas ce moyen.

Trois auxiliaires défendent les *pratiques* dans nos campagnes. 1° Le goût du plaisir chez les hommes. Pour le satisfaire, ils n'ont que les *vogues*, lesquelles sont liées aux fêtes patronales, comme on sait. Les vogues sauvent les fêtes. — 2° Le goût de la parure chez les femmes. Pour le contenter, elles n'ont que les dimanches, leurs messes, où la propreté et la *braverie* sont d'obligation. — Le troisième allié, aussi puissant que les deux autres, c'est le goût, pour ne pas dire le besoin du merveilleux. Le Catholicisme lui-même étant impuissant à le satisfaire, nos rustiques le surchargent fort bien soit des restes du merveilleux des cultes qui l'ont précédé, soit de corollaires imprévus de leur invention. C'est de ces corollaires que je m'occupe ici. Voyons ceux qui procèdent du seul dogme populaire dans nos campagnes tout à fait, du dogme de la communion des Saints avec nous ; de la doctrine la mieux comprise du paysan, celle de la vertu et de l'efficacité des reliques.

Quand on saura à quoi ce paysan les emploie l'un et l'autre pratiquement, comme il les fait servir à ses intérêts les plus chers, on comprendra tout de suite leur popularité et leur vitalité.

Le chômage forcé des travaux des champs aidant, les fêtes de Noël se prolongeaient encore, il y a cinquante ans, quatre ou cinq jours, du 25 au 31 décembre, ou jusqu'à l'Epiphanie, 9 janvier. L'on solennisait partout la fête *des Bêtes*, le 31 décembre, jour de la Saint Sylvestre. Entre ce saint pape et les clients qu'on lui donnait là, je ne cherche pas de rapports vraisemblables ; je m'égarerais sans utilité. Il me semble d'ailleurs voir pourquoi la fête *des Bêtes* fait partie des fêtes de Noël. Dans un livre sur les *Légendes et Croyances du centre de la France*, de M. Laimel de la Salle, je lis : « Les bêtes bovines et ovines jouissent de beaucoup de considération pendant les fêtes de Noël. Elles la doivent au bœuf et à l'âne qui assistèrent Notre-Seigneur lors de sa nativité ! » Puis, d'un ensemble de faits curieux montrant que le solstice d'hiver était la fête du bœuf dès l'époque où le 25 décembre était une fête solaire, M. Laimel conclut que le bœuf aura été introduit à côté du berceau de l'Enfant-Dieu par ménagement pour des croyances antérieures, des habitudes à ne pas déranger. Je serais tenté, moi, de conclure que notre fête des Bêtes est une continuation et transformation chrétienne de ces habitudes. — Est-ce que le taureau primordial aurait assisté à la naissance de Mithra, dans cette grotte d'où sort l'Invincible, avant que le bœuf ait été témoin de la nativité du Soleil nouveau dans la grotte de Bethléem ?

Quoi qu'il en soit, nos bœufs bressans gardent mémoire de ces faits glorieux pour leur race. Un de nos Noëls (celui de Jasseron) montre « le bon *colon* agenouillé à côté de l'Enfant pour lui faire honneur ». Il faut que vous le sachiez. Dans toutes les étables de Bresse, ses frères et sœurs font de même pendant la messe de Minuit, au moment précis où le prêtre élève l'hostie. Et on les entendrait, cette nuit, « parler chrétien » entre eux, si, pour les ouïr, on manquait la messe, ce qui ne se peut. — Donc, au retour, le 31 décembre, assistance à la messe d'abord, chômage tout le jour, mais surtout congé plénier donné à l'étable ; paille fraîche sous les pieds et provende double dans les râteliers...

Ceux à qui cette façon de concevoir la fête *des Bêtes* paraîtra plausible n'auront pas de peine à conjecturer avec moi que telles autres fêtes auxquelles où il nous semblera plus difficile encore d'attribuer une origine purement chrétienne seront, comme celle de la saint Sylvestre, une transformation d'idées et rites antérieurs, arrangée ou acceptée par un clergé qui avait à se faire accepter lui-même et s'accommoda de ce qu'il ne pouvait empêcher. On ne plaide ici pour ou contre personne, on s'explique bien ou mal des faits singuliers.

Les secours trouvés jusqu'ici chez D. Monnier et M. de la Salle vont me manquer. Les réponses à un questionnaire lancé par nous dans nos campagnes me viendront en aide.

Après les bœufs, les veaux. Des paroisses où on se préoccupe de leur ménager une protection céleste, celles à moi connues (n'en inférez pas que l'usage n'en existe que là), ce sont Reyssouze et Montracol où, le 18 janvier, on va en pélerinage invoquer saint Bonnet. Et Saint-Etienne-du-Bois où on vient à la même fin de tous les environs. Les veaux, quand ils s'ennuient, se mordillent et sucent la queue : cela, dit-on, nuit à leur santé. A Saint-Etienne, on vient spécialement demander au Saint de les guérir de ce travers.

Pourquoi saint Antoine a-t-il été élu patron de la race porcine ? On croit le savoir généralement. Le compagnon que la tradition et Callot d'accord donnent à Antoine (que Flaubert a eu le tort de lui ôter), était dans la vieille Gaule fort révéré. Le coq gaulois est une invention latine assez saugrenue. C'est bien un porc (ou un sanglier) que nous mettions sur nos enseignes et nos monnaies. De plus, cet animal est une des richesses de nos rustiques, gens positifs, étrangers à nos affectations.

Il n'y a donc pas à s'étonner si de nombreux sanctuaires se partagent le culte intéressé du patron de cet animal intéressant. Il y avait un de ces sanctuaires à Bourg, ayant titre de Commanderie. Rabelais parle du titulaire, Antoine du Saix, son ami. Ce dignitaire, d'une vieille famille noble, ne dédaignait aucunement de faire, au temps où chaque bonne maison mettait en consommation sa précieuse conserve, « sa quête suille », armé d'une forte campane qui l'annonçait et « faisait trembler le lard au saloir ». On retrouvait le même usage, à n'en pas douter, à Arbigny, à Lescheroux, à Marboz, à Tossiat, etc., partout où saint Antoine et son camarade étaient vénérés. A Saint-André-le-Panoux, leur fête, qui tombe au 17 janvier, était la principale de l'année.

Sainte Apolline est invoquée le 9 février pour les poulains et les pouliches (poulaines). Son nom seul l'a fait investir de cette fonction. Quelle logique particulière chez ceux qui l'en ont affublée, s'ils étaient sérieux ! — Quant à l'idée qu'ils ont pu ne pas l'être et la faire accepter, écartons-la ; elle serait destructrice de toutes religions...

Dommartin, le 3 mars, s'adresse à saint Blaise pour qu'il veuille bien rendre les poules fécondes. Mais la spécialité de ce bienheureux a des limites rigoureuses. Le 8 du même mois, Confrançon, Cruzilles, Marboz invoquent saint Denys pour faire réussir les couvées. De même, les bonnes gens de Saint-Denis-le-Ceyzériat. On nous écrit de ce dernier village que son patron est le saint *des nids*... Même réflexion que plus haut. Et recommandons le fait à ceux qui recherchent l'origine des religions.

On va, c'est le terme usité, le 1er mai, à Saint-Martin-le-Châtel ; le jour de l'Ascension, à Mantenay, *pour les abeilles*.

Voilà les principaux animaux de la ferme pourvus de protecteurs en haut lieu — sauf les moutons. — Il faut bien que les vétérinaires gagnent leur vie ; la race canine aussi reste leur cliente et ne semble pas avoir à en souffrir.

Le 29 décembre (saint Trophime), un des jours de la période qui suit la grande fête solaire, Arbigny, Chevroux, Gorrevod, Lescheroux, Marboz, Saint-Nizier, Reyssouze, la Bresse tout entière avec eux, chôme la Fête des *Rats*. Le but accusé, c'est d'empêcher ces rongeurs de détruire le linge. Les chats sont peu nombreux, mal traités, et dans certains cantons redeviennent sauvages. Les sourricières ne sont pas connues.

La fête *des Serpents* tombe au 22 février. Ce jour-là, à Marboz, Saint-Nizier et autres lieux, on ne balaie pas ; les sinuosités plus ou moins serpentines que le balai trace sur le plancher appelleraient ces reptiles que la fête a pour but d'écarter. A cette fin donc on va à la messe le matin, on s'abstient de tout travail le reste du jour.

Que si nonobstant on est mordu par une vipère, on a pour se guérir « la prière souveraine » à saint Simon ; la voici :

« Saint Simon s'en va à la chasse. Il a chassé trois jours et trois nuits, n'a trouvé qu'une mauvaise couleuvre qui l'a mordu. Il fit un cri ; Dieu l'entendit. — Simon, qu'as-tu donc? — Simon dit son cas. Dieu lui répond : Simon, prends de la graisse de porc. Et tu t'en graisseras neuf fois. Et tu prendras neuf feuilles de ronce, avec quoi tu t'essuieras chaque fois en disant un Pater et un Ave... »

Cela réussit même contre la cocadrille, dragon sorti d'un œuf de coq, dont le regard tue.

Après les Rats, l'ennemi qui menace le plus les greniers, c'est *le Feu*. Les pompes à incendie sont d'invention bien récente, non répandue assez, et n'arrivent souvent que quand le mal est fait. A Lescheroux, à Reyssouze, à Gorrevod, à Saint-Nizier-le-Bouchoux, on a recours à un moyen préventif qui est la fête *du Feu*. On la chôme toute la journée le 5 février, jour de sainte Agathe.

Il y a aussi le *Tonnerre*. Je ne sache pas qu'on le fête. Mais dans un recueil (manuscrit) de prières populaires patoises ou françaises, colligé par M. Ch. Guillon, j'en trouve une en laquelle on avait et on a toute confiance pour se garantir contre « le feu du ciel ». Disons, avant de la donner, qu'en 1856, il a été publié une étude sur les prières populaires du Berry, dont la prière du tonnerre, de la brûlure, des aspics, des araignées, etc. Il serait curieux de comparer la prière berrichonne à celle-ci :

« Sainte Barbe et sainte Claire, apaisez la colère du Seigneur ! Si le tonnerre tombe, sainte Barbe le retiendra. Celui qui le dira trois fois, jamais le tonnerre ne l'atteindra. »

Autre précaution excellente. Quand vous construirez une maison, ayez soin d'enterrer dans ses fondations un *Carré* ou *pierre à tonnerre*, c'est à savoir une hache du temps de la pierre polie, en serpentine. Le Bressan voyant bien que le caillou vert ne sort d'aucune roche à lui connue (la roche est au Mont Rose), le déclare lancé par la foudre qui souvent *tombe* en pierre, pour que vous le sachiez.

A *la Grêle* maintenant. Deux bienheureuses inégalement connues se partagent la tâche de garantir les récoltes (elles y réussissent mal). L'une, révérée à Saint-Nizier, à Lescheroux, est sainte Monique, dont la fête tombe au 4 mai. Quel titre a cette illustre dame à cette fonction? Je ne sais ni ne cherche. Mais soit qu'elle n'y suffise plus, soit plutôt qu'en Gaule nous aimions à changer de dieux de temps à autre, la mère d'Augustin a été relayée à Marboz par la plus récemment importée chez nous de ses sœurs. Marboz venait de bâtir une vaste église ogivale. Un de nos évêques voulant faire « toutes choses nouvelles », demanda et obtint à Rome une sainte inédite, authentique, sortie (exprès?) des Catacombes. On vit ici passer et se reposer un jour sainte Urbaine, une jolie figure de cire, de grandeur naturelle, vêtue d'une stola de pourpre et d'une couronne de cuivre doré. Même au Vatican on ne sait rien de cette personne, sinon que sa tombe portait les symboles auxquels on prétend reconnaître les tombes des martyrs. Ce fut donc à l'usage qu'à Marboz on apprit qu'il y avait lieu d'invoquer la nouvelle venue contre la grêle (et les maux de tête).

Contre la pluie excessive, ou contre la sécheresse, on s'adressait au propre prêtre, comme on s'était jadis adressé au Druide. « Le Curé, dans certains cantons, héritier du Druide, conserve encore quelques-uns de ses pouvoirs... M. Perruchot, curé de la Grande-Verrière, mort en 1840, conduisait ses ouailles en procession à la fontaine de la Glenne pour obtenir la pluie... Le curé de Château-Chinon menait les siennes dans le même but à la fontaine de Faubouloum ; au passage du ruisseau de Reinach, les paroissiens quittaient leur chaussure, la remplissaient d'eau et en inondaient leur pasteur... » (Abbé Lacreuze, curé de Loisy, Mém. de la Soc. Eduenne, 1881).

Je ne vois pas où je pourrais placer la fête *des Puits*, sinon ici. Ce n'est qu'une demi-férie. Le 1er août, jour de saint-Pierre-aux-Liens, après messe entendue, on vient jeter solennellement un quartier de pain dans le puits. Le but de cette pratique est d'empêcher que l'eau, pendant la Canicule, ne tarisse ou ne devienne malsaine. C'est en Égypte que la Canicule a été inventée. N'employait-on point ce désinfectant singulièrement choisi, là-bas, pour désinfecter le Nil ?

Voilà, après les étables, les récoltes pendant par racines sauvegardées. On ne trouvera pas étonnant que le Bressan fasse quelque chose aussi pour protéger, sans trop de frais, ses instruments de travail les plus précieux, j'entends ses yeux, ses bras, enfin ses enfants réputés jadis une richesse pour la maison.

Il n'oubliera que *la fenne*... Mais ce sera, espérons-le, parce qu'elle peut se protéger elle-même.

Après les Saints vétérinaires, rangeons les saints guérisseurs. En tête celui dont la fête arrive première, le 2 janvier. Toute la Bresse, je pense, reconnaît à saint Clair le pouvoir de remédier aux maux d'yeux.

Ce qui est étudié ici, c'est l'intelligence de nos paysans et son fonctionnement. Comment sont-ils arrivés à distribuer à leurs saints des domaines particuliers et attributions spéciales? Comme tous les polythéistes, ils conçoivent la cité céleste faite à l'image des sociétés humaines. Le *non omnia possumus omnes*; chacun son métier; cette loi, à nous imposée ici-bas, doit donc régir aussi les dieux. Reste, cela admis, à discerner la spécialité de chacun. De renseignements là-dessus, nous manquons. Les hagiographes n'en savent pas plus que nous. Dieu ne faisant pas acception de personnes, il aura bien pu commettre à saint Clair la fonction à laquelle il semble appelé par son nom.

Cette conclusion peut paraître aventureuse, mais enfin, les myopes, presbytes, etc., ont confiance en saint-Clair. Dans le Berry, sainte Claire a guéri des aveugles, saint Orban s'occupe spécialement des orbets (orgelets), saint Ouen rend l'ouïe aux sourds. Saint Boniface rend la fraicheur et l'embonpoint aux faces émaciées, etc., etc.

Nomina numina. Les noms mêmes, estropiés.

Les Bressans n'ont pas de notions de lexicologie bien sûres, on le comprend; à Saint-Paul-de-Varax, à Dompierre, Lescheroux, Reyssouze, on va en voyage (pélerinage) pour les enfants ayant des *convulsions*, le jour de la *Conversion* de saint Paul... Quelque peinture montrant l'Apôtre des Nations renversé de sa monture par l'éclair, et *convulsé* de terreur, aura peut-être aidé à la bévue de ces bonnes gens dont il serait cruel de trop s'amuser. Pourquoi ne leur apprend-on pas le français ?

A Grièges, saint Gengoult ; en Berry, saint Genou, guérissent les rhumatismes, la goutte...

Saint Guignefort, en Dombes ; saint Gènefort et saint Phallier, en Berry ; saint Freluchot, dans l'Autunois, rendent les femmes stériles fécondes.

Ce dernier est adoré à Saint-Ploto, les femmes stériles grattent sa statue gallo-romaine à la chevelure frisée et en boivent la poussière (Abbé Lacreuze, Mém. de la Société Eduenne. 1881).

Saint Hilaire, à Courtes, guérit les furoncles.

Saint Eutrope, à Bény, est invoqué pour les enfants rachitiques.

Saint Julien fait marcher les enfants noués.

On mène les enfants malingres à Cuisiat, où sainte Marie leur rend la vigueur. Saint Marien rend le même service aux enfants *rechigneux* dans le Berry.

Sainte Apolline, déjà nommée, n'est pas occupée de la race chevaline exclusivement. Va-t-on rire si je que dis chez nous et dans le Berry, elle guérit les maux de dents. C'est qu'on lui cassa la mâchoire en la martyrisant.

« Elle sait compatir aux maux qu'elle a soufferts. »

A Chevroux, où force vieux us restent en vigueur, la veille de l'Epiphanie on fait griller dans chaque maison une gaufre qui est topique aussi pour le mal de dents, souveraine de plus pour la fiévre aphteuse du bétail. Au même lieu, on fait rouler sous la cloche de l'église l'enfant qui tarde à marcher, cela trois vendredis consécutifs ; le remède est infaillible. Là encore, on invoque saint Etienne pour les coliques. Et on va *en voyage* à Sermoyer pour les enfants peureux, à Boissey pour les furoncles.

Les nourrices qui n'ont pas de lait invoquent sainte Anne, qui allaita la Sainte Vierge. Celles dont les nourrissons sont trop exigeants vont à la chapelle de saint Lazare, à Aigrefeuille (commune de Bâgé-la-Ville), ramassent la poussière des pavés et s'en poudrent le sein.

On pourrait compléter cette nomenclature sèche (et assez mal ordonnée) en r'ouvrant les prières colligées par M. Ch. Guillon.

Il y a là, ce me semble, de vraies incantations, druidiques en la forme, et au fond dûment saupoudrées de signes de croix †. Il y en a pour guérir les coliques, les coupures, les dartres, les entorses, la fièvre, les hernies, les plaies, les piqûres, les ruptures, la rage, la rogne, la teigne, les vers des enfants, etc., etc.

La rage ! On la guérit à Béligneux radicalement. Il y a à la sacristie une clef qui n'est pas moins que la clef de saint Pierre. Si vous êtes mordu par un chien enragé, il vous suffira d'empoigner cette bénite clef. Quant au chien, on le place dans une sorte d'étau et on le cautérise sur la tête avec la même clef rougie au feu. L'une et l'autre opération coûte vingt-cinq centimes, cinq sous — la moitié de ce que coûte la bénédiction du curé de Saint-Julien-sur-Reyssouze : cette bénédiction fait d'une pincée de farine un remède sûr contre les maux de ventre.

On adresse plus de prières, on fait plus de vœux, on brûle plus de cierges, on donne plus d'œufs, de beurre, de gros et petits sous à ces *Dii minores* qu'aux trois grands Dieux ou même à la Déesse *(Or tu Dea*, c'est de Pétrarque). Cela pour de bonnes ou plausibles raisons.

1° Ils sont topiques (locaux), ces petits Dieux. Le paysan reste l'homme du Moyen-Age — quand il ne reste pas l'homme des cavernes. — Or, l'homme du Moyen-Age ayant une faveur à obtenir n'avait garde de s'adresser au Prince. Il portait un fromage *de clon* à son seigneur.

Les Grands Dieux, les princes sont logés bien haut et bien loin ; ils ont à conduire les affaires du monde. Comment des personnages ainsi placés et occupés auraient-ils le loisir de descendre aux tracas minuscules, aux infimes misères d'un pauvre ménage. — 2° Ces petits Dieux sont spécialistes essentiellement ; si vous êtes mordu par un chien suspect, vous irez, je pense, à M. Pasteur.

Moquez-vous, si vous l'osez, de ce polythéisme, resté quoi que vous disiez et fassiez, la plus répandue des religions ; ne riez pas du paysan et de sa logique.

Je noterai, avant de finir, une croyance bizarre,

qui n'est chrétienne par aucun côté. Picus, fils de Saturne, fut changé en pic-vert. Cet oiseau fatidique, appelé chez nous piochat, est commun dans nos bois dont il anime le silence du bruit rythmique de son labeur. Son bec s'émousserait à ce labeur incessant, s'il ne l'aiguisait de temps à autre avec une herbe magique, dite l'herbe au piochat. Cette herbe a force vertus. Mais elle les perd si, pour la cueillir, on se sert d'un couteau. Que si vous marchiez sur elle en chemin, par mégarde, elle prendrait sa revanche en vous faisant égarer dans nos forêts, pris de vertige et incapable de vous retrouver. Enfin, on veut, c'est Pline qui bien la connaît ; que si vous cueillez le jour cette herbe, le Pic-vert jaloux se jette sur vous et vous crève les yeux.

Cette légende est le seul emprunt, je pense, fait par la mythologie bressane à celle du vieux Latium — ou de l'antique Etrurie ?

V

On l'a dit plus haut, contre toute une école affirmant le contraire : le Christianisme est en voie de progrès dans nos campagnes depuis le commencement du siècle. Je ne vais pas être accusé de contester son existence. Et il me sera peut-être permis de donner à mon dire le corollaire suivant :

Ce Christianisme rustique est fort distinct du Christianisme officiel.

Le paysan croit au bon Dieu. Ce Dieu gouverne le monde, comme M. le Président de la République gouverne la France (ou un peu moins). Il a délégué ses pouvoirs, en détail, aux Saints. A ceux de sa famille naturellement et premièrement. Dans cette famille, comme dans toutes les familles honnêtes, la principale autorité est, de fait, à la mère.

Il y a pour le Bressan, on l'a vu, deux classes de Saints, ceux qui sont gens à s'occuper de nos intérêts, ceux qu'on peut occuper de notre santé.

Le mal, y compris celui que nous faisons, est du Diable. Ce méchant personnage tente les vivants et tourmente les défunts. Au mal que nous faisons et aux tourments des *âmes en peine*, le remède, c'est un Pater et un Ave récités dévotement ; ou un cierge de deux sous brûlé devant l'autel des âmes du Purgatoire ; ou une messe de douze sous jadis, qui en coûte aujourd'hui vingt. Si on ne peut se la donner, on peut toujours bien réciter une des deux prières (Recueil de M. Guillon) qu'il suffit de dire trois fois le matin et trois fois le soir pour « ne voir jamais les flammes de l'enfer... »

On me laissera bien mettre ici, comme un dernier renseignement sur la religion de la Bresse et l'état mental de ses habitants, trois de ces prières.

La première se dit après le repas : « Mon Dieu, je vous remercie — D'un si bon repas. — Si l'autre est meilleur, qu'il ne tarde pas. — Et s'il tarde, qu'il ne manque pas. »

C'est une traduction un peu sensualiste du *Panem nostrum quotidianum*.

Voici la seconde, en sa langue : « Mon Dieu, feté nô la graça — Que lo qué nô daevon nô payan —

Et lô que nô dévin — Nô demandan rin. » En français : « Mon Dieu, faites-nous la grâce que ceux qui nous doivent nous paient, et que ceux à qui nous devons ne nous demandent rien. »

Une façon d'un positivisme dégagé de scrupules, d'interpréter le *Dimitte nobis debita nostra sicut et nos*, etc.

Qu'est-ce donc que la troisième ? « Je ne travaille que pour mon corps — Et quand je serai mort — Je donne mon corps au Diable — Mon âme aux chiens — A bas le Bougre ! »

Que faut-il voir dans ce couplet monstrueux ? Le premier mot est la négation insolente et tranchante de tout Christianisme. Le second est une bravade. Le dernier semble une précaution. Qui a pu trouver cela ? — Une sorcière revenant du sabbat, c'est-à-dire se réveillant de son rêve immonde. — Mais quel sens y voient précisément ceux qui le répètent.

Du Dieu triple et un ; du Verbe incarné souffrant pour nous racheter de la chute ; de notre affaire unique qui est le salut de notre âme ; on entretient nos paysans depuis dix siècles, tous les dimanches. Cela, il est vrai, en latin qu'ils n'entendent pas ; en français, qu'ils entendent mal (ils ne distinguent pas conversion et convulsion). Cela les trouve donc peu attentifs et, à bien peu d'exceptions près, les laisse peu pénétrés, assez indifférents. Le Christianisme est donc en Bresse tout de surface. Il n'entreprend même plus d'extirper ce polythéisme matérialiste qu'on vient de montrer. Le Jansénisme l'eut combattu ; ses adversaires s'en arrangent. Si, par ses fautes et par le travail lent de la libre pensée, le Christianisme périssait chez nous, ce polythéisme rural, plus vieux que lui, lui survivrait. Il n'a pas de prêtres, il n'a pas de catéchisme ; les médecins, les instituteurs (les bourgeois) sont ligués contre lui. Mais les mères l'apprennent aux enfants. Il vit et se rit de ses adversaires et de nos livres et de nous.

J'entends dire de ce polythéisme naïf par quelqu'un qui le méprise du haut d'une raison assez peu éclairée et non médiocrement vaniteuse — qu'il abêtit et déprave nos populations rurales. Je ne dis pas qu'il les affine ou les moralise. Il n'a pas tant d'influence que cela. Il occupe surtout leur imagination et l'amuse.

Ces croyances en particulier, les religions en général, sont des effets bien plus que des causes. Elles procèdent ou découlent du tempérament des races bien plus qu'elles ne forment ce tempérament. Le paysan, matérialiste d'instinct, de fait, s'est créé des dogmes s'accomodant avec cet instinct. Rendre ceux-ci responsables est une bévue.

Les sauvageons abondent dans nos campagnes. Que leur fruit est grossier, acide, odieux ; cela ne vaut plus la peine d'être dit. Greffez, si vous voulez améliorer, et appropriez la greffe au sujet, sinon elle avortera.

JARRIN.

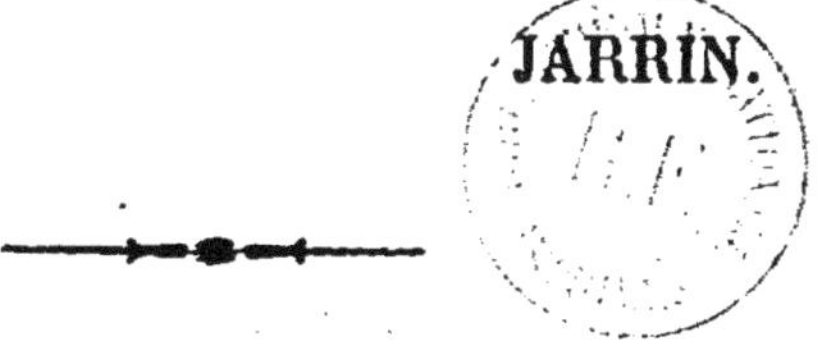

www.ingramcontent.com/pod-product-compliance
Ingram Content Group UK Ltd.
Pitfield, Milton Keynes, MK11 3LW, UK
UKHW020312200726
13857UKWH00001B/154

9 782012 886599